Quanten
Äther

Ulrich F. Sackstedt

Quanten Äther

Die Raumenergie wird nutzbar

Wege zur Energiewandlung im 21. Jahrhundert

Omega

Bibliographische Information der Deutschen Bibliothek

Die Deutsche Bibliothek verzeichnet diese Publikation in der Deutschen Nationalbibliografie;
detaillierte bibliografische Daten sind im Internet über http://dnb.ddb.de abrufbar.

1. Auflage Februar 2013

Redaktion, Lektorat, Gestaltung & Satz: Martin Meier

Druck: FINIDR, Český Těšín, Tschechische Republik

FSC www.fsc.org MIX Papier aus verantwortungsvollen Quellen FSC® C014138

Dieses Buch wurde nach den Regeln der alten Rechtschreibung lektoriert.

ISBN 978-3-930243-66-2

Omega®-Verlag, Gisela Bongart und Martin Meier (GbR)

D-52080 Aachen • Karlstr. 32
Tel: 0241-168 163 0 • Fax: 0241-168 163 3
e-mail: info@omega-verlag.de
www.omega-verlag.de

Inhalt

Vorwort 7
Einführung 13

Teil 1 Äther und Quantenfeld 25

Der Äther 31
Casimir-Kraft 41
Quantenwelt 46
Das Problem mit der Thermodynamik 49

Teil 2 Wegbereiter für unkonventionelle Methoden der Energiewandlung 55

Petrus Peregrinus Magetmotor 57
John E.W. Keely 59
Nikola Tesla 64
T. Henry Moray 75
Thomas Townsend Brown 79
Viktor Schauberger 82
Entdecker der Implosionstechnologie *Bernd Rothenberg* 85
Walter Russell 130
Nikolai Kosyrev 140
Carl Schappeller 147

Teil 3 Neue wissenschaftliche Ansätze 155

Was heißt „Freie Energie" *Harald Kautz-Vella* 156

Über die Herkunft des Begriffes Energie - Eine korrekte Nomenklatur - Die richtige Form – Das richtige Maß – Der richtige Takt

Global Scaling 175
Eine Einführung in die Global Scaling-Theorie *Hartmut Müller* 179

Das „Sakrament" der physikalischen Messung – Eine wissenschaftliche Goldmine – Die logarithmische Welt der Maßstäbe – Schallwellen im logarithmischen Raum als Ursache der Gravitation Die „Schallmauer" des Universums – Stehende Wellen als Trägerwellen zur Informationsübertragung – Die Physik der Zahlengeraden – Natürliche Eichmaße – der Schlüssel zu Global Scaling – Kettenbrüche als „Weltformel" Die Melodie der Schöpfung – Nachbarn im logarithmischen Raum

G-Com-Telefonie 190

Hyperschall *Reiner Gebbensleben* 198
Raumenergiegewinnung *Claus-W. Turtur* 204

Historische Vergleiche und Rückblick – Aber wieviel wiegt denn nun das Vakuum? – Heutige klassische Technologien – Die Theorie zur Wandlung von Raumenergie in klassisch nutzbare Energie – Der erfolgreiche experimentelle Nachweis der Wandlung von Raumenergie

Teil 4 Neue Technologien im Einsatz 227

EGM International 230

Wirbelwandler-Verfahren – egm-Bindungssysteme – Effiziente Antikorrosionstechnik

Hydrostatische Energiekonverter 262
Grüter-Blasius Konverter 263
Lehnert-Konverter 266
Joe Spiteri Sargent Water-Pump 270
Hydrodanamischer Konverter von „Hidro+" 272
Potapov Turbulenzdampfdruck-Generator 274
Zotlöterer Gravitations-Wirbelwasser-Kraftwerk 282
Magnetmotoren von Kohei Minato 285
Energie aus Zeolithen 289
Solorzano Thermal Air Motor 297
BlackLight Power 299
Kalte Fusion / LENR 305
Pons/Fleischmann 307
Rossi/Focardi 311
Reid Kristallzelle 315
STEHO Resonanzverstärker 324
H_2-Reaktor von CWE 329
Nanorekombinationsbatterie CWE 331
N-G Treibstoffsparstift 333

Schlußbemerkung 336
Quellenangaben und weitere Anmerkungen 340
Literatur 346
Index 347
Über den Autor 357

Vorwort

Das vorliegende Buch ist in seiner Art neu. Wir wollen damit den Versuch unternehmen, technische Möglichkeiten zu beschreiben, die bereits verfügbar sind, in Deutschland wie auch in den meisten anderen Ländern der Erde jedoch noch nicht genutzt werden oder erst am Anfang stehen. Die Gründe hierfür sind im politisch-wirtschaftlichen Bereich zu suchen, damit verbunden auch im Bereich der konformen Wissenschaft („Schulwissenschaft"), die sich der hier beschriebenen Technologien bisher nicht annimmt, weil sie angeblich keine Erklärungsmodelle für sie liefern kann und sie daher ignoriert.

Kräfte, die auf eine Verbesserung bzw. eine Änderung dieser Situation hinsteuern, existieren zwar, möchten aber aus taktischen Gründen noch nicht zu weit nach vorn treten. Einige wenige haben inzwischen Wege gefunden, solche zukunftsprägenden Technologien ans Licht zu bringen und sie einer wirtschaftlichen Anwendung im Sinne der Menschen zuzuführen.

Das Buch möchte Interesse unter der großen Zahl populärwissenschaftlich interessierter Leser wecken und ihnen Hilfe zum Verstehen bisher unbekannter, weil nicht publizierter technischer Phänomene bieten sowie zum eigenen Weiterforschen anregen.

Es wendet sich aber auch an all jene, die sich schon selbst zugehörig zu diesem neuen Wissensbereich empfinden oder sich ihm verpflichtet fühlen. Für Personen aus diesem Kreis bräuchten wir manche technische Erläuterung hier nicht zu geben, denn sie wissen schon ganz gut, worum es dabei geht. Dennoch mag auch solchen Lesern der hier präsentierte Überblick über die verschiedenen Technologien und ihre Einsatzmöglichkeiten nützlich erscheinen. Vielleicht wird auch der eine oder andere Leser zu eigener erfinderischer oder unternehmerischer Tätigkeit auf diesem großartigen, trotz aller gezeigter Innovationskraft noch weitgehend unerschlossenen Gebiet motiviert und damit uns allen bei der Bewältigung der anstehenden energietechnischen Probleme helfen können.

Wo ist das Neue?

Gibt es denn eigentlich auf dem Energie-Sektor überhaupt noch etwas Neues zu erfinden, das sich lohnen könnte, werden Sie fragen. Ist nicht schon alles bekannt und ausgereizt? Wie weit sind wir wirklich vorangekommen bei der Nutzung von alternativen Energieformen? Soll man etwa Solarzellen und Windräder bereits als Non-plus-ultra akzeptieren?

In den Schubladen, das können wir Ihnen versichern, schmort Vieles, oder zeitgemäßer wohl eher auf Festplatten oder vielleicht gar in der „Cloud“ und wartet nur darauf, zum Einsatz zu kommen. So manches Patent wird gar nicht erst umgesetzt, sondern dem Erfinder einfach abgekauft, aber nur, damit der es **nicht** auf den Markt bringt! So sichert man das Alte gegen das Neue. Oder man klammert sich dran.

Konzentriert man seinen Blick nur ein wenig auf das, was als aktuelles Automobilkonzept gilt, dann kann schon Zweifel daran aufkommen, ob darin wirklich der technologischen Weisheit letzter Schluß liegt. Äußerlich fast alles digital, versteht sich, aber ein Blick unter die Motorhaube zeigt: da wird nach wie vor fossiler Kraftstoff verkokelt, da werden Abgase ‚frei‘, und mit einem Nachbrenner (Katalysator) haut man noch mehr und ohne Sinn Energie raus. Bei Fahrzeugantrieben haben wir es nach wie vor mit absolut lächerlichen Wirkungsgraden zu tun, und wenn dann erst die Energie für die Kraftstoffherstellung hinzu kommt, fällt die Rechnung noch viel ernüchternder aus.

Den Verbrennungsmotor gibt‘s ja auch schon seit mehr als 100 Jahren. Nichts Neues also. Betreibt man Individualverkehr über längere Strecken gemäß den Vorstellungen der Automobil- und Petro-Industrie, dann muß man nach wie vor turnusmäßig immer wieder ran an die Tankstelle, um sich den horrenden Preisspiralen spekulierender Erdölderivatwettspieler auszuliefern. Wer die Macht hat und die Hand am Treibstoffhahn, der bestimmt den Preis. Ist das demokratisch? Lupenrein vielleicht sogar? Bedient man mit so etwas nicht eher die Aufrechterhaltung einer mehr schlecht als recht funktionierenden Volkswirtschaft? Partizipieren da Kunde und Anbieter zu gleichen oder wenigstens zu gerechten Teilen? Stehen beide in einem stetigen Dialog miteinander? Oder fällt das Verhältnis nicht doch ein wenig einseitig aus? Überhaupt die Verhältnismäßigkeit! Ist der mit Energiedealerei erzielbare Spekulationsgewinn ehrlich oder mühsam verdientes Geld? Weder noch, möchte man meinen.

Verlagern wir unseren Blick nun einmal in Richtung Stromsektor, dann werden wir dort genau dieselben Verhältnisse entdecken. Strom wird ganz überwiegend immer noch aus Verbrennung von Kohle, Erdöl oder Erdgas gewonnen, abgesehen davon auch noch in relativ unbedeutenden Anteilen aus anderen Quellen wie Wasserkraft, jedenfalls in der Mehrzahl der Länder, sowie solar oder durch Luftbewegung gewonnene Energie plus vielleicht noch Erdwärme. Und – nicht zu vergessen: Atomkraft oder auch „Kernenergie", wie sie von ihren Verfechtern in verharmlosender Absicht genannt wird. Richtiger müßte es „Kernspaltungsenergie" heißen. Der Begriff „Atom" hat ja à priori etwas Bösartiges an sich, seit in den 1950er Jahren die Erde selbst, zusammen mit ihrer Atmosphäre und den über ihr liegenden Schichten einschließlich Ozonschicht und Van-Allen-Gürtel, durch die massenhafte Zündung der Wahnsinnsausgeburt „Atombombe" geschädigt/geschändet wurden, ganz abgesehen vom Dauerschaden regelmäßiger Einleitung von atomaren Abfällen aus AKWs in unsere Welt, unsere Umwelt – durch Unfall, durch unsachgemäße Lagerung von Atommüll, durch Erdbeben oder Tsunami oder vielleicht auch nur durch menschlichen Irrtum, als Ergebnis von Bedienungsfehlern? Der Möglichkeiten sind viele. Und so bleibt es dabei: „Atomkraft? Nein danke!" Aber die Alternativen? Wo sind sie? Windrad? Sonnenkollektor? Zweifel könnten einem da schon kommen. Bei **dem** Bedarf?

Die beiden Dauerressourcen Wind und Sonne dienen aktuell immerhin schon mal als Platzhalter, und ganz klar auch als Symbol – sonst hätte man ja gar nichts –, aber sie werden perspektivisch vor den eigentlichen Alternativen aufgestellt, auf die wir mit diesem Buch aufmerksam machen möchten.

Beim Kraftstoff, nicht anders als beim Kraftwerk, kontrolliert jemand den Engpaß, sitzt an der Quelle, hat Kontrolle über den zentralen Ein- und Ausschalter, bestimmt den Preis, definiert den Wert. Warum steigen Strompreise eigentlich immer nur, während Benzinpreise doch schon mal rauf- und runtergehen, wenn auch ebenfalls mit generell steigender

Tendenz? Dafür gibt es sicher spitzfindige Erklärungen von Ökonomen, aber keine, mit denen sich Bürger zufrieden geben sollten.

Und was wäre dann mit all den Verbrennungsmotoren? Alles Schrott? Dafür nur noch Elektroautos, die wiederum vermehrt Strom brauchen? OK, ja, der kommt aus der Steckdose. Aber wie kommt er dort hin?

Hier wird allmählich wohl jedem Leser klar, daß die Menschheit tatsächlich an einem Abweg angekommen ist. Dauernd weitermachen, als wär nichts gewesen? Ziemlich unverantwortlich von uns allen, für uns alle und für unseren schließlich immer noch am Leben befindlichen Planeten.

Einem Benzin- oder Stromsozialismus wollen wir hier aber ebensowenig das Wort reden. Pseudosozialistische Systemversuche gab es zur Genüge, und ein paar davon laufen noch. Aber ist das geltende System, in dem das Kapital bestimmt, wo's langgeht, dem des alten Sozialismus – aus Sicht des Staatsbürgers oder des Konsumenten – wirklich ökonomisch und ökologisch überlegen, wenn man möglichst alle Parameter berücksichtigt?

Haben wir nicht statt der ehemaligen Funktionäre von kommunistischen Parteien heute Klassen von Geldbesitzern und Geldverleihern hervorgebracht, globale Spieler, Konzernchefs, Börsenspekulanten, Kartellbehörden und weitere Zocker, die den Takt vorgeben? Und obendrein die Klasse der EU-Kommissare, die in Brüssel nach Gutsherrenart vorgibt, was in den Mitgliedsländern auszuführen sei? Läuft das, was dort gespielt wird, nach Grundregeln ab, die dem Gemeinwohl förderlich sind? Ist da ausreichend moralische und soziale Verantwortung vorhanden im Sinne des bildhaft vielbemühten „kleinen Mannes", der ja doch immer für alles bezahlen muß, was „da oben" verkehrt läuft? Muß es denn so sein, daß die Völker der Erde weiterhin als lästige Manövriermasse weltumspannender Bereicherungsinteressen benutzt werden?

Uns bleibt als Weg wohl nur, ganz leise auszusteigen aus diesen quasifeudalen Energiestrukturen, deren Betreiber aufgrund von Marktprinzipien nicht mehr zurückschrecken können davor, neue Rohstoffmärkte zu erobern, ganz legitim, aus der Hand sogenannter „Schurkenstaaten". Gehen wir also künftig zu Fuß und nutzen allenfalls unser Fahrrad, reisen wir nur noch per Segelflieger oder Windjammer – möglichst optimiert per

Flettnerantrieb oder ähnliches? Sorry, Anton Flettner, nichts für ungut, aber was geht sonst noch?

Vielleicht sollten wir lieber einfach zu Hause bleiben, oder? Früher hat der Schuster auch da gewohnt, wo er gearbeitet hat, ebenso der Schmied, der Tischler, Glaser, Schornsteinfeger, und der Landwirt sowieso, und alle anderen auch. Wozu also überhaupt der ganze Verkehr?

Nun, es hat sich da schon einiges verändert, wenn auch zuungunsten der Menschen. Die moderne Zivilisation hat bereits einige Opfer gefordert. Wir sollten daher noch besser darauf achten, daß sie nicht auch noch ihre Kinder auffrißt. Dennoch: ein „Zurück-zur-Natur", das wird es wohl nicht geben.

Aber ein „Hin-zur-Natur", das kann es geben, wie wir noch sehen werden.

Es gehe nicht mehr ohne Verkehr, denn Verkehr bedeute Freiheit, so flüstert man uns ein. Und oft genug bekommen wir gesagt, man könne das Rad der Zeit nicht zurückdrehen. Wird denn dieses Rad nun von unseren Gönnern und Lenkern, von unseren Führern und Konsumverführern im Sinne aller Staatsbürger auch wirklich vorwärts bewegt oder steht es vielmehr still, dieses technologische Rad? Wird uns etwas als neu verkauft, das in Wirklichkeit veraltet und überholt ist?

Sind Verbrennungsmotoren, wie schon erwähnt, nicht im Grunde eine Art Dampfmaschinentechnik? Sind Großkraftwerke mit ihren armseligen Wirkungsgraden und Verteilungsnetze mit ihren enormen Verlustraten noch der letzte Schrei der Technik? Warum hat nicht jedes Haus längst sein eigenes BHKW ohne Netzverlust, und ohne Kühlturm? Wäre das echte Brückentechnologie? Bedeuten Windräder als Großanlagen wirklich Fortschritt, oder sind sie nicht vor allem steuerfinanzierte Geldanlagen mit Gewinnabsicht?

Werden wir klitzekleinen Konsumentenzwerge vielleicht an unserer übergroßen digitalsüchtigen Nase herumgeführt?

Existiert nicht vielleicht doch eine neue Klasse von selbstherrlichen Energieverwaltern, die in einem pseudoökologischen europäischen Vorschriftensystem die Windräder der Geldmaschinen drehen, die alles kontrollieren, per Chip und RFID natürlich, die von jedem von uns die persönlichen Daten kennen, die uns abscannen und abspeichern und in Umfragen aushorchen bis zum Geht-nicht-mehr, und die uns vorgeben, was wir zu denken und für gut zu halten haben? Die seitens dieser Bürokraten propagierte CO_2-Schuldenkonfession läßt zumindest darauf schließen.

Dies alles mag ein wenig nach „Verschwörungstheorie" klingen, doch es gibt einfach genügend Hinweise darauf, daß derlei Sorge berechtigt ist.

Und es gibt tatsächlich Neues, noch nicht da Gewesenes – technisch erprobt, praktisch anwendbar –, Unbekanntes, Unglaubliches, angeblich Unmögliches, die Gesetze der Thermodynamik scheinbar Lügen strafendes, Bewiesenes und grundlegend Neues, über das die Mainstream-Medien und die Machtpolitiker schweigen, von vereinzelten Ausnahmen abgesehen.

Aber genau dieses Neue gab uns Hoffung, in seinem Sinne haben wir ein wenig davon zusammenzutragen versucht – und um eine Ernte daraus geht es im Buch.

In genau diesem Sinne: Viel Spaß bei der Lektüre, liebe Leser/innen!

Einführung

Da wir nun schon mal im Buchtitel die Technologien zur Raumenergiewandlung für das 21. Jahrhundert erwähnen, sollten wir erst einmal etwas eingehender unter die Lupe nehmen, warum besagte Technologien denn immer wieder so weitgehend der Nichtbeachtung anheimgefallen sind.

Haben sich denn nicht schon seit Jahrhunderten Forscher dafür engagiert, mit Hilfe der Technik die menschliche Arbeitskraft zu ersetzen? Haben wir denn nicht längst einen Zustand erreicht, in dem der Einsatz technischer Maschinen zur vollsten Zufriedenheit aller stattfindet?

Gibt es überhaupt, so fragt man sich, noch etwas wirklich Neues zu entdecken, zu erfinden oder sonstwie auf die Beine zu stellen?

Die Antwort muß eindeutig „ja" lauten, nur vermochten es alternative Forscher bislang kaum, neue technische Ideen marktfähig zu machen oder neue Märkte dafür zu kreieren. Die neue Physik hat laut Physiker Fritjof Capra (»Das neue Denken«) zwar schon überall Einzug gehalten, aber ihr fehlt weiterhin eine objektive Bühne, auf der sie sich wirklich präsentieren könnte. Laut Capra etabliert sich eine ganzheitliche Sichtweise, die die Erde als lebendigen Gesamtorganismus begreift, gerade eben erst. Hört, hört!

Dazu würde unseres Erachtens vor allem einmal die Unterscheidung zwischen sogenannter „toter" Materie und lebenden Substanzen und Organismen zugunsten einer anderen Interpretation von „belebt" und „unbelebt" endgültig überwunden werden müssen. Wer wollte prinzipiell etwas dagegen haben, wenn wir die Bewegungen der Elektronen um den Atomkern als etwas Lebendiges bezeichnen, auch wenn das Atom über keinen Stoffwechsel verfügt? Wer wollte die Brownsche Molekularbewegung als „tot" oder „unbelebt" bezeichnen? Wenn Bewegung etwas Grundsätzliches ist in unserem Universum, dann muß auch nichtbiologisches Leben, in welchem ja ständig Bewegung stattfindet, etwas Grundsätzliches und Allumfassendes sein, aus dem nichts ausgeschlossen werden darf. Beide bedingen sich gegenseitig. Leben ist Bewegung, Bewegung ist Leben. Alles ist eins. Alles ist beides. Und beides ist eins.

Wie wir sehen, ist der bisher verwendete Begriff vom Leben überholungsbedürftig.

Im folgenden Text wird diese Sichtweise untermauert.

Der Quantenphysiker Prof. Hans-Peter Dürr (Atom- und Kernphysiker, Schüler von Werner Heisenberg, Träger des Alternativen Nobelpreises 1987) wird ziemlich deutlich. Schauen wir doch mal, was er in seinem Aufsatz „Wir erleben mehr, als wir begreifen – Quantenphysik und Lebensfragen" zu sagen hat:

> Die neue Physik entdeckte sogar, daß die Elektronen sich auf Bahnen bewegen, die gar nicht existieren! Aber nicht nur das: Die Elektronen selber existieren gar nicht! Und sie kam zu dem Schluß, daß die Materie im Grunde gar nicht existiert. Man wollte die Form abschälen und am Schluß machte man die Hand auf und siehe da: da ist keine Materie mehr, nur noch Beziehung!
>
> Wenn wir also die Materie immer weiter auseinandernehmen, bleibt am Ende nichts mehr übrig, was uns an Materie erinnert. Am Schluß ist kein Stoff mehr vorhanden, nur noch Form, Gestalt, Symmetrie, Beziehung.
>
> **Materie ist nicht aus Materie zusammengesetzt!**
>
> Was bedeutet das? Das klassische Weltbild ist eine Welt der absoluten Einsamkeit und der Getrenntheit. Jedes Materie-Teil ist für sich allein und weiß, es lebt unendlich lange. Keine Kommunikation findet statt. Dann kam die Physik der Erkenntnis: Die Materie hat Eigenschaftsladung und Gravitation. und die stehen in gegenseitiger Wechselwirkung miteinander. Aufgrund dieser Wechselwirkung entsteht eine Kommunikation. Langsam treffen sich Atome und bilden Moleküle, Eiweißmoleküle, bis daraus schließlich ein Mensch wächst. Dies ist ein langer Prozeß, wie sozusagen die Einsamkeit überwunden wird, indem durch die Wechselwirkung etwas entsteht.
>
> Wir haben also hier eine Umkehrung: Das Primäre ist Beziehung, der Stoff das Sekundäre. Das heißt, es gibt nur Beziehung, es gibt nur Gestalt, es gibt nur Relationalität, es gibt nur Lebendigkeit.

Materie ist ein Phänomen, das erst bei einer gewissen vergröberten Betrachtung erscheint. Stoff ist geronnene Form. Vielleicht können wir auch sagen: Am Grund bleibt nur etwas, was mehr dem Geistigen ähnelt – ganzheitlich, offen, lebendig: Potentialität. Materie ist die Schlacke dieses Geistigen – zerlegbar, abgeschlossen, determiniert: Realität.

Wirklichkeit – das, was im Hintergrund wirkt – ist also keine Realität, sondern eine Potentialität. Es ist nur die Kann-Möglichkeit, sich materiell zu verwirklichen. In der Potentialität gibt es keine eindeutigen Ursache-Wirkungs-Beziehungen. Die Zukunft ist im Wesentlichen offen. Es lassen sich für das, was „verschlackt", was real passiert, nur noch Wahrscheinlichkeiten angeben.

Das, was im Hintergrund ist, ist das, was ich als „das Verbundene" bezeichnen würde. Eigentlich eignet sich dafür am Besten das Wort „Liebe". Sie können sagen: Es ist Liebe oder es ist Geist. Und die Materie ist die Schlacke des Geistes...

...Wir haben ein „feuriges Brodeln", ein ständiges Entstehen und Vergehen. In jedem Augenblick wird die Welt neu geschaffen, aber im Angesicht, im „Erwartungsfeld", der abtretenden Welt. Die alte Potentialität in ihrer Ganzheit gebiert die neue und prägt neue Realisierungen, ohne sie jedoch eindeutig festzulegen. In diesem andauernden Schöpfungsprozeß wird ständig ganz Neues, Noch-nie-Dagewesenes geschaffen. Alles ist daran beteiligt.

Der zeitliche Prozeß ist nicht einfach Entwicklung und Entfaltung, ein „Auswickeln" von schon Bestehendem, von immerwährender Materie, die sich nur eine neue Form gibt. Es ist vielmehr echte Kreation: Verwandlung von Potentialität in Realität...

...Der Punkt der größten Sensibilität.

Nehmen wir nun ein Pendel als Beispiel. Ein Pendel unterliegt den gleichen Gesetzen wie wir. Wenn man ein Pendel in Bewegung setzt, kommt es irgendwann oben an einen Punkt, an dem man nicht vorhersagen kann, was passiert. Dieser instabile Punkt ist gleichzeitig die Stelle der höchsten Sensibilität. An dieser Stelle nimmt das Pendel die ganze Welt wahr, ist in Kommunikation mit dem gesamten Universum. Das ist deshalb sehr interessant, weil gerade an dieser hochsensiblen Stelle die neue Physik zum Tragen kommt. Das Pendel tastet nun den geistigen Hintergrund ab, von dem aus es sozusagen seine Antwort bekommt.

Wir Menschen sind ein Organismus, der auch voller Schwebepunkte ist. Wir sind um so kreativer, je näher wir uns an der Stelle des Ungleichgewichts befinden. Denn das Kreative hat etwas mit Ungleichgewicht zu tun. D. h. wir müssen immer in die Schwebe gehen, und in diesem Augeblick sind wir an das Gedächtnis der Welt angeschlossen."[1]

Was Dürr uns da mitteilt, klingt phantastisch, fast unbegreiflich, aber dennoch oder gerade deshalb macht es Hoffnung auf dem Weg zu einer neuen physikalischen Weltsicht, die weit über das eingeengte materialistische Weltbild eines Descartes oder Newton hinausgeht.

Auch die „Quantenmechaniker" Planck, Einstein, Heisenberg, Pauli, Bohr, Dirac u.a. zeigten schon zwischen 1900 und 1930, daß es jenseits einer althergebrachten naiven Auffassung von fester Materie aus festen Teilchen nichts Sicheres und Verläßliches mehr gibt. Teilchen- bzw. Wellenstrukturen aus dem Subquantenbereich sind postulierte Entitäten, die nur über ihre jeweiligen Wechselbeziehungen definierbar sind. Siehe dazu auch die Heisenbergsche Unschärferelation.

Aber aus genau diesem, erkenntnis-methodisch schwer faßbaren Bereich stammt ja die eigentliche, nennen wir sie die primäre Energie, deren weitere Variante die Materie ist, beides zusammen die Ursubstanz oder der Äther (im Sanskrit Akasha genannt) und nur im Einklang mit dem dahinter waltenden Schöpfergeist zu erschließen.

Dies hatte auch Viktor Schauberger erkannt, als er die allgegenwärtige natürliche Wirbelstruktur entdeckte, die in der Natur in allen Größenskalen vorkommt – von der DNS bis zu den Spiralnebeln –, und aus der er technologische Ableitungen erdachte.

Im Grunde arbeiten unsere derzeitige Technik und Wirtschaft immer noch auf der Descartesschen und Newtonschen Grundlage, einer leider überholten Ideenwelt des 18. und 19. Jahrhunderts, als alles festgefügt Erscheinende auch seiner Grundstruktur nach als fest zu gelten hatte.

Wie schwierig schon seit langem die Situation auf dem deutschen und europäischen „Wissens- und Forschungsmarkt" ist, wenn es um die Erweiterung des bisherigen wissenschaftlichen Weltbildes geht, zeigt der folgende kleine Absatz aus dem Buch »Lebendes Wasser« von Olof Alexandersson, in dem er das Leben des großen Wasser- und Energieforschers Viktor Schauberger nachzeichnet.

> „...Viktor Schauberger war ein frühzeitiger Pionier dieses Paradigmenwechsels. Seine Gedanken über die Natur und das Leben sind lange für die Wissenschaft fremd und unbegreiflich gewesen. Daraus folgt aber auch, daß bisher fast keine Mittel für die Entwicklung seines Programms zur Verfügung gestellt wurden. Nur unter großen Schwierigkeiten und persönlicher Aufopferung konnte eine bescheidene Forschung stattfinden..."[2]

Diese Worte wurden bereits 1976 formuliert, beschreiben aber die Epoche der ersten Hälfte des 20. Jahrhunderts. Heute stellen wir fest, daß sich seither auf dem Gebiet neuen Forschens und Denkens nicht viel geändert hat. Die „Alten", d.h. die Cartesianer und die von ihnen vertretenen Vorstellungen, wie Welt zu sein und wie Physik sie zu deuten hat, sie bestimmen weiterhin das Bild, in dessen engem, mit Argusaugen überwachten Rahmen Forschung ablaufen muß. Wir sehen, welch große Aufgaben hier noch zu bewältigen sind.

Mögliche Energieformen

Kommen wir nun zum eigentlichen Hauptthema dieses Buches, den neuen bzw. den noch immer kaum bekannten Formen der Energiegewinnung. „Freie Energie" ist ein mittlerweile recht abgenutzter Begriff, dessen wir uns in diesem Buch eigentlich enthalten wollten. Obendrein trifft er nicht den Kern des Problems. Energie ist nie frei oder unfrei, sondern sie steht dem Menschen entweder zur Verfügung oder nicht. Bessere Begriffe für Energie wären vielleicht „vom konventionellen Wissenschaftsbetrieb anerkannte, überwachte, in Netzen verteilte Energieformen" im Gegensatz zu „unabhängige, nicht in Netzen verteilte oder mit Netzen in Verbindung stehende und daher öffentlich auch nicht geförderte Energieformen".

Die letztgenannte Energieform wird bis heute nur punktuell auf privater Basis erzeugt und auch nicht in öffentliche Netze eingespeist, was ja im Grunde auch nicht nötig ist. Wir wären gut beraten, hätte jeder von uns seine eigene, unabhängige Energiequelle im Haus oder im Garten. Das könnte man eine moderne Energieform nennen, enthöbe sie den Nutzer doch vollständig den ständigen Preiserhöhungen und politisch bedingten Nachschubproblemen. Was wir real haben, ist aber immer noch staatlich überwachte Energieverteilung auf dem Stand einer digital eingekleideten Dampfmaschinentechnik.

Wenn Sie aber nun denken, auf Dachflächen montierte Solarzellen bedeuteten unabhängig erzeugte Energie, dann haben Sie übersehen, daß diese Technologie auf Grund von Massenfertigung industriell zur Verfügung gestellt wird, um den damit erzeugten Strom zumindest anteilig wieder an das Netz zurückzugeben und damit an einem umlagefinanzierten Profitsystem teilzunehmen, welches elektrische Energie weiterhin als verkäufliche Handelsware ansieht, mit der sich ungerechtfertigte Geldgewinne erzielen lassen. Dies ist der falsche Weg.

Eine Definition, der wir uns anschließen könnten, wäre hingegen:

> **Geräte zur Gewinnung „Freier Energie" stellen keine Energie her, vielmehr wandeln sie eine vorhandene, potentielle oder nutzbare Energie (die Ätherenergie oder Raumenergie) um, deren Quelle dem weitaus größeren Teil der zeitgenössischen Wissenschaftler entweder nicht bekannt ist oder von ihnen ignoriert wird.**

Eine vom Konsumenten selbst gewonnene und selbst verwendete Energie, die unter Zugrundelegung neuer Methoden zugänglich gemacht wird, wird bis heute nicht nur nicht gefördert, sondern sie wird, wie man an den in diesem Buch behandelten Verfahren erkennen kann, in Deutschland und in vielen anderen Ländern schlicht immer noch nicht zur Kenntnis genommen und zusätzlich durch behördliche Vorschriften in Deutschland und mehr und mehr auch in der sogenannten EU behindert, so daß ihre volkswirtschaftliche Nutzung unmöglich gemacht wird. Dabei spielt auch die enge Verflochtenheit von Prüfinstitutionen (TÜV, Dekra, usw.) mit Energiekonzernen und Universitäten eine erhebliche Rolle. Die Folge: Es ist nur das prüffähig, was erwünscht ist.

Notwendig wäre ein wirklich unabhängiges Institut, das sich nur der Wahrheitsfindung und Tauglichkeitsprüfung verpflichtet fühlt und keinerlei einzelstaatlichen, privatwirtschaftlichen oder universitätslegitimierten Weisungen unterliegt.

Dabei wäre eine Wissensöffnung bei der aktuellen Notlage auf dem Energiesektor mehr als überfällig. Die Katastrophe von Fukushima wie auch andere atomare und nicht-atomare Desaster in weiter zurückliegenden Jahren haben anscheinend nicht das bewirkt, was man hätte erwarten können, nämlich neue, unkonventionelle Energieformen zuzulassen und als Gebot der Stunde aus der Taufe zu heben.

Eine Studie, die die Bundesregierung 2005 erarbeiten ließ *(„Zukunftstechnologien für nachhaltige Entwicklung: Unkonventionelle Ansätze zur Energiegewinnung und Aktivierung biologischer Prozesse", Bericht E 5001-15)*[3] blieb bisher unbeachtet und hatte keine technologischen Produktentwicklungen zur Folge.

Warum denn eine solche Studie, wenn niemand etwas aus den Ergebnissen macht?

Man doktert lieber weiter mit den alten, Dollarmilliarden einbringenden Maschinen und ihren Platzhaltern herum und hofft und bangt unter großen und politisch werbewirksamen Worten, mit einer „gemeinsamen Kraftanstrengung" unsere Republik nun dadurch aus der Energiesackgasse zu ziehen, indem man sie vollständig mit Solarkollektoren einpackt und mit diesen schrecklichen Windmühlenmonstern überzieht. Gute Geldanlagen für die Investoren mögen das wohl sein, viel mehr aber nicht. Die sogenannte „klassische Physik", besser: konforme Physik, läßt eben kein anderes Vorgehen zu.

Heute ist es mit der nach-klassischen Physik aber längst möglich, bisher unerklärliche Energiegewinnungswege sowohl zu erklären als auch zu beschreiten. Dazu haben nicht zuletzt die schon genannten großen Quantenphysiker des letzten Jahrhunderts Entscheidendes beigetragen. Sie entdeckten den Quantenraum bzw. das Quantenfeld, welches die eigentliche Energiequelle jenseits der uns vertrauten sekundären Energiequellen darstellt. Hätte man diese Tatsache von Anfang an mit ins energiepolitische Geschehen einbezogen, dann wären uns massive Belastungen, Katastrophen, Konzernabhängigkeiten, Energieengpässe und vor allem der große Irrweg der Atomspaltung mit seinen bis heute ungezählten Opfern erspart geblieben. Das Damoklesschwert eines atomaren Holocaust hängt weiterhin über uns.

Hoffnung und Grund zur Freude gibt es dennoch, denn mit großer Mühe und unendlich viel Idealismus machen sich seit langem junge und auch junggebliebene Physiker, Ingenieure und Unternehmer auf eigenen Schuhsohlen daran, der Menschheit diese Energiequellen zu erschließen. Dies ist ihnen aber offenbar nur an Standorten und in solchen Ländern gelungen, in denen wissenschaftliche Aufgeschlossenheit und Unvoreingenommenheit herrschen, wo wirkliche Erneuerungsbereitschaft und Fortdenken in die Zukunft etwas Selbstverständliches sind. Paart sich dies mit der Bereitwilligkeit potentieller Geldgeber (staatliche und/oder private), so erschließen sich Synergien, die das Neue wirklich werden lassen.

Probleme mit Patenten

Deutschland – Land der Erfinder, so hieß es lange Zeit und muß es wohl auch weiterhin heißen, denn jährlich werden bei uns noch heute Tausende neuer Patente erteilt. Da geht es um Verbesserungen von Haushaltsgeräten oder um praktisches Autozubehör, um nützliche Gartengeräte oder den Schutz vor Witterungseinflüssen, um neue Fruchtsaftkombinationen oder abnutzungsfreie Schuhsohlen, um Gesichtsvollschutz gegen UV oder um sogenannte klimafreundliche Produkte. Natürlich werden viele Patente auch von großen Firmen eingereicht, in deren Labors Neuheiten entwickelt werden. Und auch im Bereich der Wissenschaft entstehen durch Forschung, Besitzstreben und Konkurrenzdenken ständig neue Patente. Neuerdings werden sogar, wider jedwede bessere Einsicht, Patente auf genveränderte Pflanzen, Saatgut oder selbst auf geklonte Tiere erteilt. Solche Eingriffe in die natürliche Schöpfung müssen wir natürlich entschieden ablehnen, nicht nur aus religiös-moralischen Gründen, sondern auch, weil sich bisher noch jedesmal herausgestellt hat, daß „Verbesserungen" am perfekten Wirken der Natur gar nicht möglich sind. In ihrer allzu starken Selbstüberschätzung, in ihrem Kurzfristdenken und vor allem ihrem einseitig materiellen Gewinnstreben hält sich die konforme Wissenschaft seit langem für „noch besser" als Mutter Natur. Ein gewaltiger Irrtum. Richten sich doch diese Forschungsanwendungen häufig gegen die natürlichen Regelkreisläufe und lassen Kräfte außer acht, die sie bisher gar nicht einordnen können oder die sie nicht kennen, die aber immense Bedeutung für das Leben haben. Sie machten und machen die Rechnung ohne den Wirt.

Im Geheimen betriebene Forschung aber, die diese bisher nicht bekanntgemachten Kräfte teilweise bereits kennt, nutzt sie für militärische Zwecke aus und begeht damit erneut große Fehler, denn alles, was militärisch genutzt wird, impliziert physische Gewalt und kann uns daher nicht wirklich helfen, da es den selben falschen Prinzipien unterliegt.

Wird es nun bald auch noch den patentierten Menschen geben? Erfüllen Patente überhaupt noch den Sinn, den sie einst hatten, als man mit ihnen geistiges Eigentum zu schützen begann?

Ist geistiger Privatbesitz überhaupt legitim, sinnvoll und der Menschheit als Ganzes dienlich? Mit dieser Frage sind wir schon wieder direkt beim Thema angelangt, über das wir uns hier ein paar Gedanken machen wollen.

Patente dienen zunächst dem Schutz des Erfinders. Bei den Patentämtern eingereichte Ideen für Neuheiten jeglicher Art werden dort begutachtet und numeriert. Erfindungen, die einen sogenannten „Overunity-Effekt" erzielen, d.h. mehr Energie bereitstellen, als man hineingegeben hat, sind nun aber grundsätzlich nicht patentfähig.

Hier wird übrigens ein Fehlschluß aus dem zweiten Hauptsatz der Energieerhaltung zugrundegelegt, der sich nur auf abgeschlossene Systeme bezieht.

Zu derartigen Overunity-Geräten zählen strenggenommen auch Wärmepumpe und Kühlschrank, für die aber offensichtlich Ausnahmen gemacht wurden.

Der §1 des deutschen Patentgesetzes besagt, daß Patente nur im Hinblick auf eine mögliche gewerbliche Verwertbarkeit der jeweiligen Erfindung gewährt werden. Was damit gemeint ist, wird im Gesetz aber nicht präziser formuliert, denn auch Overunity-Geräte ließen sich sicher sehr gut, wenn nicht bestens vermarkten. Beredtes Beispiel hierfür ist der hydrostatische Energiekonverter von Karl Grüter-Blasius, seit Jahrzehnten bekannt und unzählige Male praktisch vorgeführt. Dennoch erklärte man dem Erfinder beim Patentamt, sein Gerät könne, obwohl funktionsfähig, leider nicht patentiert werden.

Hier bekommt man die Unfähigkeit des staatlichen Gesetzgebers zu spüren, durch die für wirklich bahnbrechende Ideen jede patentrechtliche Anerkennung unmöglich wird, weil der Gesetzgeber sich einzig und allein am Gedankengebäude der konformen Wissenschaft orientiert.

Patentierung hat also prinzipiell nur eingeschränkten Wert, weil das Patentrecht selbst die Anerkennung neuartiger technischer Möglichkeiten verhindert.

Im allgemeinen unterstellt man einem Patent die Wirkung von Schutz und Absicherung, ob dies aber tatsächlich so ist, daran bestehen, wie die Praxis zeigt, erhebliche Zweifel. Es kann für einen Patentinhaber sehr ungemütlich werden, wie im folgenden Beispiel durchgespielt.

Beispiel:

Herr Meilenstein, nennen wir unseren Erfinder mal so, hat eine neue automatische Blumengießvorrichtung erfunden. Elektronisch gesteuert gießt sie die Blumen während der Abwesenheit ihres Besitzers im Urlaub und erfreut ihn nach seiner Rückkehr mit der gewohnten pflanzlichen Pracht.

Herr Meilenstein hat ein Patent darauf erhalten. Er freut sich, denn jetzt ist er ein anerkannter Erfinder.

Doch eines Tages liest er in einer Hobbyzeitschrift eine Anzeige „Vollautomatische Blumenbewässerung, geringer Strombedarf, 298 Euro". Moment mal, denkt Herr Meilenstein, ist das nicht genau meine Anlage?

Also ruft er die Firma an, die das Gerät vertreibt. Dort erfährt er, daß man diese Anlage im eigenen Labor für die Kunden des Blumenpflegezubehörs entwickelt habe. Patentiert? Natürlich ist sie patentiert. Herrn Meilenstein schwant Böses. Das haben die mir geklaut, denkt er. Ich hab doch schließlich ein Patent darauf. Entrüstet sucht er einen Patentanwalt auf. Dort erfährt er aber von den hohen Anwaltsgebühren, die er aufzubringen hat, wenn er sich auf einen Patentstreit einläßt. Das könne im ungünstigen Fall so und so viel kosten und sehr lange dauern. Dadurch wird Herr Meilenstein abgeschreckt. Und dann erfährt er noch aus anderer Quelle, daß so ein Streit auch deshalb nicht lohnt, weil die betreffende Firma in ihrem Patent sicherlich Abweichungen von seinem eigenen Patent vorzuweisen hat, womit gesagt ist: Dies ist ja ein „völlig" anderes Gerät. Patentschutz wird für unseren Erfinder also problematisch. Was ist nun zu tun? Am besten gar nichts.

Um diesem Problem zu entgehen, so riet man uns, als wir vor vielen Jahren eigene Neuheiten anmelden wollten, müsse man nämlich einfach bloß der Schnellere auf dem Markt sein, oder man müsse mit seiner Erfindung vielleicht in ein anderes Land gehen, vorausgesetzt, es wurde bisher kein länderübergreifendes Patent angemeldet, denn das wäre richtig teuer. Außerdem hätten große Firmen ganze Abteilungen eigener Anwälte, gegen die der einzelne Erfinder machtlos sei, wie man uns sagte.

Fazit: Viele Erfinder melden heute keine Patente mehr an, da deren Verteidigung mehr Geld verschlingen würde, als man mit dem Produkt eventuell verdienen könnte.

Also stellt man seine Idee der Allgemeinheit zur Verfügung – *open source* nennt sich das im Internet-Jargon, eine offene Quelle also, für jedermann nutzbar. Und obendrein können dann andere Tüftler die Sache noch verbessern und sie im Sinne der Allgemeinheit weiterentwickeln.

Investorensuche

Aus den genannten und anderen Gründen wäre es wohl der ideale Weg, wenn ein Entwickler zunächst die Funktionsfähigkeit seiner Innovation technisch einwandfrei, unter variablen Versuchsbedingungen und zu beliebigen Zeitpunkten wiederholbar nachwiese und mit diesem Beleg dann einen geeigneten Einzelinvestor ausfindig macht, der sich für die Möglichkeiten engagieren möchte, die in dieser Neuheit stecken – mit oder ohne Patent. Sofern er von der Sache überzeugt ist, übernimmt der Investor häufig auch das Patentierungsverfahren. Eine Situation gegenseitigen Vertrauens wird am ehesten dann zum gewünschten Erfolg führen, wenn man mit dem innovativen Produkt exakt das demonstrieren kann, was es später, in Serie gefertigt, im Betrieb vollführen soll.

Geräte, die nur gelegentlich funktionieren und unter dem Einfluß nicht gänzlich geklärter Versuchsbedingungen wechselnde Funktion zeigen, werden kaum das Interesse bei Investoren wecken.

Abzuraten ist vom Weg des sogenannten Strukturvertriebs, denn hier werden Kleininvestoren meist mit hohen Renditen gelockt. Informationen zur Technologie erhalten sie oft nur unvollständig oder zu intransparent, Profitversprechen dafür aber jede Menge. Tritt nun aber irgendein Hindernis bei der Serienproduktion des neuartigen Gerätes ein und an die Investoren fließt nicht schnell genug Geld zurück, so kommt schon bald Betrugverdacht auf, das ganze System kippt, der Geldfluß kommt zum Stillstand, und das Projekt ist gestorben, meist mit unangenehmen Folgen für den gutwilligen Gründer.

Uns bekannte Unternehmer haben daher erfolgreich den oben beschriebenen Weg beschritten, Kooperationen mit Einzelinvestoren einzugehen, worüber noch zu berichten sein wird.

Teil 1

Äther und Quantenfeld

Ehe wir näher auf den schon erwähnten Äther eingehen, wollen wir einen Blick auf den Ist-Zustand des vom Mainstream immer noch vehement verteidigten Gebäudes der konformen Physik werfen. Hier gibt es Ungereimtheiten, Unklarheiten und Unsicherheiten zuhauf, die Studenten der Physik – und auch einer breiten Öffentlichkeit – jedoch nicht als solche vermittelt werden.

Hören wir einen Mann, der es wissen muß. Tony Rothman ist theoretischer Physiker an der Princeton University. Die Schwerpunkte seiner Forschung liegen beim frühen Universum, in der allgemeinen Relativitätstheorie und den grundlegenden Fragen der Physik.

Aus seinem Aufsatz „Die Physik – ein baufälliger Turm zu Babel", erschienen bei www.spektrum.de, entnehmen wir die wichtigsten Gedankengänge.

Rothman schreibt gleich zu Anfang:

> *"Ich will wissen, warum die Dinge sind, wie sie sind. Und ich will die fundamentalen Gesetze verstehen, die unser Universum zu dem machen, was es ist."* So oder ähnlich würden wohl viele angehende Physiker erklären, was sie bewegt, diese Wissenschaftsdisziplin zu ihrem Beruf zu machen. Wir Physiker wollen schlicht und einfach lernen, wie die Welt funktioniert. Physik ist die fundamentalste der Naturwissenschaften – so sehen es die Physiker selbst, und diese Sichtweise prägt auch die Art und Weise, wie Physik gelehrt wird. Demzufolge ist das gedankliche Gebäude der Naturbeschreibung, das die Disziplin zu errichten versucht, allumfassend, frei von inneren Widersprüchen, konzeptionell zwingend und über all das hinaus auch noch überwältigend schön. Das Feld der von der Physik erklärbaren und erklärten Phänomene ist weit, und es bildet nichts weniger als die Grundlage der gesamten modernen Zivilisation ...[4]

Im Gegensatz zu der unter Physikern allgemein gewordenen Sichtweise bezeichnet Rothman das physikalische Denkgebäude jedoch als von Rissen durchzogen. Da werde geschummelt und betrogen, um innere Widersprüche zu verstecken, und man erreiche dadurch nur vermeintliche Schlüssigkeit und Stabilität.

Das physikalische Wissensgebäude bestehe aus einer „Struktur aus isolierten Modellen".

Rothman weist uns darauf hin, daß immer noch grundlegende Fragen unbeantwortet seien, etwa die Massenträgheit oder die Frage nach der Anzahl der Dimensionen des Raumes. Auch weiterhin fehle eine einheitliche Theorie, mit der sich die Grundkräfte der Natur (Elektrizität, Magnetismus, Gravitation) schlüssig erklären ließen.

Dieser Punkt scheint geeignet, um an den genialen deutschen Raketen- und Raumfahrtforscher Dipl. Phys. Burkhard Heim († 2001) zu erinnern, der so eine vereinheitliche Theorie ausgearbeitet hat und mit ihr die Kluft zwischen Relativitätstheorie und Quantentheorie überwand.

Rothmans Kritik richtet sich auch an die Vertreter des Lehrbetriebs, die den Studenten an der Universität keinen reinen Wein einschenken, sondern wider besseres Wissen die natürlichen Erscheinungen als physikalisch vollständig erklärt präsentieren. Das sei „intellektuell unredlich und untergrabe die wissenschaftlichen Tugenden."

Rothman schreibt, in jeder Anfängervorlesung über Physik müßten sich die Studenten schon gleich zu Beginn mit dem Phänomen Reibung auseinandersetzen. Dort lernten sie, daß Reibung, die aus mikroskopischen Wechselwirkungen zwischen zwei aneinander entlanggleitenden Oberflächen entstehe, die Bewegung von Objekten abbremse.

Unabhängig von den Denkmodellen, die man ihnen präsentiert, erzeuge Reibung Wärme und somit eine Zunahme der Entropie.* Dadurch schaffe sie aber auch einen Unterschied zwischen Vergangenheit und Zukunft.

Er schreibt weiter:

> Die zwangsläufige Zunahme der Entropie bei irreversiblen Prozessen, der zweite Hauptsatz der Thermodynamik, ist das einzige Naturgesetz, das diese grundlegende Unterscheidung trifft. Hingegen sind

* Als Zunahme der Entropie bezeichnet man es, wenn eine höherwertige Energieform in eine niederwertigere (Wärme) umgewandelt wird. In diesem Fall wären das die sogenannten Reibungsverluste, die in jeder herkömmlichen, mechanisch konstruierten Maschine auftreten. Was zeitlich bis hierher reine Bewegungsenergie war, wird jetzt an zum Teil in Wärmeenergie umgewandelt. Aus diesem Grunde kommen bei Rothman Vergangenheit und Zukunft zur Sprache. – *d. V.*

> die Newtonschen Gesetze, die Gesetze der Elektrodynamik und die der Relativität alle reversibel – für keines spielt es eine Rolle, ob die Uhr des Universums vorwärts- oder rückwärts läuft. Doch wenn die Newtonschen Gesetze tatsächlich das Fundament bilden, dann sollte sich der zweite Hauptsatz der Thermodynamik aus der Newtonschen Mechanik herleiten lassen. Das ist aber niemals befriedigend gelungen.

Es kommt noch stärker, denn Rothman fährt fort:

> **Die Unvereinbarkeit des zweiten Hauptsatzes mit den anderen grundlegenden Theorien der Physik bleibt das vielleicht größte Paradoxon der gesamten Disziplin.** *(Hervorhebung durch d. Verf.)*

Dies lasse man in den Anfängerkursen einfach weg, und auch in den Lehrbüchern werde es mit keinem Wort erwähnt.

Gerade an den im vorliegenden Buch besprochenen neuen Energietechnologien wird offenbar, daß der zweite Hauptsatz der Thermodynamik nicht in der herkömmlichen Weise anwendbar ist, sondern statt dessen einer Neuinterpretation bzw. einer Ergänzung bedarf.

Rothman geht nun auch kritisch auf die enge Verbindung zwischen Mathematik und Physik ein. Als eine wesentliche Ursache dafür sieht er den Aufsatz des Nobelpreisträgers Eugene Wigner (1902-1995) mit dem Titel „Die unbegreifliche Effizienz der Mathematik in den Naturwissenschaften", die zu einem regelrechten Glaubenssatz geworden sei.

> Doch der Glaube, daß Gott ein Mathematiker ist, dürfte eher das Ergebnis selektiver Wahrnehmung sein.

Nicht für jedes physikalische Problem gebe es eine Lösung, aber

> ...nur verschwindend wenige physikalische Probleme besitzen exakte Lösungen...

In der Physik beschränke man sich vor allem auf Näherungslösungen und könne dann nur noch hoffen, daß diese einigermaßen stimmen.

Weiter erfahren wir von Rothman, es führe kein Weg daran vorbei, daß die reale Welt von ihrer mathematischen Beschreibung getrennt gesehen werden müsse.

Er zitiert Einstein, der Wigner widersprach: „Insofern sich die Sätze der Mathematik auf die Wirklichkeit beziehen, sind sie nicht sicher, und insofern sie sicher sind, beziehen sie sich nicht auf die Wirklichkeit."

Indem er das Modell des Strahlungsdrucks heranzieht, bei dem Licht Druck auf Materie ausübt, streicht Rothman heraus, man könne dieses nur mit dem sogenannten Abraham-Lorentz-Modell korrekt erklären. Aus den Paradoxien, die sich aus klassischer Herleitung ergeben, habe sich die Quantenelektrodynamik entwickelt. Diese wiederum ist nur durch eine Renormierung anwendbar, die Richard Feynman, der wohl bekannteste Vertreter der Quantenelektrodynamik und selbst Mitentwickler dieser Renormierung, später als untauglich verwarf.

> Hat die Physik also tatsächlich ein adäquates Fundament für all die Weisheiten zu bieten, die in Anfängervorlesungen so unbekümmert ausgebreitet werden?

prangert Rothman an.

Im weiteren Verlauf seines Aufsatzes kritisiert er auch den sogenannten Lagrange-Formalismus. Die Anwendung dieser Methode funktioniere nur dann zuverlässig, wenn man sie auf Standardsysteme anwende. Die Lagrange-Methode gestalte sich aber in bestimmten Fällen sehr aufwendig und biete hinsichtlich einer korrekten Lösung keine Sicherheit.

Zu Einstein sagt er:

> Aus der Relativitätstheorie lassen sich zahlreiche Modelle des Kosmos ableiten, von denen die meisten allerdings in keiner Weise dem realen Universum ähneln.

Hier habe sich weiterer großer Forschungsbedarf ergeben, um zu befriedigenden Ergebnissen zu kommen.

Hinsichtlich der Quantenphysik kommt Rothman zur Auffassung, daß wir es auch bei ihr mit Problemen zu tun bekommen werden. Die grundlegendste Schwierigkeit sei das Meßproblem. Quantenmechanik sage nur die Wahrscheinlichkeit voraus, mit der ein Experiment ein bestimmtes Ergebnis liefert.

Wie ein deterministisches System, in dem das Ergebnis vorherbestimmt ist, just im Augenblick der Messung abrupt zu einem probabilistischen werden kann, ist das große ungelöste Mysterium der Quantentheorie.

Weiterhin geht er auf die Problematik ein, die dabei auftritt, wenn man Licht als Teilchen (Photonen) oder/und auch als Welle zu definiert, wie es in der Quantentheorie der Fall ist. Dies kommt bei dem berühmten Experiment zum Tragen, wo ein Lichtstrahl durch zwei schmale Schlitze auf einen Schirm projiziert wird. Hier sei es nicht möglich, das Wellen- und auch das Teilchenmodell gleichzeitig anzuwenden.

Bei der Beschreibung dieses Versuchs in Lehrbüchern verzichtet man laut Rothman daher völlig auf eine Erklärung, die auf Ursache und Wirkung beruht.

Diese und andere Ungereimtheiten der heutigen Physik kommentiert er wie folgt:

> Noch gegen Ende des 20. Jahrhunderts galt Physik als empfangene Wahrheit – in ihr enthüllte Gott sein Antlitz. Einige Physiker mögen diese Vorstellung weiterhin bewahren. Ich selbst sehe die Physik lieber als eine Sammlung von theoretischen Modellen... Antworten liegen darum schlicht außerhalb unserer Reichweite...

Der Leser mag aus Rothmans Gedankengängen erkennen, auf welch unsicherem Terrain wir uns bewegen, wenn wir für in der Natur ablaufende Vorgänge mit Erklärungsmodellen arbeiten müssen, auf die wir allein angewiesen sind.

Der Äther

Was nun den sogenannten Äther betrifft, so könnte man sicherlich durchaus ganze Bücher allein darüber schreiben. Er hängt mit unserem Thema so eng zusammen, daß wir uns noch ein wenig näher mit ihm beschäftigen wollen.

Bei den „alten" Griechen war der Äther das fünfte Element neben Feuer, Wasser, Luft und Erde.

Hier zeigt sich bereits, daß es auch ohne eine im Altertum noch nicht vorhandene, ausgefeilte Meßtechnik und Wissenschaft im modernen Sinne, nur aus der Beobachtung natürlicher Phänomene und den daraus gezogenen Rückschlüssen, eine logische Notwendigkeit gab und seitdem immer noch gibt, von einer Art universeller energetischer Substanz auszugehen, die im gesamten Kosmos vorhanden ist. Das Problem dabei ist bis heute, daß es fast unmöglich ist, diesen Äther als das zu beschreiben und meßbar festzustellen (also konventionell-technisch zu beweisen), was er ist. Vergleichen wir die Aussagen namhafter Fachleute, so handelt es sich dabei um den Urstoff aller materiellen und energetischen Realität, all dessen, was wir in der realen Welt mit unseren Sinnen erfahren können, was wir technologisch nachzuahmen oder gar zu ersetzen versuchen. Nur anerkennen wollen die meisten Wissenschaftler des 20./21.Jahrhunderts ihn nicht, da seine Einbeziehung in das mathematisch geprägte Regelwerk der Physik gewissermaßen Sand im Getriebe ist. Daß dieser Äther obendrein auch noch eine Energiequelle sein kann – und die eine wirkliche Energiequelle überhaupt ist, wie eine Reihe von Forschern bewiesen hat –, ist vor dem Hintergrund der typisch menschlichen Selbstüberschätzung ganz und gar undenkbar. Was wir – als Krone der Schöpfung –meßtechnisch nicht erfassen können – das gibt es eben nicht. So einfach ist das für die konforme Wissenschaft. Daß unser Wissen eigentlich nur eine sekundäre Qualität besitzt, das wollen die Gralshüter des Wissens nicht wahrhaben.

Der britische Quantenphysiker Paul Dirac (1902-1984 – er erhielt mit Erwin Schrödinger 1933 den Nobelpreis) äußerte in einem Artikel in der Zeitschrift „Nature" über die Existenz eines solchen Äthers: „Ja, wir sind sozusagen gezwungen, seine Existenz zuzugeben."[5]

„Gezwungen" heißt wohl, so ganz paßte ihm der Äther nicht ins Geschäft. Da die bis dahin erarbeiteten theoretischen Grundlagen aber nicht ganz stimmig waren, brauchte man den Äther irgendwie doch.

Bei www.graviflight.de finden wir einen lesenswerten Beitrag zum Thema „Äther":

Der Äther existiert

Auf der Suche nach der Wahrheit über unsere Welt gelangt man irgendwann automatisch an einen Punkt, wo man diese Fragen beantworten muß: „Gibt es Äther? ... und wenn ja, was ist dieser Äther?"

Bis zum Ende des 19. Jahrhundert war das Element Äther als notwendiges Medium für die Übertragung verschiedener Wellen von Wissenschaftlern anerkannt und akzeptiert, allein weil die Logik es befahl. Zu diesem Zeitpunkt passierte aber etwas, das die Wissenschaftswelt zum Umdenken zwang. Das Michelson-Morley Experiment „bewies" irrtümlicherweise, daß kein Äther existiere. Die Grundidee war, daß die Geschwindigkeit zweier Lichtstrahlen, in verschiedene Richtungen ausgestrahlt, unterschiedlich sein müßte, weil das Element Äther den einen Strahl (parallel zur Erdumlaufbahn ausgestrahlt) abbremsen müßte.

Am Ausgangspunkt des Experimentes wurden zwei Lichtstrahlen aus der gleichen Lichtquelle getrennt und in zwei verschiedene Richtungen ausgestrahlt. Schließlich wurden beide Strahlen mit Hilfe von Spiegeln wieder zusammengeführt aber das resultierende Interferenzmuster ergab keinen Geschwindigkeitsunterschied, was zu der Idee führte, daß es keinen Äther gibt.

Die Wissenschaft des 19. Jahrhunderts hatte dieser Schlußfolgerung nichts entgegenzusetzen, und somit mußten die Gelehrten das Konzept des Äthers verwerfen, obwohl dies entgegen jeder Logik geschah. Das, was hier falsch war, war die Annahme, daß der Äther Lichtstrahlen abbremsen muß, wie jedes bekannte Medium es tut.

Spätere Experimente führten zu der Annahme, daß der Äther Lichtstrahlen nicht abbremst, aufgrund seiner fast unendlichen Flexibilität, aber diese Experimente haben lange nicht eine so große Resonanz gehabt wie das Michelson-Morley Experiment.

Eines dieser späteren Experimente (eigentlich eine lange Reihe von Experimenten) das die Existenz des Äthers bewies, wurde Ende der 70er Jahre von den russischen Astronomen V. V. Nasonov und N. A. Kosyrev durchgeführt und erstreckte sich über etwa 5 Jahre.

Mit Hilfe eines im Weltall gezüchteten Kristalldetektors und eines großen Teleskops wurden astrometrische Intensitätsprofile von vielen Galaxien erstellt. Diese Intensitätsprofile sahen ganz anders aus als erwartet! Jeder weiß, wie eine Galaxie aussieht: Die Helligkeit ist in der Mitte sehr groß und nimmt zum Rande hin ab.

Die von den russischen Astronomen erstellten Intensitätsprofile sahen umgekehrt aus: Sie waren in der Mitte der Galaxien schwach und am Rande viel stärker. Das, worauf der Kristalldetektor reagierte, war also nicht das Licht, sondern etwas anderes – und er reagierte auch noch, als die Öffnung des Teleskops abgedeckt wurde!!! Um externe Einflüsse ausschließen zu können, wurde er mehrfach elektromagnetisch abgeschirmt, aber die Reaktion war immer noch da! Die logische Schlußfolgerung war: Der Detektor empfängt Gravitationswellen, denn nur die Gravitation durchdringt alles. Dies wurde in Verbindung mit den merkwürdigen Intensitätsprofilen in Verbindung gebracht und es ergab sich eine unglaubliche neue Schlußfolgerung: Die Gravitation ist ein Medium (der langgesuchte Äther = Ansammlung von Gravitonen) das von den vielen schweren Sternen in der Mitte der Galaxien stärker absorbiert wird als an deren Rand! Aus diesem Grund waren die erstellten Intensitätsprofile schwächer in der Mitte, anders als allgemein erwartet. Weitere Experimente mit diesem Kristalldetektor ergaben neue, völlig unerwartete Tatsachen, die viele allgemein akzeptierte Theorien widerlegen und fast die gesamte Astrophysik auf den Kopf stellen. Leider griff die *(sowjet-russische, d.V.)* Bürokratie Anfang der 80er ein und verbot den Astronomen weitere Ergebnisse ihrer Forschung zu veröffentlichen.

Aber nun zurück zum Anfang des 20. Jahrhunderts. Der Ausschluß des Äthers als Medium für die Übertragung von Wellen, speziell von

EM-Wellen, führte zu einem der größten Rätsel in der Wissenschaft: Man wußte plötzlich nicht mehr, wie Wellen (und im allgemeinen Energie), übertragen werden. Um dies zu erklären, wurde schließlich das Konzept des physikalischen Feldes erfunden, das bis heute die Wissenschaft beherrscht, aber nicht klar definiert ist. Kurz gesagt, man weiß nicht, was ein Feld (magnetisch, elektrisch) eigentlich ist. Wie auch im Fall der elektrischen Ladung, nimmt man axiomatisch an, daß es Felder gibt, ohne zu erklären, was sie sind; dabei wäre es viel einfacher, den Äther als Medium zu akzeptieren, allein deshalb, weil in der Natur auch andere Medien tatsächlich existieren.

Aber nicht nur die Logik empfiehlt die Akzeptanz des Äthers als subtiles und allesdurchdringendes Medium, sondern auch die Notwendigkeit, die Funktionsweise verschiedener Maschinen zu erklären, die nicht „nach den Regeln der offiziellen Lehrmeinung" laufen. Es geht hier hauptsächlich um Experimente, die die Manipulation der Schwerkraft einbeziehen.

Im Folgenden werden ein paar Eigenschaften des Mediums „Äther" dargestellt, die eine gute und logische Erklärung für die Funktionsweise solcher Maschinen bieten.

Der Äther ist ein subtiles Kontinuum, das das ganze Universum füllt und jeden Körper durchdringt. Mehr als das ist der Äther die „Substanz", die in komprimierter Form physikalische Objekte kreiert. Den Äther gibt es also in freier Form, als „unsichtbaren, freien und fließenden Äther" und in gebundener Form, als sichtbare Objekte. Zu dieser Annahme führen alltägliche Experimente in Teilchenbeschleunigern, wo bestehende Teilchen mit relativistischen Geschwindigkeiten gegeneinander beschleunigt werden; nach dem Aufprallen lösen sich diese Teilchen in reine Energie auf, wobei ganz neue Teilchen wie aus dem „Nichts" entstehen. Die neu geborenen Teilchen sind keine Bestandteile der alten, sondern wirklich neue, geboren aus reiner Energie (vermutlich aus dem Äther).

Der freie Äther befindet sich in ständiger Bewegung. Die natürliche Tendenz des freien, ungebundenen Äthers ist, zu den Massezentren

(Sterne, Planeten) des Universums zu strömen und dort zu sichtbarer Materie zu werden. Es ist von der offiziellen Wissenschaft (Astrophysik) bewiesen worden, daß die Masse der Himmelskörper ständig wächst, ohne aber eine gute Erklärung für dieses Wachstum zu bieten. Die gängige Erklärung ist, daß im Prozeß der heißen Fusion leichte Elemente verbrannt werden, was zur Ausstrahlung verschiedener Energiemengen und gleichzeitiger Entstehung von schweren Elementen führt. Auch wenn die Spektralanalyse die Existenz von schweren Elementen in den Sternen beweist, kann man davon nicht ausgehen, daß ausschließlich diese Elemente für die wachsende Masse der Sterne verantwortlich sind. Man vergißt wahrscheinlich absichtlich, daß sich dabei nur das Volumen ändern dürfte, die Gesamtmasse muß immer gleich bleiben (Beispiel: 1 kg Wolle = 1 kg Blei, nur die Volumen sind nicht gleich). Nach dem Energieerhaltungssatz kann aus einer gegebenen Menge nicht eine größere Menge werden – im Normalfall, aber nicht im Fall der Wechselwirkung mit dem Äther.

Nehmen wir nun das Beispiel der Erde. Jeder weiß, daß im Laufe der Zeit die Kontinente auseinandergedriftet sind, sprich, sie haben sich voneinander entfernt. Dies ist auch auf das Wachstum der Erdmasse zurückzuführen, das wiederum ein Wachstum des Volumens bewirkt hat. Bei einem Luftballon kann man das Gleiche beobachten: Wenn man mehrere Punkte auf den Ballon malt und ihn dann aufbläst, wird der Abstand zwischen den Punkten auch größer. Genau das Gleiche passiert auch mit den Kontinenten, allerdings in einer Zeitspanne von Millionen von Jahren.

Bei Sternen ist dies ebenso offensichtlich: Obwohl sie ständig Unmengen von Energie ins All ausstrahlen, wächst ihre Masse kontinuierlich, bis, in der Endphase ihres Lebens, ihre eigene sogenannte Schwerkraft sie zum Schrumpfen und schließlich zum Explodieren zwingt (das Phänomen der Novae und Supernovae). Woher kommt diese Masse?

Vermutlich passiert folgendes: Der freie Äther strömt zu den Massezentren, die aus bereits gebundenem und zu Materie gewordenem Äther bestehen, und wird zur Materie. Diese Strömung erzeugt sogenannte Druckfronten, die auf den gebundenen Äther einen Druck ausüben, was sich als „Schwere" anfühlt. Gravitation ist also keine Kraft, die von Sternen und Planeten ausgestrahlt wird, sondern ein Fluß von Gravitonen zu den Sternen und Planeten hin. Dies ist eigentlich logisch: Wir werden zur Erde hingezogen und nicht von ihr abgestoßen. Der Schlüssel für die Manipulation der Schwerkraft ist also der Äther!

Mit dem Ausschluß des Äthers als real existierendes Element und Medium hat sich die Wissenschaft möglicherweise den Zugang zu den „Geheimnissen" der Gravitation selbst versperrt!

Darauf, daß der Äther tatsächlich existiert und die Schwerkraft „außer Kraft" gesetzt werden kann, haben auch Anti-Schwerkraft-Experimente hingewiesen. Das Versuchsmodell erzeugt Gegen-Druckfronten, die die natürlichen Druckfronten des zuströmenden Äthers ausgleichen und dem Modell das Abheben erlauben. Mehr als das, können diese Druckfronten beliebig ausgestrahlt werden, so daß auch eine horizontale Bewegung möglich ist. Dies beweist einmal mehr, daß Elektromagnetismus lediglich ein Spezialfall der Gravitation ist.

Ein weiterer Beweis für die reale Existenz des Äthers ist die Tatsache, daß materielle Körper eine eigene Trägheit besitzen. Wie erklärt man Trägheit? Ernst Machs Theorie scheint langsam sehr unrealistisch zu sein; nachdem sie jahrzehntelang akzeptiert wurde, erheben sich immer mehr Stimmen aus der Wissenschaft gegen sie, gerade weil sie neueste Erkenntnisse nicht mehr erklären kann. Tatsächlich kann das Medium Äther die Trägheit der Körper viel besser erklären: Jeder materielle Gegenstand besitzt auch eine Menge freien Äthers, die mitgeführt wird und den Gegenstand durchdringt und umhüllt. Der eigene freie Äther agiert als „Puffer" zwischen dem Objekt und dem umgebenden Äther. Wenn der Gegenstand beschleunigt wird, bleibt sein eigener Ätheranteil etwas hinter ihm zurück und er wird „nackt" dem äußeren Äther ausgesetzt, der eine Kraft auf ihn ausübt. Zusätzlich „saugt" der eigene Ätherkörper den Gegenstand zurück und diese Saugkraft muß mit Verbrauch von Energie (z.B. mit Benzinverbrennung) ausgeglichen werden. Natürlich kommt aber der eigene Ätheranteil (Ätherkörper) gleich nach und paßt sich der Bewegung an, so daß nach Erreichen einer gewissen Geschwindigkeit der Gegenstand sich frei bewegen kann, solange er nicht weiter beschleunigt wird. Der eigene "Ätherkörper" des

Gegenstandes bewegt sich mit und schützt ihn gegen äußere Einflüsse, dank seiner Puffer-Funktion. Beim Bremsen wird der Gegenstand aber erneut aus seinem Ätherkörper herausgezogen, diesmal nach hinten. Der Ätherkörper, der sich der vorigen Bewegung angepaßt hatte, saugt ihn aber weiterhin nach vorn, deswegen kann das Objekt nicht augenblicklich gebremst werden, sondern bewegt sich noch eine Weile nach vorne.

Wenn aber der Bremsvorgang mit einem energieerzeugenden System durchgeführt wird, resultiert merkwürdiger Weise mehr Energie, als für die Beschleunigung notwendig war. Dies ist der entscheidende Beweis, daß hier ein weiteres Element ins Spiel kommt, das diese zusätzliche Energiemenge hinzufügt: Der Äther!

Praktische Anwendungen auf dem Gebiet der Energiegewinnung lassen sich nicht mehr ausschließen, und es ist nur eine Frage der Zeit, bis es jemandem gelingt, den ersten mechanischen Energieerzeuger auf Ätherbasis zu produzieren.

Achtung: Für diese These besteht natürlich kein Anspruch auf Vollständigkeit.[6]

(vom Verfasser des Buches an einigen Stellen sprachlich geglättet)

Soweit zum Äther, ein Thema, das dringend weiterer experimenteller, disziplinübergreifender Forschung bedarf.

Der Physiker Harold Puthoff, tätig am „Institute for Advanced Studies" in Austin (Texas), erläutert den Stand der Wissenschaft zum Thema Äther, Nullpunktenergie und Quantenfeld am 2.9.1997 in einem Aufsatz mit dem Titel „Can the Vacuum be Engineered for Spaceflight Applications?"[7] (Kann das Vakuum für den Weltraumflug technisch eingesetzt werden?). Ein Auszug daraus gibt interessante Aufschlüsse:

Zur Zeit der griechischen Philosophen argumentierte Demokrit, der leere Raum sei wirklich unbesetzt, sonst gäbe es keinen Raum, in dem sich die Atome bewegen könnten. Aristoteles wiederum behauptete mit gleichem Nachdruck, daß das, was als leerer Raum erscheint, in Wirklichkeit ein vollkommen ausgefüllter Raum sei (ein Hintergrund, der mit Substanz gefüllt ist), denn – bewegten sich Wärme und Licht etwa nicht von Ort zu Ort, so als würden sie von irgendeinem Medium getragen?

Die Argumentationen gingen jahrhundertelang hin und her, bis sie schließlich von Maxwells Theorie des lichttragenden Äthers festgelegt wurden, einer Substanz, welche elektromagnetische Wellen einschließlich des Lichtes tragen, so wie Wasser die Wellen über seine Oberfläche trägt.

Alle Versuche, die Eigenschaften dieses Äthers zu messen oder auch die Geschwindigkeit zu messen, mit der die Erde durch den Äther saust (wie mit dem Michelson-Morley Experiment) scheiterten. Als die spezielle Relativitätstheorie aufkam, die kein solches Substrat benötigte, verbannte Einstein den Äther 1905, indem er das Konzept eines tatsächlich leeren Raumes bevorzugte.

Zehn Jahre später jedoch sah Einstein sich bei der Entwicklung der allgemeinen Relativitätstheorie mit ihrem gekrümmten Raum und der verbogenen Geometrie gezwungen, das alte Konzept zu revidieren. Nun, unter der neuen Überschrift der „Raumzeit", plädierte er für einen vollständig ausgefüllten Raum.

Die moderne Quantentheorie etablierte schließlich das Quantenvakuum, den sogenannten „leeren Raum" als einen sehr aktiven Ort, wo Teilchen entstehen und wieder verschwinden, mit einem virtuellen Plasma und kontinuierlich über ihren Nullwerten auf- und abschwingenden Feldern. Die von solchen Prozessen begleitete Energie nennt man Nullpunktenergie (ZPE = zero-point energy). Damit ist gemeint, daß diese Aktivitäten sogar noch am absoluten Nullpunkt (-273°) vorhanden sind.

Auf der fundamentalsten Ebene erkennen wir jetzt, daß das Quantenvakuum ein enormes Reservoir nicht genutzter Energie darstellt, mit Energiedichten, die Richard Feynman und andere vorsichtig in der Größenordnung nuklearer Energie oder größer einschätzen. Deshalb stellt sich die Frage, ob die ZPE zu praktischem Nutzen herangezogen werden kann. Wenn dem so ist, dann würde sie eine überall vorhandene Energiequelle sein, ein tatsächlicher „Heiliger Gral" des Weltraumantriebs.

Bei www.divinecosmos.com[8] finden wir Wissenswertes über den Astrophysiker Nikolai A. Kosyrev (1908 – 1983). Man liest dort, er habe zweifelsfrei nachgewiesen, daß der unsichtbare Äther, aus dem letztendlich alle Materie hervorgeht, als Energiequelle existiert. Dies brachte ihm innerhalb der Welt der russischen Wissenschaft nicht nur Freunde ein. Das Stalin-Regime der damaligen Sowjetunion hatte alle aus Kosyrevs Arbeit herrührenden Erkenntnisse nicht bekannt werden lassen.

Einigen Spezialisten sei es innerhalb von zwei Generationen jedoch gelungen, Kosyrevs Ergebnisse ans Licht der Öffentlichkeit zu bringen. Daraus ergibt sich zwingend, daß wir unsere bisherige Auffassung vom Universum vollständig revidieren müssen.

Im Griechischen bedeutet das Wort „aither" soviel wie „obere Luft, Raum in der die Sterne schweben und die Götter wohnen"[9]. Die mit Äther bezeichnete, strömende, universelle Energie war ein zentraler Begriff der Mysterienschulen des Altertums. So bedeutende Köpfe wie Pythagoras und Platon ergingen sich darüber in langen Gesprächen, die vedischen Schriften des alten Indien umschreiben denselben mit „prana" und „akasha". Auch im Begriff „chi" taucht er als eine mit dem menschlichen Körper in Verbindung tretende Energie auf. Dies wird bei der Akupunktur praktisch umgesetzt. Auch Dinge wie Levitation, Teleportation, Sofortheilung und Telepathie werden als Ergebnis fortgeschrittener Handhabung dieser Ätherenergie erklärt.

Bis ins frühe 20. Jahrhundert wurde der Äther auch in den Kreisen der Wissenschaftler weitestgehend als Tatsache akzeptiert. Erst das (*einseitig interpretierte! d. V.*) Michelson-Morley Experiment setzte dem Äther unberechtigterweise ein Ende.

Und der Äther war nicht „tot", er erlebte frohe Auferstehung auch in der westlich geprägten Wissenschaft unter Bezeichnungen wie „dunkle Materie, dunkle Energie, Vakuumenergie, Nullpunktenergie, virtuelle Teilchen", etc. Doch der Begriff als solcher unterliegt in der konformen Wissenschaftsliga immer noch einem Tabu.

Ersetzt man ihn jedoch durch das Wort „Quantenmedium" oder „Quantenenergie", wird man kaum noch Probleme haben, damit ernstgenommen zu werden.

Ein frühes Beispiel für den Existenzbeweis des Äthers stammt wiederum vom bekannten Wissenschaftler und Cambridge-Absolventen Dr. Hal Puthoff. Er erwähnt an verschiedenen Stellen Experimente aus dem frühen 20. Jahrhundert, die einen Energienachweis im „leeren Raum" erbrachten und noch vor dem Aufkommen der Quantentheorie und der daraus folgenden Quantenmechanik durchgeführt wurden.

Man baute dazu ein Vakuum auf, kühlte den betreffenden Raum auf –273° C ab und schirmte ihn mittels eines Faradayschen Käfigs auch von allen elektromagnetischen Einflüssen ab.* Dennoch befand sich darin eine erhebliche Menge Energie, die offensichtlich aus einer nichtelektromagnetischen Quelle stammen mußte.

* also von Hertzschen Wellen – *d. V.*

Casimir-Kraft

Um den Vorgang der Energiegewinnung aus dem Nullpunktfeld, Vakuumfeld oder auch Quantenfeld wenigstens im Umriß zu verstehen, müssen wir eine Kraft kennen, die man nach ihrem Entdecker Casimir-Kraft nennt.

Hendrik Brugt Gerhard Casimir (1909-2000) war ein niederländischer Physiker.

Er arbeitete mit den Atomforschern Niels Bohr in Kopenhagen und Wolfgang Pauli in Zürich zusammen und trat später in das Philips-Forschungslabor in Eindhoven ein, wo er bis zu seinem Tode arbeitete.

Den nach ihm benannten Effekt sagte er bereits 1948 theoretisch voraus. Zehn Jahre später ergab das sogenannte SPARNAAY-Experiment, daß Casimir richtig lag.

Was es mit der Casimir-Kraft auf sich hat, erfahren wir u.a. bei Wikipedia:

> Diese Kraft beruht auf der Tatsache, daß das Vakuum ein Raum voller virtueller Teilchen (Photonen) ist, die als Vakuumfluktuation bezeichnet werden. Solchen Teilchen kann eine De-Broglie-Wellenlänge zugeordnet werden. Die Wellenlängen der Fluktuationen müssen zwischen den Platten ein Vielfaches des Abstandes haben, es treten dadurch nur diskrete, also einzelne Werte auf. Außerhalb der Platten sind allerdings alle möglichen Wellenlängen vorhanden, es besteht ein unbegrenztes, kontinuierliches Spektrum. Dieses umfaßt sowohl die Anzahl der Zustände, die innerhalb der Platten auftreten dürfen, aber darüber hinaus auch all diejenigen, die auf Grund der Randbedingungen zwischen den Platten nicht möglich sind.
>
> Außerhalb der Platten existiert also ein Kontinuum an virtuellen Teilchen, während innerhalb der Platten nur eine diskrete Anzahl von

Teilchen entstehen kann, nämlich die, die den Randbedingungen der gegenüberstehenden Platten genügen. Daraus resultiert ein „Photonendruck" von außen auf die Platten.

Casimir-Kraft beeinflußt Nanotechnologie

Im nachfolgenden Text bestätigen Schulwissenschaftler den Einfluß quantenmechanischer Schwankungen des Vakuums auf sogenannte Nanotechnik-Bauteile. Das klingt schon mal hochinteressant, da es die Kräfte des Nullpunktfeldes bzw. des Äthers bestätigt. Wir sollten aber nicht vergessen, daß Nanotechnik, die ja seit einer Weile verheißungsvoll als Spitzen-Technologie angepriesen wird, auch große Gefahren für Umwelt und Gesundheit beinhalten kann, wie verschiedene Untersuchungen mit Nanostäuben gezeigt haben. Wir nehmen damit unermeßlich kleine Partikel in uns auf, die unser Körper als störend empfindet und entsprechend gereizt, gekränkt (oder auch krank) reagiert.

Wir zitieren also eine Pressemitteilung der Max-Planck-Gesellschaft, um zu zeigen, mit welchen anderen Problemen man auf diesem noch neuen Forschungszweig zu kämpfen hat. Man arbeitet offensichtlich schon mit dieser Kraft, auch wenn man sie energietechnisch noch nicht zu nutzen weiß.

> Wenn eine Maschine klemmt, ist der Ingenieur schuld – oder die Physik. Letzteres gilt zumindest für die ersten einfachen Nanomaschinen, die von der Casimir-Kraft gebremst werden. Diese Kraft wirkt nur im Maßstab von einigen Millionstel Zentimetern und läßt winzige Maschinenteile aneinander haften. Wissenschaftler vom Max-Planck-Institut für Metallforschung und von der Universität Stuttgart haben eine ähnliche Kraft nun auch in einer Mischung zweier Flüssigkeiten beobachtet. Sie haben außerdem einen Weg gefunden, die Wirkung der Kraft umzukehren, so daß sich mögliche Blockaden von Nanomaschinen künftig vielleicht vermeiden lassen. So wird es möglich, Maschinen weiter zu miniaturisieren und etwa mechanische Schalter oder Sensoren im Nanometermaßstab herzustellen.[10]

Von nichts kommt nichts. Nur in der Physik ist das manchmal anders. So ziehen sich zwei Metallplatten auf geheimnisvolle Weise an, wenn sie sich im Vakuum und am absoluten Nullpunkt der Temperatur etwa einen halben Mikrometer gegenüber stehen. Die Kraft, die die Platten zusammen schiebt, rührt von quantenmechanischen Schwankungen des Vakuums her – also eigentlich aus dem Nichts. Solche Fluktuation stellen Schwankungen elektromagnetischer Wellen dar. Diese müssen auf den Oberflächen der beiden elektrisch leitenden Platten einen Knoten besitzen. Daher ist die Zahl erlaubter Wellen zwischen den Platten stark eingeschränkt. Außerhalb der Platten können sie sich dagegen ungehindert ausbreiten. Hieraus ergibt sich letztendlich eine anziehende Kraft zwischen den Platten.

Diesen Effekt sagte der Physiker Hendrik Casimir schon 1948 theoretisch voraus, heute sorgt er dafür, daß die Bauteile von Nanomaschinen aneinander kleben. Eine Forschungsgruppe der Universität Stuttgart hat eine ganz ähnliche Kraft auch in einer Mischung von Wasser und der öligen Flüssigkeit Lutidin experimentell beobachtet: die kritische Casimir-Kraft. Diese Kraft ist so schwach, daß sie nur sehr schwer nachzuweisen ist. Die Meßergebnisse stimmen dabei sehr gut mit Werten überein, die am Stuttgarter Max-Planck-Institut für Metallforschung schon theoretisch vorhergesagt worden waren.

Die kritische Casimir-Kraft verdankt ihren Namen der Tatsache, daß sie nahe an einem kritischen Punkt auftritt.

So ein Punkt komme auch in einem Wasser-Lutidin-Gemisch vor. Bei niedrigen Temperaturen zeigt sich dieses Gemisch als klare Lösung. Heizt man das ganze nun aber auf ca. 34 Grad Celsius auf, dann trennen sie sich die beiden Stoffe in zwei unterschiedliche Phasen, eine davon mit hohem Lutidin- und die andere mit hohem Wasseranteil.

Die Temperatur, bei der das passiert, heißt kritische Temperatur. Die beiden Phasen entstehen an diesem kritischen Punkt nun allerdings nicht abrupt, so wie etwa Wasser am Gefrierpunkt zu Eis erstarrt. Vielmehr bilden sich bereits unterhalb der kritischen Temperatur im Gemisch Zonen, die mehr Lutidin oder mehr Wasser enthalten. Je weiter sich die Temperatur nun der kritischen Temperatur nähert, desto mehr Anteil nehmen diese Zonen ein und bleiben auch länger bestehen. Dieser Umstand, nämlich wie die Konzentration von Wasser und Lutidin in unterschiedlichen Bereichen der Mischung schwankt, ähnelt den quantenmechanischen Fluktuationen im Vakuum. Und genau wie bei Casimirs Effekt erzeugen diese Konzentrationsschwankungen auch eine anziehende Kraft zwischen Oberflächen, was bei den Versuchen in Stuttgart nachgewiesen wurde.

Die Beobachtung erfolgte an einer winzigen Kugel aus Kunststoff, die in einem transparenten Gefäß im Gemisch schwebte. Die Flüssigkeit wurde allmählich aufgeheizt. Bei zwei Zehntel °C unter dem Kritischen Punkt bewegte sich das Kügelchen auf die Gefäßwand zu.

Es gelang den Forschern, aus dem Abstand des Kügelchens die Kraft zu ermitteln, die auf es wirkt. Das winzige Kunststoffkügelchen zittert dabei allerdings schon aufgrund seiner ständigen Kollisionen mit den Molekülen der Flüssigkeit heftig, weswegen solche Messungen statistisch korreliert werden müssen. Die kritische Casimir-Kraft wird tatsächlich nur durch statistische Ausreißer in Richtung Glaswand feststellbar. Dazu muß die Meßmethode enorm präzise sein. Und das dazu angewandte optische Verfahren ergab, daß die kritische Casimir-Kraft bei 600 Femto-Newton liegt – die Masse eines Flohs bringt es auf über eine Million mal so viel Gewichtskraft.

Das Kunststoffkügelchen wird von dieser Kraft allerdings nur Richtung Glaswand gedrückt, wenn sowohl die Gefäßwand als auch das Kügelchen Wasser oder aber beide Öl bevorzugen. Zeigen beide Oberfläche hingegen unterschiedliche Vorlieben, dann wird das Kügelchen durch die kritische Casimir-Kraft von der Glaswand weggetrieben, und zwar weil sich an einer der Oberflächen eher Bereiche mit viel Wasser bilden, an der anderen solche mit viel Öl. Die wasserreiche mit der ölreichen Phase in direkten Kontakt zu bringen kostet aber Energie, daher wird die Kugel abgestoßen.

Dieser experimentelle Nachweis könnte dazu führen, künftige Nanomaschinen vor einem Blockiertwerden zu bewahren. Solche Nanohelfer in einer Größe von nur ein paar Millionstel Zentimetern könnten irgendwann einmal gezielt dabei helfen, Medikamente präzise an ihren Einsatzort zu lancieren oder auch Assistenzdienste bei minimalinvasiven Operationen zu übernehmen. Auf dieser Größenskala wirken allerdings die quantenmechanischen Vakuumfluktuationen kontraproduktiv. Die Casimir-Kraft hindert solche Helferlein daran, ungestört ans Ziel zu kommen. Die Lösung des Problems könnte darin bestehen, daß solche Nano-Maschinen in einem Flüssigkeitsgemisch nahe am kritischen Punkt arbeiten statt im Vakuum. Die Maschinenteile müßte man dazu also so beschichten, daß die Casimir-Kraft abstoßend wirkt und die Maschine folglich rund läuft.

Quantenwelt

Ein Quant ist die Bezeichnung für die kleinste Mengeneinheit innerhalb der Materie oder auch der Energie. So gibt es z.B. sowohl ein Teilchenquant als auch ein Drehimpulsquant. Max Planck hat die sogenannten masselosen Teilchen, die keine Ruhemasse besitzen, als Quanten bezeichnet. Daraus wurde geschlußfolgert, daß bei unserer Erde auf 1 Teil Masse 999.999.999 Teile Quanten kommen.

Auf www.emg-berlin.de finden wir einen Aufsatz des Instituts für energiemedizinische Systeme e.V. (EMS Berlin). Dort heißt es:

> „Die Quanten sind der Masse übergeordnet, steuern sie, bestimmen ihren Zusammenhalt und sind weit in der Überzahl. Sie sind das Wichtigste, werden aber meist vergessen." (Carlo Rubbia)
>
> Der Mensch strahlt das gesamte Quantenspektrum ab. Die Wärmestrahlungs- und Lichtquanten haben den größten Anteil daran.[11]

Die Welt der Quantenphysik ist – obwohl hochinteressant – ein allgemein immer noch wenig bekanntes Gebiet der Physik, dennoch aber von großer Bedeutung für viele neu entwickelte Technologien. Das liegt besonders daran, daß viel mehr mathematische Berechnungen als modellhafte Anschauungen einen bedeutenden Teil dieses physikalischen Gebietes einnehmen und es überhaupt sehr schwierig ist, quantenphysikalische Vorgänge anschaulich und vor allem mit normalen verstandes- und vorstellungsmäßigen Fähigkeiten begreifbar zu machen.

In der Welt subatomarer Teilchen herrscht Wahrscheinlichkeit, das Prinzip Zufall, nichts ist präzise vorhersehbar, alles ist unbestimmt. Wir könnten sogar daraus folgern: In der Quantenwelt ist alles möglich.

Erst der Einfluß des Menschen, der ein Meßgerät in die Hand nimmt, um quantenmechanische Vorgänge für die makroskopische Welt „einzufangen", reißt damit den zu erfassenden Gegenstand bzw. Vorgang aus dieser Zufallswelt heraus, beeinflußt ihn so und verändert ihn damit. Dies wird an dem Gleichnis des berühmten Gedankentiers „Schrödingers Katze" deutlich. Erwin Schrödinger (1887-1961) war ein österreichischer Physiker und einer der Begründer der Quantenmechanik.

Schrödingers Katze – tot und doch lebendig

In einer verschlossenen Kiste befindet sich eine Katze zusammen mit einem radioaktiven Atom und einem Fläschchen Gift. Zerfällt das Atom, löst dies einen Mechanismus aus, der die Flasche zerschlägt; die Katze atmet die Giftdämpfe ein und stirbt. Nach der Quantentheorie gibt es zwar eine statistische Wahrscheinlichkeit für den Zerfall des Atoms, wann es aber tatsächlich zerfällt, ist vollkommen dem Zufall überlassen. Wäre auch die an dieses System gekoppelte Katze ein quantenmechanisches Objekt, so wäre auch der Zustand der Katze ungewiß.

Solange man die Kiste nicht öffnet, also eine Messung vornimmt, weiß man nicht, ob die Katze noch lebt oder schon tot ist. Nach den Regeln der Quantenmechanik wäre die Katze bis zum Öffnen der Kiste weder tot noch lebendig, sondern eine „Überlagerung" der beiden Zustände „Katze tot" und „Katze lebendig". Erst wenn der Beobachter hineinschaut, müßte sie sich für einen Zustand „entscheiden". In der normalen Welt mit richtigen Katzen ist das natürlich nicht so. Deshalb ist „Schrödingers Katze" zum Glück ein rein gedanklicher Tierversuch geblieben.[12]

Weiteres zum Thema erfahren wir auf dieser hier in einem kurzen Artikel mit der Überschrift „An der Schwelle zur Quantenwelt":

Der Schritt an die Grenzen

Erst in jüngster Zeit gibt es eine Reihe von Experimenten, die sich auf raffinierte Weise der Grenze zur Quantenmechanik nähern, etwa indem sie Objekte erzeugen, die zwar makroskopisch beobachtbar sind, aber trotzdem quantenmechanischen Gesetzen gehorchen. So gelang es beispielsweise in den letzten Jahren, Atome in magnetischen Fallen fast bis zum absoluten Nullpunkt (er entspricht -273,15 °C oder Null Kelvin) zu kühlen. Sie bilden dann ein so genanntes Bose-Einstein-Kondensat, eine Ansammlung von Materie, für die die Gesetze der Quantenmechanik gelten, obwohl ihre Ausdehnung Millimetergröße erreicht. Rund eine Million Atome bringt man in den tiefstmöglichen Energiezustand – sie werden dadurch vollkommen ununterscheidbar und verhalten sich wie ein einziges Riesenatom! Ferner gelingt es, aus einem solchen Bose-Einstein-Kondensat mit Hilfe von Radiowellen Atome herauszulösen. Unter dem Einfluß der Schwerkraft fallen sie aus der Atomfalle heraus nach unten und bilden dabei einen kontinuierlichen Strahl. Man nennt eine derartige Anordnung einen Atomlaser.

Es handelt sich um ein Gerät, das nicht wie ein Laser Photonen, sondern Atome aussendet, die völlig gleich orientiert und sehr eng gebündelt sind. Eine ganze Reihe praktischer Anwendungsmöglichkeiten sind dafür denkbar: Man erwartet noch genauere Meßmethoden für die Zeit und für die Stärke der Gravitation. Falls es gelingt, ihre Intensität zu steigern, könnte man mit einem Atomlaser wie mit einem Laserdrucker winzigste Strukturen direkt auf Halbleiterchips auftragen.

Bis die Handhabung derartiger Atomlaser aber so ausgereift ist, daß die Geräte problemlos in der Praxis eingesetzt werden können, werden wohl noch einige Jahre vergehen. Eines Tages können Atomlaser vielleicht so klein sein wie heute Halbleiterlaser. Wenn es auch noch gelingt, den „Nachschub" kalter Atome in der Falle kontinuierlich zu organisieren, läßt sich damit ein kontinuierlicher Laser aus Materiewellen herstellen.[13]

Wir kommen nun zu einer der Hauptfragen, die immer wieder auf den Plan treten, wenn es um den Funktionsnachweis eines neuartigen Energiegerätes geht, der Frage nach den Hauptsätzen der Wärmelehre.

Das Problem mit der Thermodynamik

Der deutsche Arzt Julius Robert von Mayer (1814 bis 1878) formulierte „als einer der ersten" (Wikipedia) den ersten Hauptsatz der Wärmelehre (Thermodynamik), den er (als Nichtphysiker!) den „Erhaltungssatz der Kraft" nannte.

Die Gesamtenergie in einem abgeschlossenen System bleibt konstant.

Zunächst unter Wissenschaftskollegen nicht anerkannt, führte Mayer dann weitere Experimente durch und kam zu der Erkenntnis, daß Wärme und Arbeit zueinander äquivalent sind, also im gleichen Verhältnis gegenseitig umgewandelt werden können. Dies führte dann zu der Bezeichnung „Erster Hauptsatz der Wärmelehre" .
Mayers Zeitgenossen, die Physiker Hermann von Helmholtz und James Prescott Joule, lehnten diesen Mayerschen Energieerhaltungssatz übrigens ab. Helmholtz entwickelte daraus dann den Energieerhaltungssatz, der besagt, daß es innerhalb eines abgeschlossenen Systems nicht möglich ist, Energie zu erzeugen oder auch zu vernichten, daß aber Energie zwischen verschiedenen Energieformen (Wärme, Bewegung) umgewandelt werden kann. Insofern sagte er eigentlich nichts von Mayer grundsätzlich Abweichendes.

Unter einem „abgeschlossenen System" versteht man jedoch ein System ohne einen Informations-, Energie- oder Stoffaustausch zur Umgebung und ohne eine Wechselwirkung mit dieser, und die Umgebung fängt bereits in weniger als einem Millimeter Distanz außerhalb des Systems an. Wie wir weiter unten sehen werden, sind aber Energiegewinnungsformen, die mit ihrer Umgebung interagieren, sehr wohl möglich.

Das nächste Problem, mit dem sich unabhängige Energieforschung im gesellschaftlichen Kontext konfrontiert sieht, ist der sogenannte zweite Hauptsatz der Wärmelehre. Aus dieser Regel, folgt, daß:

- Wärme nicht von selbst von einem Körper niedriger Temperatur auf einen Körper höherer Temperatur übergehen kann (von selbst heißt: ohne zusätzlichen Energieaufwand)
- es keine Maschine gibt, die Wärme ohne Verluste in eine andere Energie umwandeln kann
- die Entropie (Unordnung, Abwertung der Energiequalität) ständig zunimmt
- thermodynamische Vorgänge nicht umkehrbar sind
- ein Perpetuum Mobile erster und zweiter Art nicht möglich ist

Diese beiden Hauptsätze der Wärmelehre sind sozusagen zur Schallmauer der klassischen Physik geworden, die zu überwinden eine echte Herausforderung darstellt, sowohl, was das Experiment, als auch, was die daraus gewonnene Erkenntnis betrifft. Dennoch ist das gelungen.

Prof. Konstantin Meyl schreibt dazu im zweiten Band seines hochinteressanten Buches »Elektromagnetische Unverträglichkeit«, im Kapitel „Gegenbeispiele zum 2. Hauptsatz der Wärmelehre“:

> Am ehesten überzeugt uns ein kleines Experiment. Wir erhitzen zwei Kugeln, die eine etwas weniger, die andere etwas mehr. Dann bündeln wir die Wärmestrahlung der weniger warmen Kugel mit Hilfe eines Parabolspiegels und richten sie auf die heißere von beiden. Die wird daraufhin noch heißer, die kältere hingegen kühlt sich ab. Die Wärme ist also von der warmen zur heißen Kugel geflossen. Darf sie das denn? Nach dem 2. Haupsatz der Wärmelehre darf sie das natürlich nicht. Da kann die Wärme immer nur vom Warmen zum Kalten fließen. Aber bei diesem primitiven Experiment fließt sie meßbar und nachprüfbar in die falsche Richtung. Hier sinkt tatsächlich die Entropie, die angeblich immer nur steigen darf. Hier wird Entropie vernichtet! ...
>
> ... Und es ist kein Einzelfall: Auch unsere Sonne funktioniert und arbeitet eindeutig gesetzeswidrig! Die Oberflächentemperatur beträgt nur 5800 Kelvin und versorgt die Sonnenatmosphäre mit Energie. Die Energie fließt also von der Sonne zur Korona, und die ist mit Werten oberhalb 1.000.000 Kelvin um einige Zehnerpotenzen heißer![14]

Und bei http://www.norbertmoch.de finden wir eine ausführliche Darlegung der revolutionierenden Physik des Physikers Wilhelm M. Bauer. Daraus bringen wir im Folgenden einige wichtige Leitsätze, die uns Wege aufzeigen, neue Energietechnologien erklärbar zu machen:

- Der Nachweis der nur begrenzten Gültigkeit des 2. Hauptsatzes der Wärmelehre hat u.a. ein neues kosmologisches Weltbild zur Folge, ohne Urknall, ohne Wärmetod und ohne ständige Neubildung von Materie, mit im Mittel gleichbleibenden Vorgängen, bei ausgeglichener Erzeugung und Vernichtung von Entropie.
- Der Nachweis des realen Vorhandenseins eines Licht- oder Weltäthers schließt relativistische Spekulationen aus. Elektrodynamik und Atomphysik erhalten neue Grundlagen und die Gravitation findet ihre klassisch anschauliche Erklärung.
- Die Entdeckung einer neuen Energieform, der Wirbelbindungsenergie, kurz Wirbelenergie, mit Sitz in der Wirbelkerngrenzschicht, erklärt die bisher rätselhafte Atomkernenergie und spontane Wirbelbildungen der Erd-, Sonnen- und Jupiteratmosphäre sowie die Bildungen von Globulen, Sternen und Galaxien.
- Das Kopernikanische System mit Keplerschen Planetenbahnen gibt nur eine Momentaufnahme. Wegen der ursprünglich großen Rotationsgeschwindigkeit der Sonne folgt aus der Drehimpulsbilanz, daß sich die Planeten unter Aufnahme von Sonnendrehimpuls auf spiralförmigen Bahnen von der Sonne fortbewegen, was für die gesetzmäßige Staffelung ihrer Zentralabstände bestimmend ist. Entsprechendes gilt für die Satelliten der Planeten.
- Die Strahlungsenergie der Sonne ist im wesentlichen umgewandelte Rotationsenergie, wie aufgrund der für Kernreaktionen zu geringen Zahl solarer Neutrinos geschlossen werden muß.
- Elektronen, die unter der Wirkung der Lorentzkräfte radial nach außen wandern, bilden einen äußeren Ladungsgürtel. Durch Teilnahme an der Erdrotation wird er zu einem Konvektionsstrom, dessen Magnetfeld im wesentlichen mit dem erdmagnetischen Feld identisch ist.[15]

Wie wir sehen, beginnt sich schon abzuzeichnen, unter welchem Problem neue Denk- und Forschungsansätze zu leiden haben: Sie passen nicht ins alte Konzept. Die Unumgänglichkeit neuer Konzepte wird damit aber immer offensichtlicher.

David Daudrich wird in seinem ebenso interessanten Buch »Der zweite Hauptsatz der Wärmelehre und seine Macht«[16] noch deutlicher:

> Die meisten damaligen Wissenschaftler erkannten den geheimnisvollen und eigenartigen zweiten Hauptsatz nur widerwillig an. Wie in solchen Fällen üblich, waren die konservativ eingestellten Wissenschaftler gegen diese Neuheit in der Thermodynamik. Andere waren fortschrittlich eingestellt. Dennoch konnten sie das neue Gesetz nicht annehmen. Seine Herausforderungen waren unverkennbar. Sie ließen sich nicht mit den eigenen Vorstellungen von den Prozessen der Natur vereinbaren und wurden deswegen ebenfalls kategorisch abgelehnt. Doch sie konnten gegen dieses Gesetz keine überzeugenden Argumente vorbringen, da diese tief in den Prozessen der Natur verborgen liegen. Noch heute sind sie schwer zu verstehen. Zwangsläufig nahm die Zahl der Kritiker mit der Zeit ab, bis es schließlich keine mehr gab.
>
> Eine wichtige Rolle bei der Eliminierung der Gegner spielte auch die Tatsache, daß man sich an die Existenz des zweiten Hauptsatzes und seine geheimnisvolle Entropie gewöhnte. Dadurch konnten die Ergebnisse der Untersuchungen und Beobachtungen der Naturprozesse, die in den Rahmen des zweiten Hauptsatzes nicht hineinpassen wollten, auch nicht mehr anerkannt werden. Arbeiten mit entsprechenden Ergebnissen, wurden und werden immer noch abgelehnt und ohne Begründung für ungültig erklärt. Als Folge wird heute in der Natur nur dasjenige erlaubt, was mit dem zweiten Hauptsatz übereinstimmt. Es gibt deswegen nur wenige Wissenschaftler, die den Mut besitzen, den zweiten Hauptsatz an den ihm in der Natur gebührenden Platz zu setzen. Neue Theorien entstehen, neue Bereiche der Natur werden erforscht, neue natürliche Vorgänge wie auch schöpferische Prozesse, die beharrlich in den Rahmen des zweiten Hauptsatzes nicht hineinpassen wollen, werden von ihnen untersucht. Doch alles was den zweiten Hauptsatz angeht, wird

unverändert auf dem alten Niveau gehalten. Es wird alles unternommen, die alte Einstellung zu konservieren und dem zweiten Hauptsatz nach wie vor alle Prozesse der Natur ohne Ausnahme zuzubilligen.

Der zweite Hauptsatz beschäftigt sich hauptsächlich mit einfachen, zerstörerischen Prozessen der Natur, die leicht zu verstehen sind. Man kann sie ohne Schwierigkeiten überprüfen, da es der Mensch im alltäglichen Leben überall mit ihnen zu tun hat. Reale, komplizierte Entwicklungsprozesse der Natur, die einen Antipoden zum zweiten Hauptsatz der Thermodynamik darstellen, sind äußerst schwer oder bislang noch gar nicht zu verstehen. Sie existieren tatsächlich und sind in der Natur nicht weniger verbreitet. Doch bis heute kann man sie im Labor und in der Natur entweder noch gar nicht oder nur teilweise überprüfen. Diese Prozesse wirken dem zweiten Hauptsatz entgegen und widersprechen ihm, was jedoch nur schwer nachweisbar ist. Dies vor allem ist der Grund, warum sich in der Wissenschaft der zweite Hauptsatz der Thermodynamik so schnell entwickeln und verwurzeln konnte. Die entgegengerichteten, schöpferischen Prozesse, ohne die es in dieser Welt aufgrund ihrer Milliarden Jahre langen Geschichte überhaupt nichts mehr gebe (auch den Menschen nicht!), werden weitestgehend ignoriert. Obwohl sie existieren, werden sie vom Menschen nicht anerkannt. Diese komplizierten Prozesse der Entwicklung in der Natur werden vom Menschen gezwungen, sich dem zweiten Hauptsatz der Thermodynamik zu unterwerfen. *Wir haben diese beiden kosmischen Zeitstrahlen, einen, der zu Abbau und Unordnung, und den anderen, der zu Fortschritt und zunehmender Organisation zu führen scheint. In den letzten Jahren haben Wissenschaftler erkannt, daß Materie und Energie eine eigene Fähigkeit zur Selbstorganisation besitzen, die in allen naturwissenschaftlichen Forschungsgebieten zu Tage tritt, nicht nur in der Biologie. Ich halte das für sehr bedeutsam. Wir erkennen wieder, was wir „das Wunder des Lebens" nennen können – die Fähigkeit lebender Organismen, ihre Komplexität und Organisation zu steigern –, und sind verblüfft. Aber diese selbst – organisierenden Prozesse finden wir auch in Systemen, die als unbelebt angesehen werden, und diese Selbst – Organisation ist Gegenstand multidisziplinärer Forschungen mit vielen Praktischen Anwendungsmöglichkeiten.*[17]

Teil 2

Wegbereiter für unkonventionelle Methoden der Energiewandlung

An dieser Stelle möchten wir im Kurzüberblick ein paar Personen vorstellen, deren eigene Errungenschaften irgendwann einmal spektakulär waren und heute oft einfach als legendär gelten, aber weiter revolutionär bleiben – die Urgroßgründerväter der Raumenergiewandlungsvorstellung, sozusagen echte Proto-Typen.

So unglaublich es klingen mag, der erste Apparat, der Energie auf unerklärliche Weise hervorbrachte, wurde offenbar schon im 13. Jahrhundert konstruiert. Dafür den Begriff „Perpetuum Mobile“ zu benutzen, wollen wir hier vermeiden, da dieser Terminus von Seiten der konformen Wissenschaft gern dazu verwendet wird, mit herkömmlichen Modellen nicht erklärbare Ergebnisse als unmöglich darzustellen. Das ganze Weltall ist letztlich ein Perpetuum Mobile. Energien, die in ihm entstehen, können nicht verloren gehen, wir müssen nur lernen, wie wir sie auf unserer Erde zur Nutzung bringen können. Im allgegenwärtigen Quantenfeld (Nullpunktfeld, Äther) ist die Energie vorhanden. Eingrenzungen und Abgrenzungen energetisch verfügbarer Bereiche auf unserem kleinen, blauen Planeten wurden willkürlich konstruiert, entstammen dem alten mechanistischen Weltbild und spiegeln überwiegend kurzfristiges Denken und die ausschließliche Verfolgung wirtschaftlichen Interesses wieder.

Der Magnet-Motor des Petrus Peregrinus

oder „die Kunst, ein Rad von ständiger Bewegung zu machen".

Dem »Free Energy Device Handbook«[18] entnehmen wir darüber einige Informationen:

> Der erste Permanent-Magnet-Motor wurde bereits im Jahre 1269 (!) von Petrus Peregrinus entwickelt. Der Originaltext, der in der öffentlichen Bücherei von New York City aufbewahrt wird, wurde aus dem Lateinischen übersetzt.
>
> Diese Erfindung schlummerte dann Jahrhunderte lang vor sich hin, bis sie 1954 von Lee Bowman wiederentdeckt und neu belebt wurde. Bowman baute nach dieser Beschreibung ein kleines funktionsfähiges Modell. Seitdem wurden auch von anderen Forschern neue Funktionsmodelle gebaut.
>
> Das Gerät bestand aus drei sorgfältig gelagerten parallel angeordneten Achsen, an denen Endscheiben angebracht waren. Das Ganze war fest auf eine Grundplatte montiert. Auf einer Seite waren an den Wellenenden drei Zahnräder montiert, in einer Übersetzung von 2:1, das Zahnrad auf der mittleren Achse größer als die anderen. An den gegenüberliegenden Enden der Achsen waren drei Scheiben angebracht,

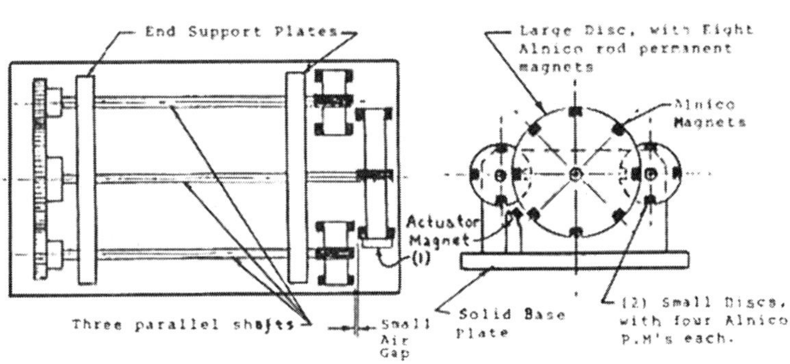

Bowman Permanentmagnet-Motor *Quelle: Free Energy Device Handbook*

auch hier die größte auf der mittleren Achse, zwei gleich große kleinere auf den äußeren Achsen und im selben Übersetzungsverhältnis wie auf der anderen Seite.

Auf der großen Scheibe waren in gleichem Abstand zueinander acht Alnico-Stabmagneten angebracht, auf den kleinen Scheiben saßen jeweils vier davon, so daß immer zwei von ihnen während der Umdrehung zusammen kamen. Der Abstand zwischen den Magneten auf den benachbarten Scheiben, die sich gegeneinander drehen, betrug 5/1000 Zoll (= 1/8 mm).

Die Scheiben wurden mit der Hand bewegt, und die aneinander vorbeilaufenden Magneten waren phasengleich zueinander bei jedem Durchgang synchronisiert. Es traf also immer je ein Magnet der kleinen Scheibe mit einem Magneten der großen Scheibe zusammen.

Um das Ganze in Bewegung zu setzen, mußte einer der zylindrischen Permanentmagneten in einen bestimmten Winkel zum unteren Quadranten der großen Scheibe gebracht werden. Dieser einzelne Magnet diente als Starter, der die Drehbewegung der Scheibe(n) anlaufen ließ, indem er die magnetischen Kräfte der drei Magnetscheiben aus ihrer Balance brachte.

Die Existenz von Bowmans Magnetmotor wurde von einigen Zeugen bestätigt, darunter auch ein Elektroingenieur, der von der Demonstration des Geräts sehr beeindruckt war. Obwohl Bowmans Gerät einiges Aufsehen erregte, kam es nie zu seiner Weiterentwicklung. Schließlich wurde es auseinandergenommen und zerstört, ohne daß ein Entwicklungspotential dafür geschaffen worden war.

In seinen *Epistula de magnete* von 1269 nennt Peregrinus das entsprechende Kapitel „Die Kunst, ein Rad von ständiger Bewegung zu machen".

Heute findet sich im Internet schon mal ein TÜV-Prüfbericht[19], in dem einem Magnetgenerator attestiert wird, Überschußenergie zu liefern.

John E.W. Keely (1827 – 1898)

Erfinder

Am Beispiel eines Erfinders, der seiner Zeit voraus, war wird die ganze negative Dramatik des Spannungsfeldes sichtbar, das zwischen einer einseitig materiell und auf Profit eingestellten, kapitalistisch orientierten Wirtschaft und dem intuitiv arbeitenden, die Natur beobachtenden, geistig-kreativen, mitunter sehr sensiblen Charakter von Erfindern bis heute besteht. Statt die Dinge in aller Ruhe entwickeln zu können, werden Erfinder gedrängt, Produkte auf den Markt zu bringen, die kurzfristig Profit abwerfen, damit die von den Fabrikanten aufgenommenen Bankkredite und die Zinsforderungen der Investoren erfüllt werden können. Gleichberechtigte Zusammenarbeit findet nicht statt, sondern der Erfinder soll sich der Dominanz des alles beherrschenden Kapitals unterordnen. Diener dieses Systems ist die von den Staatsregierungen geförderte konforme Wissenschaft, die sich – nicht anders als die Verwaltungsbehörden selbst auch – in Abhängigkeit von der Industrie befindet und keinen unabhängigen, eigenen Weg gehen kann, sondern vielmehr die Erwartungen der Finanziers erfüllen muß. Daß dieser Weg ein Abweg ist und der Menschheit insgesamt keine positive Weiterentwicklung bringt, merkte auch John Keely.

Er war ein Erfinder aus der US-amerikanischen Stadt Philadelphia, der den nach ihm benannten Keely-Motor erdachte. Dieser bewegte sich auf Grund induktiver Resonanz, bei der Äthertechnologie zur Anwendung kam. Wie es auf der Webseite http://peswiki.com[20] heißt, empfahl sich Keely als Entdecker der Physik „sympathischer Vibrationen".

Er arbeitete viele Jahre daran, das Geheimnis des Schalls zu ergründen, und er brachte 50 Jahre damit zu, eine stattliche Anzahl von Geräten zu entwickeln, die mit der „sympathischen Vibrationskraft" oder „Ätherkraft" Objekte levitieren, große Räder und Generatoren antreiben und sogar Fels zerstören konnten. Vor Wissenschaftlern und anderen Beobachtern führte er viele überzeugende Experimente in seinem Labor durch. Der Versuch, seinen Apparat kommerziell produzieren zu lassen, scheiterte u.a. daran, daß dieser auf die Körperschwingung des Benutzers und auch auf die Umgebung abgestimmt sein mußte.

1872 teilte Keely öffentlich mit, er habe eine Methode der Energiegewinnung entdeckt, die auf den Schallschwingungen von Stimmgabeln beruhe. Er behauptete, daß Musik mit den Atomen oder dem Äther in Resonanz stehen könne. Gemeinsam mit einem Team aus Investoren und Ingenieuren gründete er in New York die „Keely Motor Company". Mit Hilfe der dadurch zusammengebrachen Finanzmittel baute er seine Maschine und führte diese 1874 einer kleinen Gruppe von Personen aus Philadelphia vor. Dabei blies er eine halbe Minute lang in eine Einlaßöffnung (Düse) und goß dann fünf Gallonen (über 20 Liter) Leitungswasser nach. Nach einigen Justierungen zeigte der Druckmesser einen Druck von 10.000 psi (pound-force per square inch) = 689 Bar(!). Das, so Keely, sei der Beweis, daß das hineingegossene Wasser zerlegt worden war und daraus ein geheimnisvoller Dampf im Generator entstanden sei, mit dem man Maschinen antreiben könne.*

Bei weiteren Vorführungen nannte er seine Apparatur zunächst „vibratorischer Generator", dann „hydropneumatisch pulsierende Vakuummaschine" und schließlich „vierfach negative Harmonien". Wissenschaftler untersuchten den Motor, der mit Luft und Wasser zu laufen schien, obwohl Keely dies stets verneinte.

Keely baute auch einige Geräte, um die Schwerkraft zu manipulieren. Eines davon war der „sympathische Sender", eine Kupferkugel von 30 cm Durchmesser, die eine sogenannte Chladni-Platte (auf diesen Platten werden akustische Schwingungsmuster durch stehende Wellen hervorgerufen) und verschiedene Metallröhren enthielt, deren Lage man mit Hilfe eines Bedienungsknopfes einstellen konnte. Die Kugel ruhte auf einem metallenen Ständer, an dessen Basis ringsum kleine Metallstäbe (von einigen Zoll Länge) hervorstanden, die unterschiedlich lang waren und wie Stimmgabeln schwangen, wenn man sie mit den Fingern anschlug.

* Der geheimnisvolle Dampf kann nur ein Gemisch von Wasserstoff und Sauerstoff gewesen sein, also Browns Gas. – *d. V.*

Während eines Experimentes war der Sender durch einen Draht aus Gold, Platin und Silber mit der Spitze eines wassergefüllten Glaskruges verbunden. Wenn die richtige Saite auf einer Zither angezupft wurde, erhoben sich metallene Kugeln von 900g Gewicht vom Boden des Kruges, bis sie an dem metallenen Deckel anschlugen. Dort blieben sie hängen, bis eine andere Note gespielt wurde und sanken daraufhin wieder herab.

Keely gab an, die vibratorische Kraft dafür zu nutzen, daß sich Gegenstände bewegten. Dafür verwendete er eine ganze Anzahl verschiedener Musikinstrumente wie Trompeten, Hörner, Harmonikas, Geigen und Zithern, sogar durch einfaches Pfeifen konnte er die Anordnung aktivieren. Er benutzte bei seinen öffentlichen Demonstrationen die Instrumente oft dazu, seine Apparate, bestehend aus einer „vibratorischen Maschine", die mit einem „Liberator" (Befreier) verbunden war, in Gang zu setzen. Dazu gehörten Messingdrähte, Röhren und Stimmgabeln. Zeugen erinnern sich daran, wie sich schwere Stahlkugeln in die Luft erhoben, wenn er auf einer Art Mundharmonika spielte. Mithilfe eines Senders, einer Verbindungsschnur und eines Musikinstruments konnte Keely ein 3,6 kg schweres Modell-Luftschiff auf- und abbewegen oder mit langsamem Tempo durch die Luft schweben lassen. Darüber hinaus war er im Stande, mit Hilfe am Körper getragener, daran angeschlossener vibratorischer Vorrichtungen schwere Gewichte anzuheben. Verschiedene Personen bezeugten, daß er eine 3 Tonnen schwere gußeiserne Kugel levitieren lassen und – umgekehrt – auch schwerer als normal machen konnte, so daß diese im festen Boden versank wie in Schlamm.

Das Problem bei Keely war, daß er, obwohl er seine Geräte als fortschrittliche Marktprodukte anpries, interessierte Vermarkter jedesmal mit der Äußerung brüskierte, er müsse erst noch weitere Experimente durchführen. Auch wollte er nicht mit Edison oder Tesla zusammenarbeiten.

So war es kein Wunder, daß man ihm betrügerische Absichten unterstellte oder ihn der Zauberei und des Okkultismus beschuldigte. 1890 kündigte er an, vor einem Durchbruch zu stehen, denn der „Liberator" könne die Luft zerlegen und daraus Ätherenergie machen. Damit könne man einen Liter Wasser in genügend Energie umwandeln, um damit eine Autoschlange, die von Philadelphia bis San Francisco reicht, mit Energie zu versorgen.

Die „New York Times" berichtete bereits im Juni 1875, Keelys neue Bewegungsenergie werde aus kaltem Wasser und Luft gewonnen und dabei entstehe ein Dampf, der energiereicher als Wasserdampf sei, und vor allem weitaus wirtschaftlicher.*

Keely verweigere jedoch jegliche offene Klärung, wie das Ganze funktioniere, ehe er nicht Patente in jedem Land der Welt angemeldet habe, das Patentrechte vergibt, was schätzungsweise 30,000 USD gekostet hätte.

Am 7. Juni 1885 berichtet die „New York Times" und zitiert dabei Keely:

> „Es handelt sich um die Nutzbarmachung interatomaren Äthers durch Vibration. Der atomare Äther vibriert um alle Moleküle der Materie herum. Es gibt da eine magnetische Kraft, die mit ihm eng verbunden ist. Diese hält die molekular-atomaren Anhäufungen zusammen, d.h. man kann sie mit einer bestimmten Anziehungskraft gleichsetzen. Es ist schwer zu beschreiben, was sie eigentlich ist. Ich nenne sie vibratorisch negativ. Sie verhält sich nicht wie ein Magnet, der Metalle anzieht. Aber es gibt eine bestimmte magnetische Wirkung dabei, die durch vibratorische Rotation bei verschiedenen Formen der Materie eine Anziehung hervorruft – sowohl molekular, atomar, ätherisch und äther-ätherisch. Dieser Impuls stammt von metallischen Impulsen, der rotierenden Kraft, die durch Äthervibrationen gebildet wird. Diese Kraft ist es, die sie (*die Materie*) in der jeweiligen Position hält."

Später wurde berichtet, daß die Zeugen der Demonstration so beeindruckt waren, daß sie eine Aktiengesellschaft gründeten, Patentrechte für die sechs Neuengland-Staaten kauften und 50.000 USD bar für die Teilhaberschaft am Patent auszahlten.

Nach heutiger Einschätzung handelte es sich bei Keelys Verfahren möglicherweise um eine durch Schallwellen erzeugte Wasserspaltung, bei der sich Browns Gas (HHO) bildet. Damit arbeitete in den 1980/90er Jahren auch der Wasserauto-Konstrukteur Stanley Meyer.

* Wieder kann die Erklärung aus heutiger Sicht nur Wasserstoff bzw. Browns Gas heißen. – *d.V.*

Die geschilderten Anti-Schwerkraft-Effekte, die Keely mit seinem Vibrationsgerät erzeugte, müssen ihre Ursache in der Abschirmung bzw. Ablenkung der auf alle Körper wirkenden Gravitationswellen mit Hilfe des erzeugten Schallspektrums haben.

Es weist vieles darauf hin, daß es verschiedene Wege gibt, Energie aus dem Vakuumfeld des Raumes zu gewinnen, durch Schallschwingungen, durch Hochfrequenz, durch Hochspannung, durch Magnete und vielleicht noch durch andere physikalische Auslöser.

Keely ist eine der Hauptfiguren, von denen Verfechter und Erfinder unkonventioneller Energiegewinnung bis heute fasziniert sind.

Nikola Tesla (1856 – 1943)

Erfinder, Elektroingenieur, Physiker

Daß dieser Mann, der uns schon vor 1900 zeigte, welche Möglichkeiten erfinderisches Denken auf dem Gebiet der Elektrotechnik und des Maschinenbaus der Menschheit bieten kann, inzwischen Legende ist, weiß jeder, der sich mit diesem Wissensbereich auseinandergesetzt hat.

Geboren wurde er im Dorf Smiljan im heutigen Kroatien, später wanderte er nach Amerika aus.

Tesla war nicht nur Wegbereiter der modernen Wechselstromtechnik, sondern er hat seine genialen Ideen auch auf allen möglichen anderen Feldern entwickelt und ging dabei weit über das hinaus. was zu seiner Zeit für möglich gehalten wurde. Die Ingenieurswelt schaute fassungslos zu, wie er Glühbirnen mit Hilfe von Hochfrequenzfeldern auf seinen bloßen Armen zum Leuchten brachte oder ein funkferngesteuertes Modellschiff über einen Teich fahren ließ. Sein Pierce-Arrow-Auto aus den 1930er Jahren fuhr gar ohne jegliches Benzin, sondern nur unter Nutzung aus dem Äther empfangener Energie. Sein Freund Henry Ford übernahm diese Technik für seine „Tin-Lizzy" (Ford T-Modell), aus dem durch Auswechseln weniger Teile ein äther-elektrisches Fahrzeug werden konnte. Nach wenigen Tausend Exemplaren mußte diese unerhörte Neuheit aus der Fertigung genommen werden, und zwar infolge der Intervention durch finanzwirtschaftlichen Druck auf Ford seitens Standard Oil und Konsorten. Bedauerlicherweise ist von dieser Technik nichts erhalten geblieben. Daher verweist man sie natürlich ins Reich der Legende.

In seinem New Yorker Labor rief Tesla durch resonante Schwingungen ein künstliches Beben hervor, das den ganzen Wolkenkratzer sowie benachbarte Gebäude in heftige Bewegungen versetzte und nur durch sofortige Zerstörung des Resonanzschwingungsapparates beendet werden konnte.

Ungezählt sind seine Patente, u.a. ein Gerät, mit dem man aus der freien Luft Energie gewinnen konnte, außerdem seine berühmten Teslaspulen und Transformatoren, mit denen er gigantische Hochspannungsblitze erzeugte, darunter Apparate, die derart viel Energie aus dem Netz benötigten, daß beinahe das speisende Kraftwerk dadurch energetisch zusammengebrochen wäre.

Sein großer Coup, mittels eines großen Turms die drahtlose Energieübertragung von Amerika bis hinüber zur Weltausstellung in Paris zu ermöglichen, wurde leider vereitelt, denn sein Bankier J.P. Morgan (das Bankhaus spielt auch heute noch eine bestimmende Rolle in der internationalen Finanzwelt) verweigerte ihm die dafür nötigen finanziellen Mittel.

Das Patent dafür trägt die Nr. 787,412 „Art of Transmitting Electrical Energy Through The Natural Mediums" (die Kunst der Übertragung elektrischer Energie mittels natürlicher Medien), wurde am 16. Mai 1900 eingereicht und am 18. April 1905 erteilt.

Eine technische Umsetzung dieses Patents wäre sicherlich ein wichtiger Schritt hin zur Unabhängigkeit der Bürger von Energienetzen gewesen, und im Interesse der Profite der Energiekonzerne mußte dergleichen natürlich verhindert werden. Bis heute sind wir Abhängige dieser Energieverkäufer geblieben.

Viele weitere Patente Teslas sollen sich heute in der Hand des Militärs befinden und längst zu fertigen technischen Entwicklungen geführt haben, von denen wir uns überhaupt keine Vorstellung machen.

Dazu gehört aller Wahrscheinlichkeit nach auch der Super-Ionosphärenheizer HAARP. Mit ihm kann man Energie im Gigawattbereich in gebündeltem Strahl in die höheren Schichten der Ionosphäre hinaufschießen und dort Löcher hineinbrennen. Angeblich dient dies alles der Erforschung der Ionosphäre und der sogenannten Auroraphänome (Aurora borealis), die durch die elektrische Aufladung des Erdmagnetfelds unter Einwirkung der bei den gewaltigen Gasentladungen von der Sonne in den Weltraum hinausgeschleuderten Teilchen entstehen. Die bekannten Nordlichter (und Südlichter am Südpol) sind sichtbarer Teil dieser Auroraerscheinungen.

Kritische, investigative amerikanische Autoren, die sich näher mit HAARP befaßt haben, sehen darin ein überdimensionales Waffensystem, das unter Zuhilfenahme der Ionosphäre ganz unterschiedliche Manipulationen zuläßt, etwa Eingriffe in Wetterphänomene wie Positionverlagerungen von Hurrikanes, Hochdruck- und Tiefdruckzonen u.v.m. sowie die Beeinflussung menschlichen Verhaltens durch künstlich erzeugte Gehirnwellen (sogenannte ELF-Wellen), auf die Kurzwellenfrequenzen (um 10 MHz) aufmoduliert und so über weite Strecken gesendet werden können. Weitere Ziele dieser Experimente könnten im Bereich des Unterwasserradars liegen. Siehe dazu das Buch von Nick Begich und Jeane Manning »Löcher im Himmel«.[21]

Auch die modernen elektromagnetischen Waffensysteme, mit denen das Abfeuern materieller Projektile überflüssig wurde, Antigravitationsantriebe und vieles mehr gehen sehr wahrscheinlich auf Patente Teslas zurück.

Tesla-Technik soll überdies am „Philadelphia-Experiment" beteiligt gewesen sein, bei dem mit Hilfe starker magnetischer Felder angeblich ein ganzes Schiff unsichtbar gemacht wurde. Dieses Versuchsobjekt, ein Zerstörer der US-Navy inklusive Besatzung, soll dabei vorübergehend in ein anderes „Zeitfenster" entschwunden sein. Anscheinend sind Raum und Zeit als sogenannte Dimensionen der Realität durch die Einwirkung von Magnetfeldern beeinflußbar.

Kurzum – Tesla war das Genie der modernen Technik schlechthin und wird es auch bleiben. Offiziell wurde die Einheit der magnetischen Flußdichte (T) nach ihm benannt. Damit hat es sich dann auch schon. Größere Ehrungen und Andenken wurden diesem ebenso einmaligen wie exzentrischen Mann nicht zuteil. Dagegen stellte man in den USA Thomas Alva Edison („Der Zauberer von Menlo Park") ganz groß heraus, da dieser die Spielregeln des Kapitals kannte, umgänglich und geschäftstüchtig war und nicht gegen geltende Gepflogenheiten verstieß. Natürlich war er kein „Zauberer", sondern lediglich ein mittelmäßiger Erfinder, der es verstand, seine Ideen geschickt in den Markt zu bringen. Die von ihm vorgeschlagene Gleichstromversorgung von Städten und Gemeinden scheiterte jedoch daran, daß Gleichstrom nicht transformierbar ist. Tesla kam ihm dann mit der Wechselspannungstechnik zu Hilfe und zeigte, daß der an den Niagarafällen gewonnene Strom – dort hatte er für die Firma Westinghouse das erste Wechselstromkraftwerk errichtet – durch Hochtransformieren über weite Strecken transportfähig war und dadurch große Gebiete versorgen konnte. Für eine flächendeckende Stromverteilung kam Gleichstrom also nicht in Frage.

Nikola Tesla gilt heute für viele Organisationen und unabhängig arbeitende Forscher als die Galionsfigur der sogenannten „Freien Energie“, da er Dinge zustandebrachte, für die man noch heute nach (schul)wissenschaftlichen Erklärungen sucht. Es gibt Tesla-Gesellschaften und Tesla-Kongresse. Es nützt uns aber nichts, Tesla nur zu glorifizieren, denn unser Planet hat indessen weitere 100 Jahre auf dem Buckel und wartet darauf, mit neuen Konzepten in einen besseren Zustand überzugehen. Tesla-Technik muß daher auch im zivilen Sektor umgesetzt werden. Entsprechende Realisierungen können aber dann nur von solchen Menschen kommen, die derartige Konzepte integrieren und Neues denken können.

Teslas ferngelenktes Waffensystem

Teslas Erkenntnisse im Bereich der Elektrizität waren schon vor über 100 Jahren derartig bahnbrechend, daß man deren Möglichkeiten damals nur in begrenztem Maße nutzen konnte. Was aber von Teslas Entdeckungen vor der Öffentlichkeit versteckt und dennoch insgeheim genutzt wurde, um es militärischer Verwendung zuzuführen, kann nur vermutet oder durch Rückschlüsse aufgedeckt werden.

Dazu gehören auch seine sogenannten „Todesstrahlen“. Dieser Begriff wurde durch eine außer Kontrolle geratene Phantasie der frühen Science-Fiction-Autoren des vergangenen Jahrhunderts in Umlauf gebracht. Korrigierend muß dazu gesagt werden, daß Tesla mit der Entdeckung seiner drahtlosen Energieübertragung („Wardenclyffe Tower“) bei der durchschnittlich gebildeten Bevölkerung und auch in weiten Kreisen der konformistischen Wissenschaft auf Unverständnis stieß. Letztere hatte ihr Denken gerade auf die von dem Deutschen Heinrich Hertz entdeckten Wellen fokussiert und stand allem anderen sehr skeptisch gegenüber, weil ihr dafür die Erklärungsmodelle fehlten. Tesla bezog sich aber nicht auf die Hertzschen Transversalwellen, sondern hatte die sogenannten Longitudinalwellen entdeckt, die bzw. deren Varianten auch als Skalarwellen bezeichnet werden. Diese Wellen eröffneten ganz andere so weitgehende

Möglichkeiten, daß sie das menschliche Vorstellungsvermögen in den frühen Jahren des 20. Jahrhunderts schlicht überforderten.

Um Teslas Entwicklungen zu verdeutlichen, bringen wir einige Ausschnitte aus einem von Tesla selbst verfaßten Artikel, den er in der Zeitschrift *Electrical World and Engineer* vom 7. Januar 1905 veröffentlicht hatte.[22] Der Artikel trägt den Titel „Die drahtlose Übertragung elektrischer Energie als Mittel der Friedensförderung". Das klingt zunächst sehr optimistisch, wissen wir doch inzwischen alle aus eigener Lebenserfahrung, daß auch eine noch so weit entwickelte Technik es bisher nicht geschafft hat, Frieden unter den Menschen herbeizuführen. Eher im Gegenteil. Zwei Weltkriege mußten her, um Eifersüchteleien, Konkurrenzdenken, Machtrausch und Habgier auszuleben und dies wie selbstverständlich mit Millionen von Toten und Unmengen von Kriegsschulden bezahlen zu lassen.

Tesla schreibt:

> Universeller Friede, so man diesen denn im umfassendsten Sinne für verwirklichbar hält, sollte nicht erst in Äonen erreichbar sein, auch wenn wir dies für wahrscheinlicher halten mögen, sofern wir es auf der Basis des kaum wahrnehmbar langsamen Wachstums bei großen reformerischen Ideen der Vergangenheit beurteilen. Der Mensch ist, als eine Masse in Bewegung, untrennbar mit Trägheit und Hartnäckigkeit seiner Lebensäußerungen verbunden...

Dennoch ist Tesla optimistisch, was Veränderungen in der Zukunft der Menschheit betrifft. Wenden wir uns aber nun dem zu, was er über die von ihm entdeckten neuen technischen Möglichkeiten sagt:

> Eroberung durch reine Gewaltanwendung wird von Tag zu Tag schwieriger. Verteidigung erhält immer stärkere Bedeutung gegenüber Angriffspotentialen, machen wir auch in der satanischen Wissenschaft von der Zerstörung ständig Fortschritte. Die neue Kunst, Bewegungsmuster und Operationen individualisierter Automaten drahtlos über beliebige Entfernungen hinweg zu steuern, wird bald alle Länder in die

Lage versetzen, die eigenen Küsten unbezwingbar zu machen und gegen jeden Angriff zu schützen. Bedauerlicherweise fand mein Vorschlag zur Einführung meiner Erfindung, wie ich ihn vor vier Jahren der Marine der Vereinigten Staaten unterbreitete, nicht die geringste Beachtung. Auch mein Angebot an Marineminister Long, mit Hilfe meiner Funktechnik ein telegrafisches Kommunikationssystem über den Pazifik hinweg aufzubauen, landete in Washington schlicht und einfach in einem Papierkorb der Navy. Seinerzeit hatte ich im *Century Magazine* vom Juni 1900 schon bekanntgegeben, daß mein „Umgürten" des Erdballs mit elektrischen Impulsen (stehenden Wellen) erfolgreich stattgefunden hatte, und auch meine „Telautomata" waren bereits öffentlich vorgeführt worden.*

Aber das das lag nicht etwa an den Offizieren der Marine, denn dann wären meine Erfindungen nämlich als dreiste, visionäre Systeme diskreditiert worden, am allerlautesten von jenen, die seither zu Krösussen der Verheißung geworden sind – mit Versprechen von „leichten" Batterien, „Ozean-Telefonie" und „transatlantischer" drahtloser Telegrafie, und die doch bis auf den heutigen Tag Sisyphose geblieben sind, was die Verwirklichung dieser Ziele angeht.**

Wären nur einige wenige „Telautomatic"-Torpedos gebaut und von unserer Navy eingeführt worden, dann hätte schon allein deren moralische Wirkung ausgereicht, um in den gegenwärtigen Komplikationen im Osten*** eine mäßigende Wirkung auszuüben. Ganz zu schweigen von den Vorteilen, die sich durch eine unmittelbare, sofortige Übertragung von Nachrichten in unsere weit entlegenen Kolonien und die Schauplätze der gegenwärtigen barbarischen Konflikte hätten ergeben können. Seit der Ausarbeitung diese Prinzips habe ich mehrere Verbesserungen erfunden, die es ermöglichen, einen Torpedo auch im getauchtem Zustand mit fehlerfreier Präzision zum Zielobjekt, das zerstört werden soll, hinzulenken – über eine Distanz von dem Vielfachen der Reichweite selbst der größten Kanone. Noch erstaunlicher:

* So bezeichnete Tesla seine Fernsteuerungstechnik, etwa sein per Funk kontrolliertes Roboterboot, das man ganz ohne Besatzung überall hindirigieren konnte – ganze hundert Jahre vor der aktuellen Drohnentechnik. – *d. Ü.*

** Hier spielt Tesla u.a. auf Marconis Funktelegrafie-Versuche an. – *d. Ü.*

*** gemeint ist der Russisch-Japanische Krieg – *d. L.*

> Der Bediener muß die Höllenmaschine nicht einmal sehen und er braucht auch Ihre genaue Position nicht zu kennen. Wohingegen der Gegner keine Möglichkeit hat, mit elektrischen Mitteln Einfluß auf ihre Bewegung zu nehmen. Einer von solchen Teufels-Telautomaten wird bald gebaut werden, und ich werde die Regierungen dann darauf aufmerksam machen. Eine Entwicklung mit dieser Qualität führt unvermeidlich dazu, auf den Bau von teuren Kriegsschiffe und Landbefestigungen zu verzichten und revolutioniert damit Mittel und Methoden der Kriegführung. Angesichts der Reichweite und der zerstörerischen Kraft einer solchen quasi-intelligenten Maschine, die ohne Einschränkung für jedes Einsatzziel verwendet werden kann, verlieren Kanonen, Kriegsschiffsbewaffnung und Befestigungsmauern jegliche Bedeutung. Man kann getrost prophezeien, daß die Schlachten der Zukunft von ausgebildeten Elektrikern geführt werden. ... Bis Krieg allein durch die Perfektion von Zerstörungsmaschinen ganz abgeschafft ist, könnte es noch Jahrhunderte dauern. Man muß daher zu anderen Mitteln greifen, will man dieses Ende beschleunigen. Aber welche könnten das sein?...

Tesla kündigt die ‚digitale' Kommunikation an

Zu einer Zeit, als Satellitenübertragung und Internet noch völlig unbekannt waren, sah Tesla diese Möglichkeiten bereits voraus, wenn auch vorm Hintergrund der technischen Möglichkeiten, die es zu Beginn des 20. Jahrhunderts gab. Dazu schreibt er in seinem Artikel:

> Unsere Sinne gestatten uns lediglich einen kleinen Ausschnitt der Welt um uns herum wahrzunehmen. Unser Hören reicht nicht sehr weit. Was wir sehen, wird dauernd behindert von dazwischentretenden Körpern und Schatten. Um uns gegenseitig kennenzulernen, müssen wir weit über die Grenzen unserer Sinneswahrnehmung hinausgreifen. Wir wollen unsere Erkenntnisse weitervermitteln können, reisen, Stoffe transportieren und die für unsere Existenz wichtige Energie übertragen können. Diesem Gedanken folgend erkennen wir nun, daß unter allen möglichen Zielen der Menschheit, ausnahmslos, das für die Herstellung eines universellen Friedens erstrebenswerteste und zweckdienlichste die KOMPLETTE AUFHEBUNG VON DISTANZEN ist.

Dafür, dieses Wunder Wirklichkeit werden zu lassen, ist Elektrizität das einzige Instrument. Obwohl schon unermeßlich viel Gutes durch den Einsatz dieses mächtigen Mittels erreicht wurde, bleibt ihr eigentliches Wesen für uns weiterhin ein Mysterium. Unsere Verwunderung darüber, was bereits geschafft ist, müßte wohl grenzenlos sein, würde sie nicht durch die Erwartung noch größerer Wunder im Zaum gehalten. Und diese eine, das größte von ihnen, kann man nach drei Aspekten unterscheiden: Informationsverbreitung, Energietransport und Energieübertragung.

Betrachten wir den ersten Bereich, so finden wir, daß die gegenwärtigen Systeme für telegrafische und telefonische Kommunikation sehr beschränkt sind. Die stromführenden Kanäle sind kostspielig und zeigen nur wenig Leistungsvermögen. Es gibt ernsthafte induktive Störungen, und Stürme machen diese technischen Dienste unsicher, die außerdem viel zu teuer sind. Eine weitreichende Verbesserung wäre es, Telefonleitungen unterirdisch zu verlegen und sie durch künstlichr Kühlung zu isolieren. Außerdem könnte ihre Übertragungskapazität enorm erhöht werden, indem man auf das neue Prinzip der „Individualisierung" zurückgreift, das ich vor kurzem bekannt gemacht habe. Es erlaubt die simultane Übertragung Tausender telegrafischer und telefonischer Botschaften über einen einzigen Draht und ohne jede Interferenz.* Die Öffentlichkeit würde von diesen großen Fortschritten bereits profitieren, gäbe es da nicht das sture Desinteresse der marktbeherrschenden Firmen, die mit Informationsübertragung zu tun haben. Aber es werden neue Konzerne entstehen, und die nahe Zukunft wird innerhalb dieser zwei Erfindungszweige große Veränderungen zeigen.

Tesla hier noch näher auf technische Unzulänglichkeiten von Unterwasserkabeln ein und fährt dann fort:

Daher liegt es auf der Hand, daß die Überwindung all dieser Nachteile durch die drahtlose Signalübertragung, wie ich sie bei meiner „Welt-Telegrafie" und der „Welt-Telefonie" vorgenommen habe, die stärksten

* Störung durch gegenseitige Überlagerung – d. Ü.

Impulse für die Förderung des Friedens darstellen. Der verbindende Einfluß dieser Verbesserungen wird noch deutlicher dadurch, daß sie diese Distanz nicht völlig aufheben, sondern es außerdem möglich machen, von einer einzelnen „Welt-Telegrafenstation" aus zu operieren und mit einer unbegrenzten Zahl von Empfangsstationen um die ganze Welt in Verbindung zu treten, die ungeachtet ihres Standortes über die gleichen Möglichkeiten verfügen. In wenigen Jahre schon wird es durch ein einfaches, tragbares Gerät für jeden Menschen – an Land oder auf See – möglich sein, Nachrichten zu empfangen, Reden und Vorträge oder Musikstücke zu hören, die von irgendeiner anderen Stelle der Erde aus übertragen werden. Die Erfindung wird auch den dringenden Bedarf von preiswerter Übertragung über große Entfernungen stillen, vor allem für die Überseekommunikation...

All dies erinnert uns überdeutlich an die moderne digitale Kommunikation über Mobiltelefon, Satelliten und Richtfunkstrecken. Obwohl diese Möglichkeiten zu seiner Zeit noch nicht bekannt waren – zumindest gibt es dafür keine Anhaltspunkte – hatte Tesla sie mit seinen technischen Mitteln bereits in Angriff genommen.

Er spricht sich sodann gegen die Verwendung Hertzscher Wellen aus, denn er hält sie für ungeeignet, eine Rolle bei der besagten „Individualisierung der Kommunikation" zu spielen, ebensowenig wie bei der Überwindung großer Entfernungen.

In meinem System gelten ganz andere Bedingungen, da dort elektromagnetische Wellen und Strahlung planungsseitig minimiert sind. Einer von den Anschlüssen des Senderschaltkreises ist geerdet, wodurch die Energie dieser Strahlung um rund die Hälfte reduziert wird. Wenn man die richtigen Regeln und Kniffe beherrscht, wird die Übetragungsdistanz bedeutungslos, und bei fachlich richtiger Anwendung des „Individualisierungsprinzips" kann man Nachrichtenübertragung sowohl als nicht störend wie auch als nicht störbar bezeichnen. Diese Erfindung, die ich schon in technischen Publikationen beschrieben habe, versucht auf eine sehr vereinfachte Weise das Nervensystem im menschlichen Körper zu imitieren. Sie war das Ergebnis langer Versuchsreihen, bei denen sich die Unmöglichkeit zeigte, den strengen wirtschaftlichen Anforderungen meines früheren Systems zu genügen, das noch auf einem einfachem Einstellungsverfahren beruhte, bei der die Trennschärfe* von einer einzigen charakteristischen Eigenschaft abhängt. Bei diesen späteren Verbesserungen resultieren gegenseitige Ausschließlichkeit und die Überlagerungsresistenz der auf einem gemeinsamen Kanal gesendeten Impulse aus der gemeinsamen Interaktion mehrerer unterschiedlicher Bauelemente, und sie können beliebig weit gesteigert werden. Im praktischen Einsatz stellte sich heraus, daß durch die Kombination von lediglich zwei Schwingungen oder Tönen bereits ein Schutz der Vertraulichkeit erreicht wird, der für die meisten Zwecke ausreicht. Kombiniert man dann aber erst drei Schwingungen miteinander, wird es selbst für einen Spezialisten extrem schwierig, Signale zu dekodieren oder zu stören, die nicht für ihn bestimmt sind.

Ab vier kombinierten Frequenzen wird das völlig unmöglich. (...) Aus den Experimenten kann geschlossen werden, daß mit dieser Erfindung einige Millionen unterschiedliche Botschaften simultan durch die Erde hindurch übertragen werden können, die – was schon seltsam genug ist – in dieser Hinsicht einem künstlich hergestellten Stromleiter überlegen ist. Eine einzige „Welt-Telegrafenanlage", wie ich sie gerade fertig stelle, wird mehr Übertragungskapazität haben als sämtliche Ozeankabel zusammen.

Teslas drahtlose Energieübertragung

Tesla spricht nun den Energietransport an und weist auf die Vorteile hin, die man mit der Tiefkühlung von Hochspannungsleitungen erreicht. Damit könne lasse sich Energie verlustfrei übertragen, ja man gewinne dabei sogar Energie. Dies sei wirtschaftlich und physikalisch nur mit Wasserstoff als Kühlmittel möglich. Die ideale Lösung hingegen sei die kabellose Übertragung von Energie überall dorthin, wo er für den Antrieb aller möglichen Formen von Verkehrsmitteln wie Autos, Eisenbahnen, Schiffen und Flugzeugen benötigt werde.

* zwischen den einzelnen Informationskanälen – *d. Ü.*

Daß man elektrische Energie ökonomisch ohne Kabel auf der Erde über jede Distanz hinweg übertragen kann, habe ich unmißverständlich in zahlreichen Beobachtungen, Experimenten und Messungen nachgewiesen, qualitativ wie quantitativ. Diese zeigten, daß es machbar ist, von einer zentralen Anlage aus Energie in unbeschränkter Menge zu verteilen, wobei bei der Übertragung lediglich Verluste in Größenordnungen von Prozentbruchteilen entstehen, selbst über die größten Entfernungen hinweg, also auch 12.000 Meilen auf die andere Seite des Globus. Dieses scheinbar unmögliche Kunststück kann nunmehr jeder Elektriker durchführen, der mit dem Prinzip und der Konstruktion meines „Hochpotentialverstärkungssenders"* vertraut ist, dem erstaunlichsten elektrischen Gerät, das ich kenne, und das in der Lage ist, in der Erde und der sie umgebenden Atmosphäre Wirkungen von unbegrenzter Stärke hervorzurufen. Im Wesentlichen ist dies ein freischwingender, elektrischer Sekundärkreis von definierter Länge, mit sehr hoher Selbstinduktion** und geringem elektrischen Widerstand, dessen eines Ende in unmittelbarem oder induktivem Kontakt mit der Erde steht, während das andere Ende mit einem aufrechtstehenden elektrischen Leiter verbunden ist. An diesen werden unter Resonanzbedingungen die elektrischen Schwingungen eines Primärkreises oder auch Erregungskreises geleitet.*** Um eine Vorstellung von den Möglichkeiten dieses wundervollen Gerätes zu geben, erwähne ich nur, daß ich damit Funkenentladungen über Entfernungen von mehr als 100 Fuß (30 m) bei einer Stromstärke von 1000 Ampere erzeugen konnte. Die dabei auftretende Spannung kann auf etwa 20 Millionen Volt geschätzt werden, und es treten chemisch aktive Lichtentladungen**** über eine Fläche von einigen Tausend Quadratfuß hinweg auf. Dabei werden in der Umgebung weit intensivere elektrische Störungen hervorgerufen als bei Gewitterblitzen ...

* high potential magnifying transmitter

** Induktivität – *d. Ü.*

*** ähnlich dem Nordlicht – *d. Ü.*

**** d.h. der Primärkreis und der Sekundärkreis schwingen auf der gleichen Frequenz – resonant – *d. Ü.*

T. Henry Moray (1892 – 1974)

Erfinder, PhD, Elektroingenieur – USA

Seinen Werdegang, seine Experimente und seine Erfahrungen mit technisch interessierten Zeitgenossen, mit Freunden, Geschäftsleuten und Anwälten hat T. Henry Moray zusammen mit seinem Sohn John E. Moray in dem in seiner Art einmaligen, erstmals 1931 im Eigenverlag erschienenen und mittlerweile vergriffenen Buch »The Sea of Energy in Which the Earth Floats«[23] (Das Meer aus Energie, in dem die Erde schwimmt) niedergeschrieben.

Das 2. Kapitel ist überschrieben mit „Strahlende Energie, im Ernst", was schon zeigt, wie unglaublich den Lesern diese Energiegewinnung vorkommen muß. Zum besseren Verständnis fügen wir hinzu: Hier ist nicht strahlende Energie im Sinne gefährlicher atomarer Strahlung gemeint, sondern strömende Energie, die aus der Erde bzw. aus dem erdnahen Luftraum selbst ausstrahlt und nur in der richtigen Weise aufgefangen werden muß.

Henry Moray demonstrierte, daß man diese Energie anzapfen kann, indem er eine elektrische Widerstandsbelastung damit speiste, also z.B. ein Bügeleisen, einen elektrischen Raumheizer oder elektrische Glühbirnen. Auch ein Motor könne damit gespeist werden, nur müßte er für Hochfrequenz geeignet sein, schreibt er. Dazu sei es nur notwendig, Antenne und Erde an seinen Energiekonverter anzuschließen.

Schauen wir, wie das alles bei diesem ungewöhnlichen Erfinder angefangen hatte.

> ...Ich begann mit meinen Experimenten, Elektrizität aus dem Erdboden zu entnehmen, wie ich es nannte, während des Sommers 1909. Im Herbst des Jahres 1910 hatte ich genügend Energie, um damit kleine elektrische Apparate zu betreiben und führte meine Erfindungen zwei

Freunden vor, Lawrence und Parnell Hinckley. Diese Versuche bestanden darin, eine Miniatur-Bogenlampe in Funktion zu setzen. Im frühen Stadium meiner Experimente hatte ich die Vorstellung, daß es statische Elektrizität war, wie ich es nannte. Diese beruhte auf den Experimenten von Benjamin Franklin, die er mit seinem Drachen machte. Als ich jedoch mit der Arbeit weiter voranschritt, wurde offensichtlich, daß die von mir gesuchte Energie nicht statisch war. Und so war auch die statische Energie des Universums für mich keine Hilfe bei der Nutzung derjenigen Energie, die ich suchte...

Bei http://pesn.com finden wir einen kurzen Abriß über Morays Forschungen, den wir hier zusammenfassen.

Er fing in den 1920er Jahren damit an, vielen Leuten „strahlende Energie“ zu demonstrieren. Keiner konnte dabei eine versteckte herkömmliche Energiequelle bei ihm entdecken. Sein „solid state detector“ (Detektor ohne bewegliche Teile), wie er ihn nannte, wurde auch Moray-Radioröhre genannt. Das Ganze bestand aus einer Reihe von Hochspannungskondensatoren, Transformatoren und Halbleitern.* Man könnte die Funktion damit erklären, daß mit diesem Aufbau die Schwingungen der Strahlungsenergie des Raumes angeregt werden. Das am längsten laufende Experiment dauerte fast eine ganze Woche und brachte es auf ungefähr 100 Watt elektrische Leistung. Es hätte noch länger laufen können, wenn nicht Stadtangestellte einen nahestehenden Baum gefällt hätten, wodurch der experimentelle Aufbau unterbrochen wurde. *(Immer, wenn die Antenne entfernt wurde, hörte die Energieproduktion auf)*. Es wurden Spitzenwerte von 50 Kilowatt (!) erreicht.

Von diesem Experiment hörten Zeitungsreporter, Wissenschaftler der Bell Laboratories und des Landwirtschaftsministeriums. Keiner von ihnen kam dahinter, wie der Apparat funktionierte. Auch Betrug war nicht festzustellen. Morays Assistent zerstörte ihn schließlich, weil er sich darüber ärgerte, daß Moray ihn nicht an eine Firma verkaufen wollte.

Wir bringen einen Auszug aus Morays Tagebuchaufzeichnungen:

* Vorläufer der heutigen Dioden und Transistoren – d. V.

...Im Juni 1925 machte ich mit meinem Gerät gewisse Fortschritte, die es mir ermöglichten, ausreichend Strom zu gewinnen, um damit eine 100-Watt-Standard-Glühlampe von General Electric zum Leuchten zu bringen. Ich führte dies einem Herrn namens R.L. Shoup und seiner Frau vor ... Am 6. August 1925 kam R.L. Judd in mein Haus und ich ließ ihn meine ganze Anlage in vollem Betrieb sehen. Das größte Instrument war ungefähr 6 Zoll hoch und von kreisförmiger Bauart. Er schien sehr beeindruckt. Im Oktober 1925 rief Herr Judd auf seiner Rückreise von New York wieder an. Wir gingen nach draußen auf das Dach des Hühnerstalls. Das Gerät transportierten wir dabei auf einem kleinen Zeichenbrett. Dann bauten wir eine Antenne auf dem Dach auf. Sie war etwa 100 Fuß vom Haus entfernt. Bevor wir auf das Dach gingen unterbrachen wir den Hauptschalter. Herr Judd dirigierte mich mit dem Gerät von einem Platz zum anderen. Ich ließ ihn auch in den Hühnerstall schauen, um diesen nach etwaigen verborgenen Gerätschaften zu überprüfen. Dann baute ich in seiner Gegenwart das Gerät zusammen, um es alsdann zu starten. Herr Judd achtete auf die Zeit, die ich brauchte, um das Licht in Gang zu setzen. Ich konnte die 100-Watt-Lampe voll zum Leuchten bringen und noch dazu ein altes 655-Watt-Bügeleisen erhitzen. Dann bat mich Herr Judd, die Antennenverbindung zu unterbrechen. Sofort erlosch die Lampe. Dann wurde die Verbindung wieder hergestellt und die Lampe leuchtete weiter. Dasselbe geschah, als ich die Erdverbindung unterbrach und wiederherstellte. Wir trieben dann noch einen neuen Erder an einer anderen Stelle, die Herr Judd aussuchte, in den Boden. Die Lampe brannte zunächst schwach, dann aber immer stärker, je tiefer wir den Erder hineintrieben. Herr Judd blieb zweieinhalb Stunden. Während dieser Zeit arbeitete das Gerät ohne Pause. Er sagte, sein größter Wunsch wäre es, daß Dr. Harvey Fletcher von der Firma Western Electric and Bell Laboratories mein Gerät sehen würde...[24]

Die gleiche technische Demonstration gab Moray am 28. Oktober 1925 den Herren Ship und Wheatlake von General Electric. Darüber schreibt er, daß die beiden Herren den Strom* fühlten, nachdem dieser von seinen

* die Spannung – *d. V.*

Transformatoren im Gerät reduziert worden sei. Sie hätten gesagt, es sei kein Gleichstrom und es fühle sich wie Hochfrequenz an. Im selben Moment sei dann ein Spannungsstoß hineingekommen, der einen Strom über eine Funkenstrecke entlud. Dies müßten mindestens 10.000 Volt gewesen sein.

In den 1930er Jahren entwickelte Moray verbesserte Halbleiter und Transistoren. Als er 1974 starb, war die von ihm entdeckte Strahlungsenergie noch immer nicht technisch umgesetzt worden. Hinweise darauf, daß er möglicherweise die Entwicklungen des Deutschen Lilienfeld gekannt hat, liegen uns nicht vor.

Dazu hier noch einige ergänzende Informationen zum Thema Halbleiter bzw. Transistor.

Der deutsche Physiker Julius Edgar Lilienfeld (1882 – 1963) erfand 1925 den Feldeffekttransistor (FET). Obwohl er das zum Bau eines funktionsfähigen Transistors nötige reine Halbleitermaterial nicht hatte, beschrieb er den Aufbau und die Funktion von Transistoren schon sehr genau. Laut Wikipedia „...beweisen Unterlagen, daß William B. Shockley und Pearson (1945/48) funktionierende Transistoren gebaut haben, die auf den Patenten von Lilienfeld und Oskar Heil basieren. Sie unterließen es, diese grundlegenden Lilienfeld-Patente in ihren Veröffentlichungen, späteren Forschungsberichten oder historischen Berichten zu erwähnen...“

Thomas Townsend Brown (1905 – 1985)

Physiker

T. Townsend Brown ist in weiten Kreisen durch den „Biefeld-Brown-Effekt" bekannt geworden. Dabei wurde beobachtet, daß zwei mit einer Hochspannungsquelle verbundene Metallplatten sich gegenseitig abstoßen.

Diese bis dahin unbekannte Erscheinung entdeckte Brown bereits 1921 während seiner Collegezeit bei Experimenten mit einer Röntgenröhre. Browns Entdeckung wurde dann 1923 mit weitergehenden Experimenten durch seinen Physikprofessor Paul Alfred Biefeld an der Denison Universität in Granville, Ohio bestätigt und näher untersucht.

Nachdem Brown sein Studium beendet hatte, arbeitete er von 1926 bis 1930 am Warner and Swasey Observatory in Ohio, das zu diesem Zeitpunkt von Biefeld geleitet wurde. Ab 1930 war er dann für eine Reihe von US-Instituten und Firmen tätig. 1932 nahm er auch an der Internationalen Schwerkraft-Expedition des „US Marine Department" zu den Westindischen Inseln und 1933 an der von Paul Bartsch geleiteten ersten Johnson-Smithsonian-Tiefsee-Expedition teil. Auch im Zusammenhang mit dem sogenannten Philadelphia-Experiment wird Brown erwähnt. Kein unbedeutender Mann, wie man sieht, aber einer, der mit seinen Ergebnissen in der wissenschaftlichen Welt auf Skepsis stieß. 1943 hatte er einen Nervenzusammenbruch, woraufhin er Anfang 1944 (mit 39 Jahren!) pensioniert wurde. Danach war er aber nicht untätig, sondern arbeitete einige Jahre als Radar-Berater. In Cleveland widmete er sich wieder seinem eigenen Projekt, dem „Gravitator", um den Biefeld-Brown-Effekt technisch nutzbar zu machen. Seine Forschungstätigkeit finanzierte er weitestgehend selbst, und so gelang es ihm, die Effizienz des Gerätes so weit zu steigern, daß der Apparat nun mehr als sein eigenes Gewicht heben konnte.

Bei http://peswiki.com[25] finden wir die Beschreibung eines elektrokinetischen Apparates, den er erfunden hatte:

Er stand neben seinem Schreibtisch auf einem Dreifuß und sah aus wie ein überdimensioniertes, mit vielen Schlitzen versehenes Lüftungsgitter. Horizontal über die Vorderseite verteilt waren Dutzende paralleler Metallstreifen und Drähte montiert. Dahinter gab es jedoch kein rotierendes Flügelrad und auch keinen Elektromotor. Dennoch strömte ganz leise die Raumluft durch die Schlitze. Ein elektrisch induziertes Kraftfeld bewegte die Luft hindurch. Brown beschrieb das so, als würde man die Kerne einer Wassermelone zwischen den feuchten Fingern hindurchschnellen lassen. Nach Betätigung eines weiteren Schalters wurde aus dem Gerät plötzlich ein Lautsprecher mit einem klaren, unverzerrten Klang. Da keine beweglichen Teile vorhanden waren, gab es keine Verzerrungen, und alle Frequenzen konnten ungehindert durch die Schlitze des Gerätes hindurchgehen, auch weit oberhalb der Frequenzen, die ein normaler Lautsprecher hätte wiedergeben können. Zwei aufeinander abgestimmte Geräte dieser Art, so erklärte Brown, funktionierten wie Sender und Empfänger. Da es keine Begrenzungen hinsichtlich der Frequenz gebe, könne man sie als Kommunikationsgerät verwenden, die von niemand anderem mitgehört werden könnten. Eine weitere Bezeichnung für diesen Apparat lautete „Elektro-hydrodynamischer Lüfter". Später wurde er auch unter dem Namen „Luftreiniger auf Basis einer Ionenströmung" geführt. Raumluft wurde angesaugt, die Schmutzpartikel wurden innen durch eine elektrostatische Ladung von sehr hoher Spannung festgehalten und die saubere Luft strömte anschließend nach außen. Dies war nur eine der Anwendungsmöglichkeiten jener Erfindung, die Brown schon als Teenager gemacht hatte. Mit demselben Effekt war es möglich, eine Reihe metallischer Scheiben und auch anderer Objekte in die Luft zu heben und zu einer Vorwärtsbewegung anzutreiben. Dadurch konnten diese Objekte levitieren und fliegen.

1953 ließ Brown eine seiner „Luftfolien" auf einem Rundkurs von sechs Metern Durchmesser fliegen. Das Fluggerät war dabei über einen Draht mit einem Mast verbunden und wurde so mit der nötigen Betriebsspannung von 50 000 Volt versorgt. Die aufgenommene Leistung lag bei 50 Watt, seine Spitzengeschwindigkeit bei über 180 km/h.

Brown genoß weder finanzielle Unterstützung, noch erhielt er Anerkennung seitens der Wissenschaft, und er stieß auch bei Vertretern der

Politik auf keinerlei Interesse mehr, nachdem er 1955 die USA verließ. Zunächst ging er nach England und später nach Frankreich. Anfangs gab es Erfolge bei der französischen Firma, bei der Brown tätig war, aber durch eine Änderung der Geschäftspolitik war für Browns Forschung schließlich kein Geld mehr da. 1956 kehrte er in die USA zurück und gründete das „National Investigations Committee On Aerial Phenomena" (NICAP). Er wollte einen Nachweis für die Möglichkeit der Existenz von UFOs erbringen, da es sich hierbei ebenfalls um Fluggeräte zu handeln schien, die sich schwerelos und ohne herkömmlichen Antrieb mit großen Geschwindigkeiten fortbewegten. Damit erregte Brown natürlich den Unwillen des Establishments der Wissenschaft. Das Thema „UFO" war ja seit dem Roswell-Vorfall 1947 tabu, auch wenn es von den Militärs verdeckt weiter erforscht wurde, wie die inzwischen freigegebenen Dokumente beweisen. Bei Agnew Hunter Bahnson jr., dem Vorsitzenden der Bahnson Company in North Carolina, stieß er dagegen auf Sympathie. Dort konnte er im Rahmen eines Forschungsprojektes an seinen Anti-Schwerkraft-Untersuchungen weiterarbeiten. Als Bahnson, sein Freund und Gönner, 1964 mit seinem Privatflugzeug tödlich verunglückte, fand das Forschungsprojekt ein jähes Ende.

Wer einen tieferen Einblick in die Arbeiten T.T. Browns nehmen möchte, hat eine hervorragende Quelle in dem Buch »Verschlußsache Antigravitationsantrieb« von Paul LaViolette.[26] Darin setzt sich der Autor ausführlich mit den fortgeschrittenen Antriebstechnologien von Flugzeugen/Flugkörpern auseinander, deren Grundprinzipien auf die Forschungsergebnisse von T.T. Brown zurückgehen. So erzeugt der bekannte B2-Tarnkappenbomber beispielsweise ein Gleichspannungsfeld von vielen Millionen Volt zwischen der Flügelvorderkante und dem Abgasstrom seines Düsentriebwerkes. Dadurch werden die das Flugzeug umgebenden Luftpartikel von diesem weggelenkt und vermindern bzw. verhindern den Überschallknall. Zusätzlich wird dadurch ein künstliches Gravitationsfeld aufgebaut, durch welches sich das Flugzeug selbst nach vorn „saugt", d.h. es entsteht vor dem Flugkörper eine Art energetisches Vakuum, in welches der energieaufgeladene Flugkörper hineinfliegt. Das Ganze kann man mit einem elektrischen Kondensator vergleichen, der ja ebenfalls geladen und entladen werden kann.

Viktor Schauberger (1885 – 1958)

Naturforscher

Viktor Schauberger war ein Naturforscher, der als Förster schon von Berufs wegen viel mit Wasser zu tun hatte, denn er lebte und arbeitete dort, wo man mit Hilfe von Wasser das Holz der Bergwälder ins Tal schwemmte. Geschlagene Baumstämme rutschten und schwammen über Wasserrinnen massenweise aus den österreichischen Bergwäldern zu Tal, wo sie auf den Weitertransport auf den Flüssen warteten. Diese Holzschwemmanlagen waren Bestandteil des Flößerhandwerks. Schauberger überwachte und beobachtete sie, dachte viel nach und stellte Ungewöhnliches fest.

Daß im Wasser ein Geheimnis steckt, entdeckte der österreichische Förster und Erfinder schon Anfang der 20er Jahre des 20. Jahrhunderts. Er stellte fest, daß sich im Bereich von Hochquellen, also Quellen im Bergland oder Gebirge, die reichste und vielfältigste Pflanzenwelt entwickelt und Lachse und Forellen zum Laichen nicht zufälligerweise die quellnahen Oberläufe der Flüsse und Bäche aufsuchen. Geschützt vor direkter Sonneneinstrahlung, tritt hier Wasser aus dem Gestein und Erdreich, das seine Temperatur nahe dem Anomaliepunkt von 4° C und damit seine größte Dichte hat. Daß dieser Punkt auch mit einem Zustand erhöhter Energie zu tun haben mußte, schien für Schauberger naheliegend. Fortan begann er, die Fließgewässer genauer zu beobachten.

Ihm fiel der Drang aller Fließgewässer auf, sich nicht gradlinig, sondern in Mäanderform, also in Schlangenlinien, zu bewegen. Entwickelt man nun aus dieser überwiegend zweidimensionalen Bewegung des „nach links und nach rechts" eine vollkommene dreidimensionale Bewegung, so kommt man zu einer 3D-Schlangenlinienbewegung im Raum.

Dieses Prinzip der spiraligen Bewegung, die aus sich selbst eine „zykloide Raumkraft" entwickelt, wie Schauberger entdeckte, wendete er nun auf neu zu konstruierende Holzschwemmanlagen an. Er formte den Verlauf und auch die Wasserrinnen nach seinen Erkenntnissen der Wirbelbewegung und hatte damit Erfolg. Mit diesen Rinnen war es jetzt möglich, Baumstämme mit viel geringeren Wassermengen zu Tal zu befördern.

1922 konstruierte er für den Fürsten Adolf von Schaumburg-Lippe mehrere seiner innovativen Holzschwemmanlagen und reduzierte hierbei die Holztransportkosten auf ein Zehntel. Als diese Erfolge bekannt wurden, wurde Viktor Schauberger 1924 zum staatlichen Berater für Holzschwemmanlagen für den österreichischen Staat ernannt.

Der Bau herkömmlicher Rinnen verbrauchte zudem häufig bis zu einem Drittel der Menge des Holzes, das man in ihnen zu Tal beförderte. Da obendrein der Verschleiß hoch war und die Lebensdauer nur wenige Jahre betrug, wurden großflächige Kahlschläge angelegt. Das war nicht nur unökologisch, sondern es war auch wirtschaftlich höchst verschwenderisch.

Viktor Schauberger begann also, bis zu 50 km lange innovative Holzschwemmanlagen mit Transportleistungen von mehr als 100 Festmetern Holz pro Stunde zu bauen. Durch das Kopieren natürlicher, mäanderförmiger Flußläufe erhielten die Wasserrinnen ausgezeichnete Transporteigenschaften, eine deutlich längere Lebensdauer und senkten vor allem die Transportkosten, wie erwähnt, um mehr als 90 Prozent. Bei der Aushöhlung der hölzernen Rinnen wurde nun auch die auf den Prinzipien der Natur aufbauende **Eiform** beachtet, die die Verwirbelung fördert.

Durch die zusätzliche optimale Ausnutzung der Wassertemperatur und die Verwirbelung des Wassers in den Kurven konnten nun auch schwere Hölzer wie Buche und Tanne viel leichter transportiert werden.

Vor Schauberger waren die Transportkanäle alle geradlinig gewesen, um auf kürzestem Weg das größte Gefälle und die größte Transportleistung zu erzielen.

Schauberger entwickelte sein Denken und Forschen weiter, konstruierte u.a. Wasserveredelungsapparate, Bodenbearbeitungsgeräte und wandte das im Wasser entdeckte Bewegungsprinzip der Spirale auch auf das Medium Luft an. Dabei bediente er sich des Prinzips der Implosion, die als wichtiges Forschungsgebiet bis heute nur von idealistischen Privatforschern weiterbetrieben wird. Er meldete mehrere Patente an.

Schließlich gelang es ihm, rotierende, selbstbeschleunigende, die Schwerkraft überwindende Apparate (sogenannte Repulsinen) zu konstruieren, womit er in der Ära des Hitlerreiches natürlich bei den staatstragenden Kräften auffiel und daraufhin in ihre Dienste trat. Ob gezwungenermaßen oder freiwillig, das kann hier nicht erörtert werden.

Es sollen jedenfalls selbstabhebende Flugkreisel deutscher Produktion aus seiner Hand stammen, die mit unglaublicher Geschwindigkeit fliegen und schwerkraftunabhängige Bewegungsmuster vollführen konnten. Aus einem Prager Labor soll nach dem Krieg einiges Material in die Sowjetunion abtransportiert worden sein. Siehe dazu auch das Buch von Henry Stevens »Hitler's Flying Saucers«.[27] Nach dem Krieg erregten die Schaubergerschen Konstruktionen und aufgefundenen Apparate auch bei den Amerikanern starkes Interesse. Schließlich wurde der Implosionsforscher Schauberger in die USA eingeladen, wobei sein gesamtes Material samt Plänen und Zeichnungen in Containern mittransportiert wurde. Dieser Besuch nahm ein unglückliches Ende. Die zuständigen amerikanischen Stellen übervorteilten ihn offensichtlich, da er vermutlich nicht so kooperieren wollte, wie sie es sich gedacht hatten. Er trat alle seine Rechte an sie ab und kehrte zusammen mit seinem Sohn gedemütigt nach Österreich zurück. Dort verstarb er fünf Tage später am 25. September in Linz. Schaubergers Ideen und Erfindungen liegen nun als (Nach-)Kriegsbeute in amerikanischen Tresoren, wenn sie nicht längst vom Militär verwendet worden sind, wovon auszugehen ist.

Im Folgenden fügen wir einen Aufsatz ein, den der Schaubergerkenner Bernd Rothenberg uns freundlicherweise zur Verfügung stellte. Rothenberg beschäftigt sich seit vielen Jahren nicht nur theoretisch mit den Erkenntnissen Schaubergers, sondern baut auch dessen Geräte nach. Damit stellt er die Verbindung zwischen Theorie und Praxis her und weiß folglich, wovon er spricht.

Der Text wird bei vielen Lesern fehlendes Wissen ergänzen und rundet in hervorragender Weise unser Anliegen ab, Äther-Vortex-Technologie begreifbar zu machen.

Viktor Schauberger – Entdecker der Implosionstechnologie

Bernd Rothenberg

Allem voran: Fragt man einen beliebigen Zeitgenossen, was er sich unter dem Begriff „Implosion“ vorstellt, bekommt man in den meisten Fällen die Antwort: Wenn etwas in sich zusammenstürzt. – Darauf kann man nur erwidern: Mit einem solchen Bild beschreiben sie bestenfalls eine Art „negative“ Explosion – leider aber keine Implosion.

Was ist also „Implosion“? Diese Frage wollen wir gemeinsam mit einem Mann beantworten, der zu den außergewöhnlichsten Menschen des ausgehenden 19. und des 20. Jahrhunderts gehört.

Der von seinen Zeitgenossen als Hinterwäldler, Scharlatan, Irrer, bestenfalls noch als Außenseiter betitelte Viktor Schauberger wurde am 30. Juni 1885 im Forsthaus Holzschlag im Dreiländereck Österreich-Bayern-Böhmen geboren.

In seinem Lebenslauf erzählt er uns:

> „Meine Vorfahren waren die Schauenburger. Ein uraltes Adelsgeschlecht, das seit eh und je kirchenfeindlich eingestellt war und daher auch mit den Fürsterzbischöfen zu Passau in Urfehde lebte. Nach der Familienchronik wurden die letzten drei Schauenburger, die im Schutz ihrer Stammburg bei Eferding in Oberösterreich die Donau sperrten, um von den flußaufwärts fahrenden bayrischen Kaufleuten Steuern einnehmen zu können, zu einem Versöhnungsfest nach Passau geladen, woselbst sie von den bischöflichen Söldlingen überfallen, überwältigt und gefangen gesetzt wurden.

Der Stammälteste der drei Schauenburger wurde in Passau enthauptet. Der Zweitälteste in den bayrischen Urwald verbannt und dort mit der Rechtssprechung als Landpfleger betraut. Der dritte, fast noch ein Kind, wurde auf Grund seines Versprechens, nach Westen zu ziehen und die Stammfeste dem Verfall zu überlassen, in Freiheit gesetzt. Er erwarb später ein großes Vermögen und wurde in den regierenden Fürstenstand erhoben.

Mein Stammvater, der Nachkomme des vorerwähnten Verbannten siedelte sich in der Nähe des Plöckensteinsees an. Und von diesem stammt auch der Wahlspruch derer, denen der Hochwald zur bleibenden Heimat wurde. Er lautet: „Fidus in silvis silentibus". Zu deutsch: „Treue den schweigenden Wäldern".[28]

Auch Viktor Schauberger wollte wieder ein Förster werden. Nachdem er die Forstschule mit Auszeichnung absolviert hatte,

„...setzte ich den Beruf fort, den Adamus Johannes Schauberger im Jahre 1426 als stiftlicher Wald- und Fischmeister jenseits der bayrischen Grenze begann."[29]

Außer dem Verlangen, in der freien Natur zu leben und zu arbeiten, hatte Schauberger eine ausgeprägte intuitive Begabung, welche ihm sein Leben lang gute Dienste bei seinen Forschungen leistete.

In einem Brief vom 9. August 1936 an den Autor und Herausgeber der Zeitschrift TAU, Werner Zimmermann, erzählt er, wie er die Intuition trainierte:

„Schon seit frühester Kindheit war es mein sehnlichster Wunsch, die Natur zu verstehen und mich dadurch der Wahrheit zu nähern, die ich weder in der Schule, noch in der Kirche auffinden konnte. – So zog es mich immer wieder hinaus in den Wald und stundenlang konnte ich das Fließen des Wassers beobachten, ohne müde oder verdrossen zu werden. – Ich wußte damals noch nicht, daß im Wasser das ganze Geheimnis verborgen ist und hatte auch keine Ahnung, daß das Wasser der Träger des Lebens oder der Urquell dessen ist, was wir als das Bewußtsein bezeichnen. Ahnungslos ließ ich das fließende Wasser an meinen suchenden Augen vorbeirinnen und wurde erst nach Jahren gewahr, daß dieses rinnende Wasser unser Bewußtsein magnetisch anzieht, ein Stück mitnimmt, welche Kraft oft so stark wirkt, daß man das eigene Bewußtsein vorübergehend verliert und unfreiwillig tief einschläft. – Und so begann ich nach und nach mit diesen geheimen Kräften des Wassers zu spielen und gab dieses sogenannte freie Bewußtsein hin, um es vorübergehend dem Wasser scheinbar zu überlassen. Nach und nach wurde aus diesem Spiel tiefer Ernst, weil ich sah, daß man das eigene Bewußtsein aus dem Körper entbinden und in das Wasser einbinden konnte. – Nahm ich es wieder an mich, dann erzählte mir das dem Wasser geborgte Bewußtsein oft seltsame Dinge. So wurde aus dem Forschen ein Forscher ...“[30]

Wieder und wieder sind es die eigenartigen Bewegungen des Wassers, die Schaubergers Aufmerksamkeit erregen. Man könnte hier sagen: Kein Wunder, 500 Jahre Forstarbeit liegen hinter ihm, wobei die einschlägigen Erfahrungen von Generation zu Generation weitergegeben und vermehrt wurden.

Zu den täglichen Aufgaben des Försters gehört das Schlagen des Holzes und dessen Transport heraus aus oft sehr schwierigem Waldgebiet zum Sägewerk. Nicht selten müssen riesige Stämme aus großer Höhe zu Tal gebracht werden. Über die Jahrhunderte entwickelte sich so die Technik des Holzschwemmens in den vor Ort befindlichen Bächen und Flüssen. Besonders das wertvolle Holz gab es vorwiegend in steiler Höhe. Dort waren die reißenden Bäche die einzige Möglichkeit zum Schwemmen. Wer mit der Natur lebt wie die Förster, weiß sich ihrer Hilfe sicher. Bald schon wußte man in der Familie Schauberger, wann Holz geschwemmt werden kann. Nämlich in den kalten Tagen und Nächten des Jahres und besonders bei bestimmten Mondständen. So wurde zur Binsenweisheit, daß das Schwemmen temperaturabhängig ist. Im kalten Wasser erhöhte sich die Trag- und Schleppkraft – und kaltes Wasser gab es nur, wenn dieses sich äußerst lebendig, also wirbelig bewegt. Auch das sagte der Vater dem Sohn weiter.

Zurückkehrend zum Nachfahren Viktor Schauberger: Auch er hatte vom Großvater und vom Vater seine Belehrungen erhalten. So wußte auch er, wie man schwemmt und was dabei zu beachten ist, unter anderem eben die Temperatur und die spezielle Bewegung.

Zunächst hat er jedoch noch kein eigenes Forstrevier. „Um sich erst einmal an den Wald zu gewöhnen“ oder aus einem anderen Grund wird er von höherer Dienststelle dem forstlichen Vermessungsdienst zugeteilt. Nun hatte diese Vermessungsstelle sicher allerhand Meßgeräte in ihren Schränken, welche wahrscheinlich nicht alle der Landvermessung dienten. Es könnte sein, daß Schauberger sich eines dieser Geräte auslieh, zu einem Wildbach wanderte und mit ihm experimentierte. Wenn er es auf das strömende Wasser hielt, zeigte es sehr unterschiedliche Werte an. Später schrieb er:

> „Ich wurde (dort) zum ersten Male auf die magnetischen Kräfte besonders bewegten Wassers aufmerksam.“[31]

Besonders bewegtes Wasser, d.h. eingewirbeltes Wasser, kühlt ab und macht trag- und schleppfähig – das war die Erfahrung seiner Vorfahren. Jetzt konnte er das „real“ messen! Fazit dieser Erfahrung zunächst: Die Bewegung verursacht im Wasser irgend etwas.

Elf Jahre nach diesem wichtigen Erlebnis baute Schauberger seine erste Holzschwemmanlage. Sie bestand vorwiegend aus einem künstlichen Schwemmkanal, welcher aus Holzplanken gezimmert war. Nach viermonatiger Bauzeit sollte die Anlage in Betrieb genommen werden. Er hatte seinem Dienstherren eine gewaltige Transportkostenersparnis durch diese neue Technik versprochen. Zur Sicherheit machte er vor der ersten Abnahme einen kleinen Probelauf und – nichts funktionierte! Jetzt war guter und schneller Rat teuer. Was tun?

> „Sandte vor allen die Mithelfer nach Hause, um in aller Ruhe überlegen zu können.
>
> Die Kurven lagen richtig. – Da bestand keinerlei Zweifel. – Was ist die Schuld, daß die Sache nicht geht? Langsam ging ich die Riese hinunter und kam schließlich zur unterhalb liegenden Fang- und Sortierstauung, an die sich wieder eine Schwemmriese anschloß usw. Der Stauweiher war voll. – Ich setzte mich auf einen oberhalb des Stauspiegels befind-

lichen Felsvorsprung in die warme Sonne. – Plötzlich spürte ich durch die Lederhose etwas krabbeln. – Ich sprang auf und sah eine Schlange, die auf dieser sonnigen Stelle zusammengeringelt lag und auf die ich mich, ganz in Gedanken gesetzt hatte. Ich schlug sie weg und das Biest flog im hohen Bogen ins Wasser, schwamm sofort zum Ufer zurück und wollte landen, was ihr jedoch infolge der steil abfallenden Felsen nicht gelang. Und so schwamm die Schlange suchend umher und überquerte schließlich den Stausee. – Ich sah ihr nach. – Und plötzlich schoß es mir durch den Kopf: Wieso kann die Schlange ohne Flossen so pfeilschnell geradeaus schwimmen? Ich nahm das am Hals hängende Jagdglas und beobachtete die eigenartigen Drehbewegungen des Schlangenkörpers unter dem kristallklaren Wasser. Dann erreichte sie das jenseitige Ufer, das sie annahm und auch mühelos trotz der glatten Felsen überwand. Und dann war sie weg. – Eine Zeit lang stand ich noch wie erstarrt da. – Vor meinen inneren Augen rekapitulierte ich jede Bewegungsänderung der sich unter Wasser eigenartig windenden Schlange. Es war eine wellenartige – Vertikal- und Horizontalkurvenkombination. – Plötzlich sah ich die Erklärung."[32]

Schauberger dreht das beobachtete Phänomen um. Also: Die Schlange windet sich im stehenden Wasser des Stausees. Jetzt: Das sich im Schwemmkanal bewegende Wasser muß sich wie der Schlangenkörper winden und bewegt so die schweren Holzstämme vorwärts.

In aller Eile läßt er Leitflächen in die Kanalkurven nageln. Für einen weiteren Probelauf war keine Zeit mehr.

„Sorgfältig kontrollierte ich die so entstandenen Gegenkurven in den Riesenkurven, die das Wasser zwangen, genauso wie die Schlange sich in der Riese zu winden."

Der erneute Probelauf wurde ein voller Erfolg:

„ ...und ging voraus zur Einlaufstauung. – Dort saß ich, bis meine Leute und kurz darauf der Wagen mit dem Fürstenpaar und auch meine erbittertsten Gegner – die Sach- und Fachverständigen – kamen. Ich begrüßte das Fürstenpaar und den Oberforstmeister, die anderen guckte ich nicht einmal an. „So", meinte der Oberforstmeister, "wann geht es an?" „Sofort, Herr Oberforstmeister!" Der Fürst sprach kein Wort. Die Fürstin sah mich mit besorgten Mienen an.

Ein schweres, etwa 90 cm starkes Tannenbloch schoben sie, wie sie meinten, unbemerkt zur Seite. „Na, na" meinte der alte weißhaarige Triftmeister „dös schware Luader angelts zuwa." Ich gab einen kurzen Wink und langsam schwamm das kaum aus dem Wasser ragende schwere und lange Bloch näher. Und dann stands vor dem Riesmund und staute das Wasser, das langsam stieg. Kein Mensch sprach. Alles starrte auf das mit dem Wasser langsam höher gehende Bloch, das im nächsten Moment mit seinem unteren Rand die Riessohle übersteigen mußte. Da begann plötzlich ein Gurgeln. Das schwere Bloch drehte sich etwas nach rechts, dann kurz nach links und im nächsten Moment schlängelte es sich, wie die Schlange sich windend, den Kopf hoch, das Ende unter dem Wasser, und schwamm pfeilschnell ab. Nach wenigen Sekunden war es, eine Kurve nehmend, weg. Alles stand und sah und sah dem verschwundenen Bloch nach."

„Hätte ich mich nicht im entscheidenden Moment auf die Schlange gesetzt, so würde ich wohl kaum mehr leben."[33]

Daß die Anlage doch noch funktionierte,

„hatte ich der sich im Wasser eigenartig windenden Schlange zu verdanken, die mir die

Doppelschraubenwellenbewegung

vorzeigte, die ich haargenau kopierte und den großen Erfolg errang und Hunderttausende von schweren Blochen in dieser „zykloiden" Bewegungsart dem ersten nachschwammen, als würde es keinen spezifischen Gewichtsunterschied mehr geben. Nun wurde mir klar, warum meine Vorfahren den Schwemmbach so eigenartig verlegen ließen und die Faustregel aufstellten, daß man das Holz so schwemmen oder das Wasser so leiten muß, wie der Saubär brunst." *(d.h. wie ein männliches Wildschwein uriniert)*[34]

Zwar ist der Name, den er für diese eigenartige Bewegungsform fand, fast so lang wie eine Schlange. Ehe es aber zu dieser Namensgebung kommen konnte, mußten noch ca. 25 Jahre harten Studiums und Experimentierens vergehen.

Auch den Saubär lassen wir erst einmal sein „Geschäftchen" machen. Wichtiger ist eine weitere Beobachtung an einem Gebirgsbach: das „Forellenerlebnis": Es ist anzunehmen, daß beide Erlebnisse zeitlich nicht weit auseinander liegen. Vermutlich hatte er aber das Verhalten einer Forelle zuerst beobachtet, als er hoch oben, im völlig unberührten Hochwald beim Versuch, mit Hilfe seines Bergstockes über einen reißenden Bach zu setzen, eine Forelle erschreckte. Diese stand mitten im entgegenströmenden Wasser so still, daß selbst der geübte Jägerblick des Försters Schauberger sie nicht wahrgenommen hatte. Erst als er mit dem Stock auf dem Bachboden einen Haltepunkt suchte, stob sie blitzschnell davon. „Wie von der Sehne geschossen", schrieb er einmal. Das verblüffendste für ihn war aber: Das erschreckte Tier floh nicht nach unten, also **mit** dem reißenden Wasserstrom, sondern **gegen** das anströmende Wasser – nach oben! Im Bruchteil einer Sekunde war sie weg.

> „Den blitzschnell stromaufwärts schnellenden Forellen die Bewegungsfolgen abzugucken war unmöglich.
>
> Die lange Schlange führte mir die rhythmischen – auf einer gemeinsamen Achse sich abspielenden Bewegungsänderungen wie eine Art Zeitlupe vor. Ich sah, wie die Vorlaufbewegung die Umlaufbewegung und diese wieder die erstere anpeitschte. Die Resultierende dieser eigenartigen Bewegungskombination ist die sich unendlich steigernde – also die ‚ur-wüchsige' Bewegungsart."[35]

Nun war die Grundlage für alle weitere Arbeit gelegt. Er wußte, daß eine spezielle Bewegungsform des Wassers oder der Luft all die Phänomene hervorrief. Was er im Laufe seiner langen Forschungsjahre noch herausfinden sollte, war die zusätzlich wichtige Ergänzung:

Es gibt nicht nur eine, sondern zwei spezielle Bewegungsformen in der Natur.

Die natürlichen Bewegungsformen

Daß es zwei unterschiedliche Bewegungsformen in der Natur gibt, war sicherlich auch uraltes Wissen seiner Vorfahren. Tagtäglich waren sie im Wald und auf ihrem Gehöft in engem Kontakt mit Leben und Tod. Alles entsteht – lebt eine Weile – und vergeht wieder.

Doch wie kamen solche Prozesse zustande, wie steuert die Natur solche tiefgreifenden Vorgänge? Wie findet man den Ur-Beginn dieser Phänomene? Schlaflose Nächte muß Viktor Schauberger zugebracht haben. Es müssen ganz kleine, fast unwahrnehmbare Anfänge sein.

Die Alten sagten doch: Wie oben – so unten! Die Christen haben in ihrem Gebet genau die gleiche Formel: Wie im Himmel – so auf Erden! Beides sagt das Gleiche: Wie im Großen – so im ganz Kleinen. Die Vorgänge im Universum gleichen sich, ob sie sich im Makro- oder im Mikrokosmos ereignen.

Endlich konnte Schauberger notieren:

> "Jede Bewegung natürlicher Art wächst aus kleinsten Anfängen auf. Die Ur-Sache einer inneren Bewegungsauflebung sind Spannungsunterschiede, die infolge äußerer Bewegungseinflüsse – gleichgültig, ob diese ursächlich mechanischer oder physikalischer Art sind – eine innere Unruhe auslösen, die sich so stark aufsteigern läßt, daß es schließlich zu einer allgemeinen Bewegung kommt ..."[36]

Diese „Unruhe“ im Energiefeld des Moleküls ist für das Feld eine Art Störung, eine Spannung, die es möglichst wieder ausgleichen möchte. Der Ausgleich in den Normalzustand aber ist eine minimale Bewegung. Jetzt sind wir beim Ursprung der Bewegung angelangt. Sollte keine weitere Störung auf das Feld einwirken, so tritt nach einiger Zeit wieder ein neutraler Ruhezustand ein. – Folgen jedoch diesem ersten Impuls weitere nach, so kommt es zur Aufschaukelung der minimalen Bewegung, die einige Zeit später von unseren Sinnen wahrgenommen werden kann.

All das interessierte die forschenden Schulwissenschaftler zu Schaubergers Zeit recht wenig, es wurde als „zu unbedeutend" einfach ignoriert.

„Die gefundenen Differenzen ergaben rechnerisch zu geringe Werte, als daß sich daraus nennenswerte Einflüsse auf das Resultat ableiten ließen."[37]

Nicht so Schauberger: An diesem Punkt angelangt, fand er ein weiteres wichtiges Phänomen: Der erste Impuls, schon vor ihm als „il primo movere" bezeichnet, war nicht irgend ein „Stoß". Dieser Impuls konnte von der Natur nach zwei Richtungen hin gegeben werden. Er entdeckte zwei grundverschiedene, gegensätzliche Bewegungsformen.

a) Achsial-radial = explosive oder ausspulende Bewegung

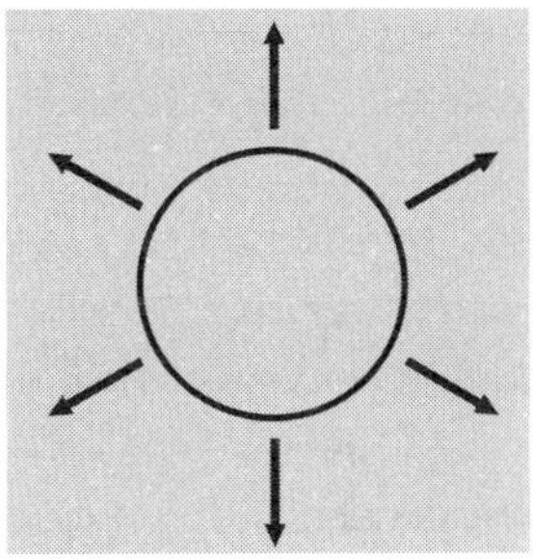

Diese natürliche Bewegungsform nimmt ihren Anfang durch einen plötzlich erzeugten Druck (Feuer, Sprengung, etc.), wobei die beteiligten Teilchen nach allen Richtungen hin geradewegs in den Raum geschleudert werden. Läßt der Anfangsdruck nach, „ermüdet" die Bewegung, da sich vor den bewegten Teilchen ein Bewegungswiderstand aufbaut. Die Flugbahn neigt sich nach unten. Es sei denn, man schießt von hinten fleißig weiter nach und hält so das oder die bewegten Objekte durch einen großen zusätzlichen Energieaufwand weiter auf der Flugbahn. Die sich in den offenen Raum bewegenden Teilchen bekommen zwischen sich so immer mehr und mehr Platz, da sie sich sternförmig in den Raum verbreiten.

Eine solche Bewegungsform ist vom Prinzip her betrachtet auflösend, zerstreuend, zersetzend, mit anderen Worten: Die Struktur zerstörend und somit eine Todesbewegung. Denn sie löst alle, auch die lebenden Formen auf. Die Natur verwendet diese abbauende Bewegung immer dann, wenn sie überflüssige Formen beseitigen, das heißt, wieder in ihre Ur-Bestandteile zerlegen will.

Somit kann man die explosive Bewegungsform als eine Abfallbeseitigungseinrichtung der Natur bezeichnen. Und genau diese Bewegungsform wird von der heutigen Wissenschaft und Technik überall Tag für Tag für Antriebszwecke, Heizung, Beleuchtung etc. verwendet. Die Kernenergie, wie sie von Wissenschaftlern, Technikern und den AKW-Betreibern verharmlosend genannt wird, ist in Wahrheit die zersetzendste, tödlichste Form dieser achsial-radialen Bewegung – also keinesfalls eine „friedliche Anwendung" oder eine „saubere Sache". Sie ist die Pervertierung einer Naturbewegung, weil sie völlig zweckentfremdende Anwendungen findet.

> „Die heutige Wirtschaft hatte das Pech, ausgerechnet die dem Abbau und Rücktrieb dienenden Hilfskräfte zu erwischen. Aus diesem Grund mußte es wirtschaftlich um so rascher bergab gehen, je umfangreicher und intensiver eine Arbeitsart wurde, die sich verkehrter Hilfsmittel, nämlich zerstörender Bewegungs- und Temperaturformen bedient."[38]

Schauberger weist, den zersetzenden Aspekt dieser Bewegungsform vor Augen, unentwegt auch auf die Entstehung von Krebs und sämtlicher „Zivilisationskrankheiten" hin.

b) Radial-achsial = implosive oder einspulende Bewegung

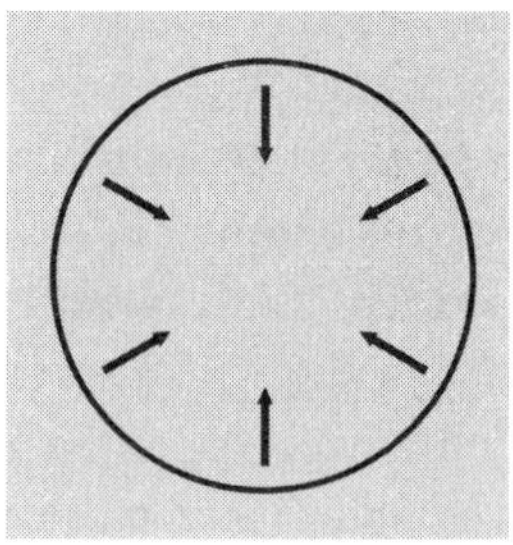

Durch Beobachtung und Experimente mit Wirbeln fand Schauberger heraus, daß die Natur noch eine völlig entgegengesetzte Bewegungsform anwendet.

Natürlich kennen Wissenschaft und Technik Wirbelformen. Formen interessierten Schauberger damals jedoch nur am Rande – höchstens noch, wenn es darum ging, für eine bestimmte Vorrichtung eine geeignete Form zu konstruieren. Vor allem ging es ihm um die Wirkung, welche von solchen Formen ausgeht, bzw. um die Reaktionen, die sie in ihrem Umfeld auslösen. Die radial-achsiale Bewegung ist nun das genaue Gegenteil der vorher beschriebenen Bewegungsform.

Drehen wir also alles vorher Beschriebene einmal um: Begann die explosive Bewegung plötzlich und von einem zentralen Punkt aus, mit riesiger Wucht (z.B. Druck oder Wärme), so muß sich die implosive Bewegung im weiten Raum (Peripherie) unmerklich langsam beginnend in einer spiralförmigen Bewegung in Richtung Zentrum bewegen. Dabei steigern sich die Energie und die Bewegungsgeschwindigkeit unentwegt, um im Zentrum dann zu einer nicht mehr aufhaltbaren Stärke anzuwachsen. Als Bild sei auf die großen Wirbelstürme unserer Erde hingewiesen, welche von den Massenmedien dann regelmäßig verteufelt werden, mit eindringlichen Bildreportagen, auf denen diese Wirbelstürme Autos in die Luft wirbeln, Häuser umblasen oder ganze Wälder dem Erdboden gleich machen. Dabei sollten wir aber nicht vergessen, daß durch die völlig einseitige und ausnahmslose Anwendung der Explosivtechnik in Wirtschaft und Haushalt dermaßen hohe Wärme- und zersetzende En-

Tornado-Wirbel

ergiemengen in den atmosphärischen Raum abgegeben werden, daß die Natur, soll nicht alles zum Teufel gehen, in Abständen, die immer kürzer werden, weil diese Technik weiter zunimmt, Ausgleiche herbeiführen muß.

Diese Ausgleiche finden in Form mächtiger Wirbelstürme statt, welche die Aufgabe haben, überhitztes Meerwasser und überhitzte Böden durch eine saugende Verbindung zu den kalten Bereichen der Atmosphäre hin wieder zu normalisieren.

> "Die Atmosphäre zeigt sich differenziert in Unter- und Überdruckgebiete, in ansaugende Vakua (Minima) und pressende Maxima, welche beide gleich eigentümlichen Kraftwesenheiten ständig ihre Orte wechseln und über die Erde hinjagen, indem sie bald entstehen, sich steigern und ineinander umschlagen, bald abklingen und vergehen. Aus der wechselseitigen Dynamik warmer und kalter Luftmassen, saugender Minima und pressender Maxima entstehen endlich die für das Wesen des Gasförmigen kennzeichnenden Gebilde: Die Wirbel. Der Sinn des Wirbels aber ist die Spirale. Der Sinn der Spirale wiederum eine polarisch-doppelseitige Bewegungsmöglichkeit. Man kann diese Doppelseitigkeit der Bewegung sehr schön an der zarten Spiralfeder (der Unruhe) einer Taschenuhr beobachten. Eine solche Spiralfeder „atmet" gleichsam und weist uns dadurch auf die höchste Offenbarung des Gasförmigen: Die menschliche Atmung ....hin."[39]

Vom Prinzip her betrachtet, dreht sich diese Bewegungsform in einen immer enger werdenden Raum. Das bedeutet, daß die beteiligten Elemente immer weniger Raum um sich haben. Konzentration – statt Zerstreuung! Gelockerte Strukturen festigen sich auf diese Weise. Den größten Gewinn haben bei diesem Prozeß alle lebenden Strukturen, da ihre krebsartige, schwammige Struktur nun wieder in Richtung einer gesunden Lebensform gebracht wird.

> „Langjährige Beobachtungen und Versuche aller Art klärten nicht nur das Geheimnis dieser auftragenden und fortschleppenden Kräfte, sondern ermöglichten schließlich auch deren Erzeugung – richtiger ausgedrückt – die **Ur**–Zeugung dieser auf maschinellem Weg.

Damit war das Geheimnis der bio-technischen Bewegungsart und damit die nahezu kostenlose Antriebsmöglichkeit des gesamten Wachstums – auch das der Minerale und Metalle – die natürliche Vermehrung und die qualitative Verbesserung aller Wachstumsgebilde entschleiert und zudem auch entdeckt, Maschinen aller Art, feuerlos, nahezu laut- und kostenlos anzutreiben und auch Temperaturen aller Art ohne Verbrennungsprozeß zu erzeugen.

Das Prinzip (System) dieser, einen inneren Gärvorgang auslösenden Bewegungsart ist kein ausgesprochen mechanisches. Die gewöhnliche Luft, der billigste Betriebsstoff den wir haben, wird in ganz besonders konstruierten Entwicklungsformen mit Überschallgeschwindigkeit mit Hilfe eines Gegenstromprinzips so bewegt, daß sich die Luft zerlegt, wobei **Im**plosionsphänomene auftreten, durch die es bei gleichzeitigem Ausfall des medialen Trägerstoffes zu organischen Vakuumkräften infolge Auflebens eines raum- und gestaltlosen Synthesenproduktes und gleichzeitig zu Wachstumskräften infolge Erneuerung entspannter Durchflußmassen kommt, die, auf einer gemeinsamen Entwicklungsachse wirkend, die Erzeugerform aufwärts bewegen.

Diese geräuschlos wirkende Energieform, entstehend beim Um- und Aufbau gasförmiger Stoffe in ätherische und energetische Gebilde, stellt die relativ höchste Atomenergieform (1. Ordnung) dar. Zum Unterschied der **ex**-plosiv wirkenden, die kürzlich in den Vereinigten Staaten entdeckt wurde. Der Unterschied ist nicht nur ein der Temperatur nach bestehender, sondern auch im Herstellungspreis, da die Herstellungskosten der aufbauenden und auftreibenden Atomenergieform kaum nennenswert sind.

Das Charakteristische dieser atomaren Bewegungskraftform ist, daß die Leistungs-kraft wächst, während bekanntlich bei allen technischen (heute verwendeten) Maschinen der Bewegungs-Widerstand im Quadrat zur Bewegungsgeschwindigkeit steigt, wenn man **ex**-plosive Kraftformen für Aufbau- und Auftriebszwecke benützt. Ohne weiteres verständlich, weil diese Kraftformen dem Abbau und Rücktrieb des für höhere Entwicklungszwecke Untauglichen dienen."[40]

Stoffwechselprozesse

> "Die Natur bedient sich nicht starrer Gesetze, sondern nur rhythmischer Wechselvorgänge!" (V. Sch.)

Einem Brief im März 1951 fügt er handschriftlich eine Randnotiz an:

> „Bewegung ist nie Selbstzweck der Natur, sondern immer **Mittel** zum Zweck!"

Damit meint er, die Naturprozesse werden nie unmittelbar betrieben, sondern sie funktionieren auf der Basis von Re-Aktionen auf Impulse, also auf mittelbarer Basis.

Dieses Prinzip erhält höchste Wichtigkeit, wenn wir uns jetzt den Stoff-Wechseln zuwenden.

In seinem bedeutenden Werk „Substanzlehre" bringt Rudolf Hauschka als Anhang komplett das völlig vergessene und vergriffene Forschungswerk des Freiherrn von Herzeele. Hauschka schreibt zu diesem Anhang:

> „Es dürfte dem Bedürfnis einer größeren Zahl von Denkern und Forschern entgegenkommen, einen Experimentator des vorigen *(Neunzehnten)* Jahrhunderts, der im Sinne Goethescher Naturanschauung forschte, zu begegnen. Insbesondere werden es die Leser dieses Buches begrüßen, die experimentellen Forschungen des Freiherrn von Herzeele im Original nachlesen zu können. Ich habe mich deshalb veranlaßt gesehen, die Schriften v. Herzeeles – soweit sie noch aufzufinden waren – hier abzudrucken. Es ist im Vorstehenden geschildert worden, wie die Herzeeleschen Forschungen in der Zeit der Triumpfe der Chemie, insbesondere der Agrikulturchemie, untergegangen sind. Er selbst blieb verschollen und vergessen. Erst vor kurzem hat man ihn neu entdeckt, und die Auffindung seiner Schriften war mit Mühe verbunden."[41]

Von Herzeele stellt seinem Werk das Goethewort voran:

Natur ist weder Kern noch Schale,
Alles ist sie mit einem Male.

„Wer sich viele Jahre hindurch mit der Lösung einer hoffnungslosen, gewissermaßen verrufenen Aufgabe beschäftigt hat, dem erscheint die Unmöglichkeit der Lösung fast wie eine Naturnotwendigkeit und das Gelingen derselben wie etwas Gesetzwidriges, Unerhörtes. Selbst eine größere Zahl günstig erscheinender Tatsachen ist kaum imstande, den Glauben, dem Ziele nähergekommen zu sein, in uns zu befestigen. Was so tief verborgen zu liegen scheint, die **Umwandlung eines einfachen Stoffes in einen anderen**, ergründen zu wollen, hält jeder, gering gesagt, für ein von vornherein verfehltes Unternehmen. Und doch fühlt man sich um so lebhafter gedrängt, die Frage nach der Entstehungsweise der Elemente beantworten zu helfen, je reicher die Wissenschaft an neuen Anschauungsweisen geworden ist, die uns einer Lösung dieser Frage entgegentreiben.

Nach dieser Einleitung wird es uns nicht befremden, wenn ich von den durch die jetzt bekannten Tatsachen gerechtfertigten Ansichten abweiche und mich hierbei auf denjenigen Gedanken stütze, der mich veranlaßt, die folgenden Vegetationsversuche anzustellen. Es muß behauptet werden, daß es nichts Unorganisches gibt. Die Natur schafft nicht zuerst das Gefäß, um dann die Pflanzen hineinzustellen. Gefäß und Pflanze sind zugleich entstanden. Der Boden besteht aus den in der Pflanze enthaltenen, unverbrennlichen Stoffen, weil diese Stoffe von den Pflanzen hervorgebracht worden sind und werden.

Dies muß durch den Versuch bewiesen werden. Wenn Vegetationsversuche in wäßrigen Lösungen oder in Sand, Bimsstein und dergleichen gemacht werden, so geben Samen und Wurzeln organische und unorganische Stoffe an das Wasser oder an die feuchte Unterlage ab, die besonders im letzten Fall für die Untersuchung verloren sind. Deshalb habe ich den größten Teil der folgenden Versuche auf Porzellantellern ohne Unterlage gemacht. Die Wurzeln bilden auf den Tellern ein dichtes Geflecht, das sich, besonders bei Bedeckung mit Glasplatten, Glocken und dergleichen leicht feucht halten läßt. Es wurde destilliertes Wasser angewendet. Auf diese Weise ging von den Stoffen der Samen nichts verloren und wurde nichts hinzugefügt. Die Keimpflanzen mußten der gewöhnlichen Voraussetzung gemäß dieselbe Menge unorganische Stoffe enthalten wie die Samen."[42]

Die langen Versuchsreihen Herzeeles ergaben dann aber, daß keineswegs immer die Ausgangsstoffe wieder vorhanden waren. Ganz andere chemische Elemente erschienen plötzlich bei der Analyse.

Ein zweites Beispiel für Atomumwandlungen im lebendigen Organismus aus späterer Zeit findet sich in den Untersuchungen des Biologen Dr. C.L. Kervran:

„Als der Biologe Dr. L.C. Kervran sich 1959 auf einer offiziellen Mission in der Sahara befand, beobachtete er, daß diejenigen Techniker und Arbeiter, welche selbst bei enormen Temperaturen und intensiver Arbeit vor Hitzschlag und Erschöpfung verwahrt blieben, alle größere Mengen Meersalz einnahmen, meistens in Form von Tabletten. Diese Tabletten wurden in Indien während der Kolonialzeit auch an die britischen Streitkräfte verteilt. Wiederholte Untersuchungen Kervrans, welche auch von anderen Forschern bestätigt wurden, erwiesen, daß der Schweiß der Arbeiter nach Einnahme der Salztabletten einen sehr hohen Prozentsatz von Kalium enthielt. Kochsalz ist jedoch Natriumchlorid. Wo war das Natrium geblieben? – Es hatte sich im Organismus in Kalium verwandelt und konnte später im Schweiß in den bereits erwähnten hohen Mengen nachgewiesen werden."[43]

Der Stoffwechsel in der Lehre Viktor Schaubergers

Daß der hier gemeinte Stoffwechsel etwas komplizierter ist als die offizielle Schulmeinung, hängt mit Schaubergers Weltbild zusammen, welches auf die Weltbildvorstellungen der alten Griechen (Platon, Heraklit, etc.) und der alten Ägypter zurückgeht. Deshalb ist es unerläßlich, eine knappe Darstellung dieses Bildes zu schildern.

„Panta rhei" – alles fließt, sagt Heraklit, und wir verstehen: Wenn alles in Fluß ist, gibt es keinen feststehenden Zustand. Mit anderen Worten, alles wandelt sich in jedem Moment. Schon hier kamen die Biologen zur Zeit Schaubergers nicht mehr ganz mit, die noch fest im mechanistischen Weltbild verhaftet waren, welches andere Wissenschaftler, z.B. die Physiker, seit der Wende zum 20. Jahrhundert schon aufgegeben hatten.

Ein Uhrwerk ist und bleibt ein Uhrwerk – wo bitte bleiben bei all dem Fließen die Hebel und Rädchen?

Da waren die alten griechischen Meister ihnen doch einige Schritte voraus. Wohin sie auch blickten, sie konnten im Kosmos kein Anzeichen eines mechanischen Werkes finden. Dafür „sahen" sie den Raum des Universums in einer ganz spezifischen Art.

Die Mitte ist der Schöpfer. Dieses innerste Zentrum ist sein Bereich und dieser Bereich ist „reiner Geist".

Entschließt sich dieser Geist, von alters her Gott genannt, einen „Raum" zu schaffen, so wandeln sich die Ausstrahlungen des göttlichen Geistes (seine Gedanken) in Energiewerte. Eine erste Wandlung fand statt: Geist – Energie. Der so entstehende Raum ist unendlich.

Das Überschreiten dieser Schwelle von innen nach außen wird von der heutigen Wissenschaft als „Urknall" bezeichnet. Und so ähnlich stellt sie sich die Sache auch vor: Seit Jahrhunderten daran gewöhnt, nur in **ex**plosiven Kategorien zu denken, gibt es nach dieser Vorstellung plötzlich einen mächtigen Knall, alles fliegt durch diese gewaltige Explosion auseinander – und müßte nun eigentlich tot sein! Die Schöpfung aber lebt! Es gibt auch keinen Unterschied: Gott – Schöpfung. Hier kann etwas nicht stimmen! Inzwischen kennen wir die fehlerhafte Sicht, denn, wie wir von Viktor Schauberger weiter vorn schon erlernten: Die explosive Bewegungsform beseitigt nicht mehr benötigtes Material. Sie soll das beseitigen, was noch nicht entwicklungsfähig genug ist, oder abgestorbenes Material. Einen solchen Irrtum, aus Versehen die falsche Bewegungsform erwischt zu haben, kann man einem Schöpfergott, welcher sogar noch als Allwissender bezeichnet wird, nun doch nicht unterstellen. Soviel zum Urknall.

Korrigieren wir also: Soll etwas leben, und das Leben ist unübersehbar, muß der erste Impuls lautlos, also **im**plosiv aufbauend (radial-achsial), lebensfördernd sein. Die so angeregte nachfolgende Bewegung beginnt langsam und fließt ständig aus der geistigen Quelle heraus.

So ähnlich sahen es auch die alten ägyptischen und die alten griechischen Meister. Der Fluß, welcher sich aus der geistigen Quelle in den entstehenden Raum ergießt, gebar sozusagen zwei unterschiedliche Energieformen. Hier schließen wir wieder an Viktor Schauberger an. Diese beiden Formen lernten wir schon in ihrer Wirkung als ein- und ausspulende Bewegungsform näher kennen.

Der Schöpfungsraum ist kein Kontinuum. In ihm gibt es mehrere Bereiche unterschiedlichen Charakters. Man kann seinen „Aufbau" als schalenförmig betrachten. Er legt sich in Schichten bzw. „Schalen" um das Zentrum. Es existieren mehrere solcher Schalen, die entstehen, wenn die nun zu Energie gewandelten Geist-Strahlungen sich **ver**wickeln und so ihre Bewegungsmöglichkeit immer weiter einschränken.

Wilhelm Reich spricht hier in ähnlicher Weise von „kosmischer Überlagerung". Solche Schalen bezeichnen wir als Dimensionen, ein von alters her dafür verwendeter Begriff.

Es handelt sich dabei um Ebenen, bzw. Bereiche, in denen jeweils Erscheinungen gleicher Frequenzen und ähnlichen Charakters gemeinsam existieren.

Der Abstieg aus dem Zentrum in die entfernteren Dimensionen gleicht dabei einer solchen Verwicklung. Es sind die individuellen Erfahrungen und Begegnungen mit Andersartigem, die einen „fesseln", mit denen man sich allzu sehr identifiziert.

Irgendwann wird dann ein tiefster Punkt erreicht, an welchem es nicht mehr tiefer gehen kann.

Dort findet die Umkehrung des Weges statt. Ab hier muß es wieder aufwärts gehen. Das kann jedoch nur geschehen, wenn man leicht genug für einen Aufstieg ist. Und leichter wird man nur, wenn man genug Ballast abwirft.

Hat man sich etwas erleichtert, dann steigt man, denn nun beginnt die **Ent**wicklung.

Das erste, was jetzt zu erlernen ist, ist herauszufinden, wie man Ballast, also Abfallstoff, in Aufstiegsenergie umwandelt. Schauberger verwendet für diese Phase des Weges den Begriff „Läuterung".

Die fünf Dimensionen nach Viktor Schauberger

Im Jahre 1940 arbeitete der Schweizer Kühlanlagenbauer Arnold Hohl für einige Zeit mit Viktor Schauberger zusammen. Hohl war sehr an Schaubergers Implosionslehre interessiert. Während dieser Zusammenarbeit führte er gewissenhaft ein Tagebuch. Dort befindet sich die abgebildete Skizze, auf welcher er das Weltbild Schaubergers darstellt.

Links sehen wir die fünf Dimensionen senkrecht übereinander angeordnet. Die erste Dimension steht (räumlich) für das Innere der Erde bis hin zur Erdoberfläche, der Geosphäre. Ihre wesentliche Eigenschaft bezeichnet er als „fest".

Obwohl hier einige Übereinstimmungen mit dem uns vertrauten physikalischen Aggregatzustand bestehen, geht es Schauberger doch um Eigenschaften im Sinne des Stoffwechsels: Kristallisation, also äußerste Unbeweglichkeit und relativ schwerfällige Wandlungsfähigkeit.

Die Beweglichkeit nimmt nun in den darüber liegenden Dimensionen Stufe um Stufe zu.

Die fünfte Dimension wird mit Geist bzw. Gott gekennzeichnet. Daß er zwischen der vierten und der fünften Dimension keinen Einschnitt

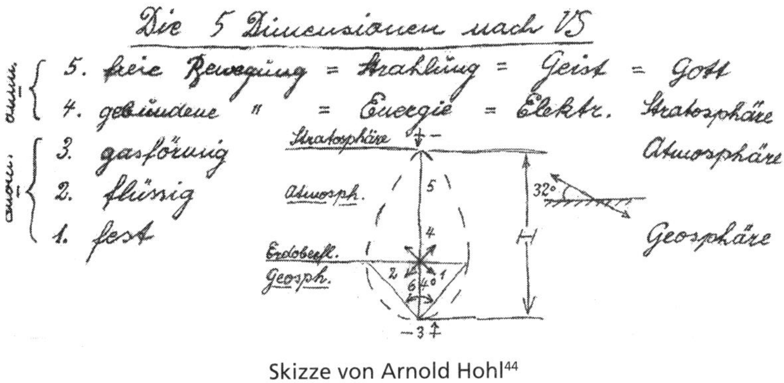

Skizze von Arnold Hohl[44]

Die 5 Dimensionen nach Viktor Schauberger:

5. freie Bewegung = Strahlung = Geist	Gott
4. gebundene Bewegung = Energie ≠ Elektrizität	Stratosphäre
3. gasförmig	Atmosphäre
2. flüssig	
1. fest	Geosphäre

H = Ur = neutral
H + C + O als Gemenge = Luft
H + C + O als Verbindung = Wasser

Die Dimensionen 1, 2 + 3 sind niedere Dimensionen
Die Dimensionen 4 + 5 sind höhere Dimensionen
O ist plus oder männlich kosmischer oder objektiver Pol.
C ist minus oder weiblich irdischer oder subjektiver Pol.

macht, liegt daran, daß seine Weltbildvorstellung auf den griechischen Philosophen Heraklit zurückgeht, welcher „an eine Welt ständigen Wandels, des „ewigen“ Werdens glaubte“. Bei ihm gibt es noch keinen Unterschied zwischen belebt und unbelebt oder Geist und Materie. Trotzdem gibt es einen Übergang. Während wir in der obersten Dimension den Begriff „Strahlung“ finden, wird dieser in der vierten Dimension durch „Energie“ ersetzt. In der Hoffnung, daß Arnold Hohl die Ausführungen Schaubergers richtig verstanden hat, heißt das, es gibt doch einen Unterschied: Aus reinem Geist wird Energie.

Schauberger will vermutlich so verstanden werden:

Die fünfte Dimension ist ein Bereich „freier“, ungebundener Bewegung. Anders ausgedrückt: Ein Bereich unbegrenzter Bewegungs-Geschwindigkeit. In der vierten Dimension finden wir die Bezeichnung „gebundene Bewegung“.

„Gebunden“, also „begrenzt“ will sagen: Es gibt eine Grenze der Beschleunigung. Diese Grenze wurde von Albert Einstein als Lichtgeschwindigkeit angenommen. Er stellt das in der Formel $E = m \cdot c^2$ dar. Heute vermutet man schon, daß es eine solche Grenze gar nicht gibt.

Die am Prozeß beteiligten Stoffe

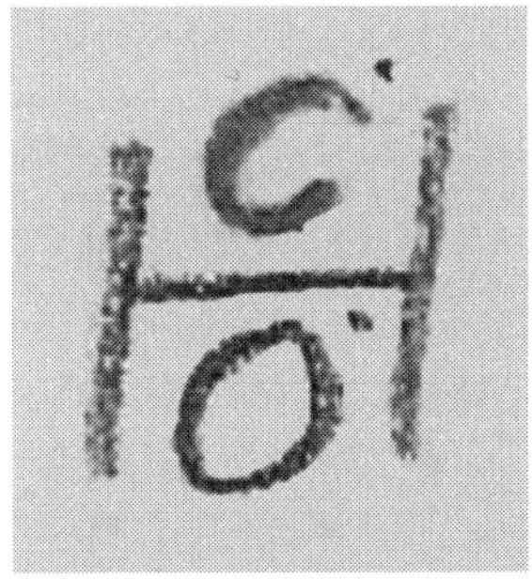

Bei der Beschreibung der beiden Bewegungsformen der Natur wurde dargestellt, daß es im biologischen Prozeß darauf ankommt, das molekulare Energiefeld in der richtigen Art anzustoßen. Denn das gleiche Energiefeld kann sowohl aus- als auch einspulend erregt werden! Das zu wissen ist sehr wichtig! Als Folge dieses Im- oder Ex-Pulses wird es eine aufbauende oder (!) eine tödliche Bewegungsform ausführen. Schauberger hat für jede dieser Bewegungsarten spezielle Geräte oder Vorrichtungen konstruiert bzw. ausführlich beschrieben, die wir im Schlußteil besprechen werden. Solche Geräte wurden von ihm als „Stoffwechsel" – bzw. „Atomumwandlungsmaschinen" bezeichnet.

Zunächst wird es notwendig sein, zu erfahren, was denn da gewechselt bzw. umgewandelt werden soll. Wir versuchen jetzt, gemeinsam mit Schauberger, die „inneren" Prozesse kennenzulernen, die in diesen Maschinen ablaufen.

Betrachten wir die oben abgebildete Originalskizze Viktor Schaubergers, so ordnet er drei „chemische" Symbole in einer ganz speziellen Weise an. Wie wir bereits wissen, verwendet er geläufige Begriffe oder Symbole, da er noch keine eigenen geschaffen hatte. Obwohl ähnlich, sind hier die chemischen Elemente nicht im heutigen Verständnis gemeint. Die Buchstaben repräsentieren weniger „Stoffe" als vielmehr „Organismen" im lebendigen Sinne.

Zunächst haben wir hier ein großes H. Dieses H „trägt" die beiden anderen Symbole.

„Jede Energie benötigt auf unserer Ebene einen Träger" (VS).

Wer auch immer diesem „Stoff" seinen Namen gab, er hatte schon damals recht, Wasserstoff oder Hydrogenium ist der „Stoff", das feinstoffliche Gebilde, welches das Wasser erschafft.

Im dargestellten Symbol ist dieser Akt schon geschehen: H ist Wasser in der von uns gewohnten irdischen Erscheinung, allerdings auch als „Träger" von Energien zu verstehen.

Es trägt in sich – „im Leib" (Gebärmutter), so heißt es in der von Schauberger oft zitierten *Tabula smaragdina* des Hermes Trismegistos – zwei sehr widersprüchliche Gesellen:

VERBA SECRETORUM HERMETIS.

Wahrhaftig ohne Lügen gewiß, und auf das allerwahrhaftigste, dies, so Unten, ist gleich dem Obern, und dies, so Oben, ist gleich dem Untern, damit man kann erlangen und verrichten Wunderdinge eines einigen Dinges. Und gleich wie alle Dinge von einem Dinge alleine geschaffen, durch den Willen und Gebot eines Einigen, der es bedacht: also entstehen auch alle Dinge nunmehro aus diesem einzigen Dinge, durch Ordnung der Natur. Sein Vater ist die Sonne, und seine Mutter der Mond; Die Luft trägt es gleich als in ihrer Gebährmutter; Seine Ernährerin oder Säugamme ist die Erde. Dies Ding ist der Ursprung aller Vollkommenheiten so in der Welt sind. Seine Kraft ist am vollkommensten wann es wieder in Erde verwandelt ist. Scheide alsdann die Erde vom Feuer, und das Subtile oder Dünne vom Dicken oder Groben, fein lieblich mit großen Verstand und Bescheidenheit. Es steigt von der Erde gen Himmel, und von dannen wiederum zur Erde, und nimmt an sich die Kraft des Obern und Untern. Also wirst du haben die Herrlichkeit der ganzen Welt. Derohalben weiche von dir aller Unverstand und Unvermögenheit. Dies ist von aller Stärke die stärkste Stärke: denn es kann überwinden alle subtile Dinge, und kann durchdringen ein jedes hart oder vest Ding. Also ist die Welt geschaffen, dahero entstehen seltsame Vereinigungen, und werden macherley Wunder gewürket, welcher Weg dieselbige zu würken dieser ist. Derhalben bin ich genannt worden: Hermes Trismegistus, habe drey Theile der Weisheit der ganzen Welt. Dies sey gesagt von dem Meisterstück der chymischen Kunst.

TABULA SMARAGDINA HERMETIS.

Sagt der eine „Hü", versteht der andere garantiert „Hott". Will der eine Schlummern, ist der andere putzmunter und zu allerlei Scherzen aufgelegt. Bei der Betrachtung der Skizze Schaubergers bemerken wir jeweils rechts oben noch einen Punkt hinter C und O. Eine solche Punktierung ist in der Chemie als Kennzeichnung der Ionisation üblich.

Schauberger will darauf hinweisen, daß wir es hier nicht mit den atomaren Elementen zu tun haben, sondern schon mit einer „erhöhten" Stufe.

Diese Situation wollen wir zunächst einmal so stehen lassen.

Erwähnenswert wäre hier allenfalls noch, daß es für den Schaubergerschen Bio-Prozeß „nur" diese drei „Stoffe" gibt. Das vereinfacht die Sache.

Temperaturen als Steuerelemente im Bio-Prozeß

In der Natur haben Steuerprozesse niemals einen linearen (geradlinigen) Verlauf. Eher ist dieser Steuervorgang mit einem Pendeln um eine ideale Mittellinie zu vergleichen.
In seinem Buch *Lebensnetz* beschreibt Fritjof Capra die Steuerelemente in Stoffwechselprozessen als „Rückkopplungsschleifen", die überall in der Lebenswelt anzutreffen sind. – *„Die Kybernetiker unterscheiden zwei Arten von Rückkopplung: die selbstausgleichende (oder „negative") und die selbstverstärkende (oder „positive") Rückkopplung. Beispiele der letzteren sind die bekannten „Selbstläufer"-Effekte oder Teufelskreise, bei denen der Anfangseffekt ständig verstärkt wird, während er sich wiederholt in der Schleife fortpflanzt."*[45]

Beispiel einer selbstausgleichenden Schleife ist das Steuern eines Bootes = Einschätzung der Kursabweichung und Gegensteuern. Auch das Fahrradfahren benötigt eine selbstausgleichende Steuerschleife.

Der Natur stehen für diese Steuerungsart mehrere Mittel zur Verfügung:

- Regelung durch Temperaturdifferenzen
- Regelung durch Druckdifferenzen der Bewegung

Schon 1930 hinterlegte Schauberger bei der Akademie der Wissenschaften in Wien eine Schrift, in welcher er seine Erkenntnisse über Temperatur und Wasserbewegung niederschrieb.[46] Dabei erkannte er schon frühzeitig die Bedeutung der oben erwähnten Faktoren für die inneren Naturprozesse.

Jetzt, da er sich eine gute Grundlage für seine weiteren Forschungen geschaffen hatte, ging es ihm darum, herauszufinden, welche „Stoffe" sich für eine solche Prozeßsteuerung besonders eigneten.

In der Försterei und Fischerei aufgewachsen, waren ihm die sogenannten „Inhaltsstoffe" des Wassers gut bekannt. So fand er schnell das ideale Paar für die natürlichen Prozeßabläufe: Sauerstoff und die Kohlenstoffe. Beide sind immer im Wasser eines natürlichen Gerinnes enthalten. Nachdem er genug Geld mit den von ihm betriebenen Holzschwemmanlagen verdient hatte, richtete er sich ein Labor ein, um diese beiden Stoffe genau zu untersuchen.

Sauerstoff = O = Oxygenium ist ein Abfallstoff der Sonne. Er fällt durch die Atmosphäre der Erde und dringt in den Erdkörper, die Geosphäre ein. Tief im Erdinnern trifft er auf die Kohlenstoffe und dort finden auch wichtige Reaktionen statt, bedingt durch die in den Tiefen herrschenden Temperaturen und gleichzeitig durch die Bewegungsform der Erde. Unsere Erde führt während ihres Fluges durch den Raum sehr vielgestaltige Bewegungsarten aus, die Schauberger zusammenfassend als „planetare Bewegung", bzw. als „zykloide Raumkurvenbewegung" oder wie weiter oben schon erwähnt, als „Doppelschraubenwellenbewegung" bezeichnet. Immer wieder liest man in seinen Aufsätzen, *„daß ohne diese eigenartige Bewegungsform kein „höherer" Entwicklungsprozeß möglich ist."*

Die Kohlenstoffe = C sind die zweite wichtige Komponente aller Prozesse. Schauberger versteht unter dem Begriff „Kohlenstoffe" alle anderen „chemischen" Elemente, außer Wasserstoff und Sauerstoff.

Es sind die Stoffe, die auf der Erde zurückbleiben, wenn Lebewesen sterben. Es sind also alle materiellen Substanzen, die im ehemaligen lebendigen Körper vorhanden waren. Sie heißen bei ihm auch die Fettstoffe.

Die Reduzierung der lediglich drei anteiligen Stoffe am Naturprozeß macht das Verständnis zunächst etwas einfacher. Allerdings nur dann, wenn man verstanden hat, wie die Natur ihre Wandlungs- und Stoffwechselprozesse durchführt.

Einen sehr wichtigen Aspekt hat Schauberger in vielen seiner Schriften anschaulich beschrieben.

Aktion – Reaktion

„Alle Naturprozesse funktionieren mittelbar. Natur arbeitet nie mit Gewalt." Wenn sie für irgend eine Sache einen Prozeß benötigt, so gibt sie an einer bestimmten Stelle einen kleinen, sehr minimalen Anstoß (Impuls), der im molekularen Gefüge des Angestoßenen einen Unruhezustand hervorruft. Das „Feld" reagiert auf diese Störung mit dem Bestreben, diesen Unruheherd wieder auszugleichen, sprich: wieder zur Ruhe zu bringen. Daraus ergibt sich eine minimale Bewegung. Folgen nun auf diesen Impuls weitere Anstöße (*siehe S. 92, Zitat zu Fußnote 36*), so schläft die Bewegung

nicht wieder ein, sondern wird stärker und stärker. Sie schaukelt sich auf. Wir lesen bei Schauberger von „anpeitschen" oder manchmal von „Kettenreaktionen". Mit einem solcherart erregten Prozeß will die Natur etwas Bestimmtes erreichen. Erinnern wir uns an die beiden unterschiedlichen Bewegungsformen, von denen die eine aufbauend, konzentrierend, also lebensfördernd wirkt, die andere dagegen absolut tödlich ist.

Eine der beiden Wirkungen ist immer das Ziel eines solchen Vorhabens. *„Es geht hier um das Stirb und Werde"*, wandelt Schauberger ein Goethewort als Erklärung dafür. Also um Leben oder Tod!

Die schon besprochenen Stoffe Sauerstoff und die Kohlenstoffe eignen sich genau dafür.

Die polare Verhaltensweise von Kohlenstoff und Sauerstoff, den beiden im Wasser gebundenen Stoffen, wird in der Natur durch unterschiedliche Temperaturen gesteuert.

Wieso lassen sich diese beiden ‚Organismen' so gut in dieses Wechselspiel einspannen?

Es sind die Anomaliepunkte (auch Lebendigkeitspunkte genannt), die sie zu den jeweiligen Reaktionen zwingen.

> „Kein fester Körper kann schmelzen, ohne daß seine Schmelzwärme verbraucht wird, und ebenso kann keine Flüssigkeit erstarren, ohne daß ihr die ebenso große Erstarrungswärme entzogen wird. Führt man 1 kg Eis von –10°C andauernd Wärme zu, so wird es zuerst 10 x 0.5 = 5 Kalorien aufnehmen, entsprechend seiner spezifischen Wärme, wodurch es zur Temperatur 0°C kommt. Alsdann erfolgt die Aufnahme der 80 Kalorien Schmelzwärme ohne jede Temperaturerhöhung. Danach erst erfolgt die Temperatursteigerung des nunmehr flüssigen Wassers von 0°C und zwar um 1°C für jede weiter zugeführte Kalorie, wie es seiner spezifischen Wärme entspricht."[47]

Wie funktioniert die Regelung mit Hilfe der beiden Komponenten Sauerstoff und Kohlenstoff?

Der Anomaliepunkt von Kohlenstoff liegt laut Schaubergers Angaben bei +4°C. Kohlenstoff hat bei dieser Temperatur seine höchste Lebendigkeit und Energie. Schauberger sagt, er ist dann einpolig und frei.

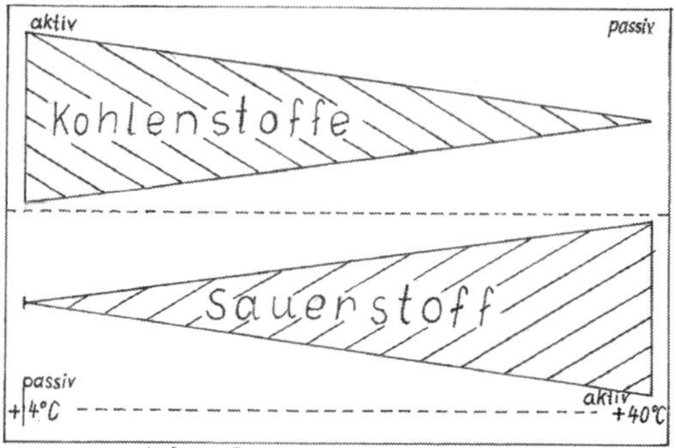

Temperaturabhängige Reaktionen von Sauer- u. Kohlenstoffen
B. Rothenberg, am 11. 2. 2012

Dieser Temperaturbereich steht also genau im Einklang mit dem Anomaliepunkt des Wassers.

Die Kohlenstoffe sind bei +4° C äußerst reaktionsfreudig, während sie bei ansteigender Temperatur immer träger und energieloser werden.

Bei +40° C sind sie völlig ‚willenlos', träge und unfähig zu eigenen Reaktionen.

Sauerstoff dagegen ist bei +4° C starr und zu keiner Reaktion fähig. Er wird erst lebendiger bei ansteigenden Temperaturen. Dessen Anomaliepunkt gibt Schauberger mit ca. +40° C an. Dort ist er „frei, einpolig" und reagiert mit allem, was in seine Nähe kommt. Steigt die Temperatur weiter an, wie wir es beispielsweise in den Wüstengebieten unserer Erde vorfinden, wird der von oben ungehindert auf die Erdoberfläche schießende Sauerstoff aggressiv, lebensfeindlich – also zerstörerisch.

Da bei allen soeben geschilderten Situationen die planetare Erdbewegung mitwirkt, sind sämtliche Voraussetzungen für das Aufleben sowohl von lebensfördernden, als auch von tödlichen Bewegungsformen gegeben.

Die Vorgänge dieser Stoffwechselsteuerung funktionieren wie folgt:

Bei einer Temperatur um +4° C ist Kohlenstoff hochaktiv, Sauerstoff dagegen passiv. Soll nun ein aufbauender Naturprozeß stattfinden, darf Sauerstoff zwar nicht ganz fehlen, er darf andererseits aber auch keine dominant-aggressive Rolle spielen. Mit anderen Worten, sein zersetzender Charakter darf in einer solchen Phase nicht wirken! Die Natur wird also bemüht sein, in einem tiefen Temperaturbereich zu arbeiten, mit kaltem

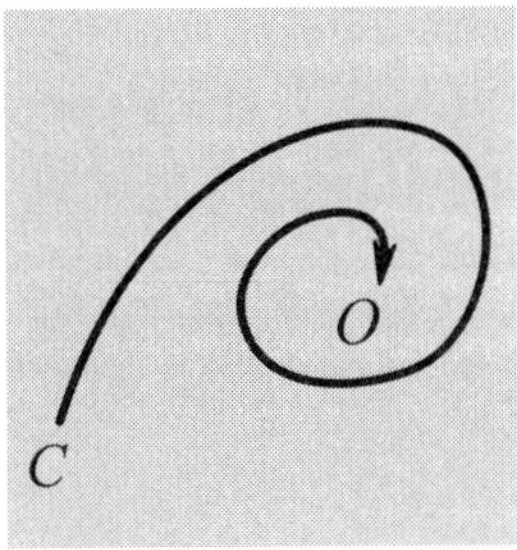

Wasser bzw. kalter Luft. Außerdem wird sie versuchen, den Sauerstoff sehr fein zu verteilen. Schauberger fielen im Wald die unendlich vielen wippenden Äste, Zweige und Blätter auf, die er als Zerstreuungsmittel für Sauerstoff und Licht deutet. Die Atmungsorgane aller höheren Tiere und des Menschen haben raffinierte Verwirbelungsvorrichtungen, um den Sauerstoff genau dosiert ins Innere des Körpers gelangen zu lassen. Nur so kann er von den aktiven Kohlenstoffen eingerollt, sprich gebunden werden. Danach erst konzentrieren sich alle Bestandteile und ergeben so eine feste, widerstandsfähige Form für das Leben.

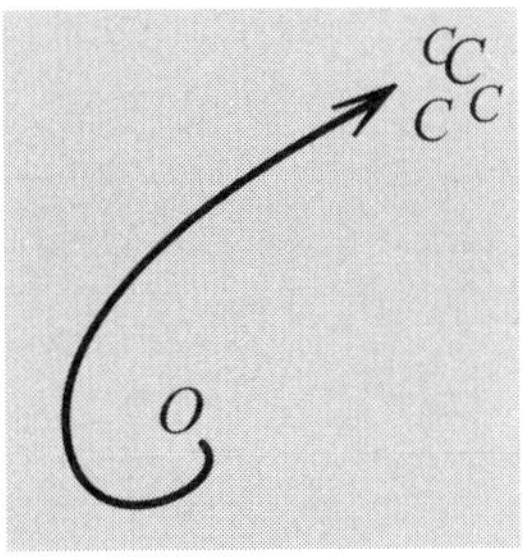

Soll andererseits etwas Überflüssiges oder nicht Entwicklungsfähiges „entsorgt" werden, müssen Bedingungen entstehen, welche den Sauerstoff handlungsfähig machen, das heißt aktiv. Aktiv kann der Sauerstoff nur durch eine Erhöhung der Temperatur werden. So kann er dann die Lockerung von Gebilden, Geweben etc. durchführen.

Die anthroposophische Lehre hat eine sehr ähnliche Sichtweise. Allerdings differenziert sie die natürlichen Auf- und Abbauprozesse. Trotzdem ist ein anderer Blickwinkel für unser Thema interessant. Das Pflanzenreich verwendet die Reaktionen der Sauer- und Kohlenstoffe gegenüber dem Tierreich in einer anderen, spezifischen Art und Weise.

> „Was der botanische Anatom untersucht, ist im wesentlichen überhaupt nur dieses die Pflanze durchziehende Gerüstwerk der Zellmembranen. Hier spielt der Kohlenstoff eine entscheidende Rolle. Er ist der eigentliche Erd- und Gerüststoff, der von der Pflanze mittels des Lichtes aus der atmosphärischen Kohlensäure verdichtet wird. Er ist sowohl im chemischen als auch im morphologischen Bereiche der Strukturbildner des Pflanzenreiches, denn er gestaltet nicht nur das aus Zellulose bzw.

Holzsubstanzen bestehende anatomische Gerüstwerk der Zellmembranen, sondern ist auch die stereochemische Gerüstsubstanz der von der Pflanze aufgebauten und dem Tier als Nahrung dargebotenen Kohlehydrate, Fette und Eiweißstoffe."...

„In physiologischer Hinsicht muß man sagen: In den Pflanzen überwiegen die Aufbau- und Assimilationsprozesse. Aus einfachsten Ausgangsstoffen (Wasser, Kohlensäure, anorganische Salze) entstehen am Lichte komplizierte Substanzen. Die chemischen Energiepotentiale werden also vermehrt. Nach innen wird Kohlenstoff abgelagert, nach außen Sauerstoff ausgeschieden.

Hingegen überwiegen in den Tieren die Abbau- und Dissimilationsprozesse. Die chemischen Energiepotentiale werden gesenkt, das heißt aus komplizierten und energiereichen Substanzen (Fette, Kohlenhydrate, Eiweiße) werden einfachste und energiearme Substanzen (Harnstoff, Harnsäure, Wasser, Kohlendioxid etc.) gebildet. Der Sauerstoff wird nach innen aufgenommen und mittels seiner das starre Kohlenstoffgerüst aufgelöst und veratmet. Insofern kann man den Sauerstoff den Verflüssiger („Wasserstoff") des Kohlenstoffs („Erdstoff") nennen (R. Steiner)."[48]

Praktische Implosionstechnik

Schon recht frühzeitig kam Viktor Schauberger auf den Gedanken der technischen Verwertbarkeit seiner Erkenntnisse. Immer, wenn er den inneren Ablauf eines Naturprozesses völlig durchschaut hatte, kamen ihm sofort auch viele Ideen zur maschinellen Anwendung. Allerdings war seine erste praktische Anwendung keine Maschine, sondern eine riesige Vorrichtung, die Holzschwemmanlage, die sich bis heute vor Trittbrettfahrern und anderen Nachahmern selbst schützte. Denn keiner machte sich die Mühe, das völlig zu erforschen und zu erkennen, was zu einer einwandfreien Funktion einer solchen Anlage erforderlich ist. Oft genügt in einem solchen Fall eine gute Spürnase, wie sie beispielsweise ein Jagdhund hat, um das in der Natur Beobachtete zu verstehen, also aus dem Gesehenen die richtigen Schlüsse zu ziehen. Diese Gabe hatte Schauberger in hohem Maße.

Originalzeichnung Viktor Schauberger

Nur so hatten auch seine Vorfahren erkennen können, wie und vor allem, wann man Holz schwemmt.

Einige Jahre später, im Dezember 1936, berichtet Viktor Schauberger in einem Brief an seinen Bruder Adolf über die Erfindung eines „Spezialrohres". Die Idee wurde bei einer völlig normalen, alltäglichen Verrichtung geboren: Jeder Jäger muß nach dem Schuß seine Jagdwaffe putzen. Die Beschäftigung mit den Bewegungen des Wassers lenkte eines Tages seine Aufmerksamkeit auf den Putzvorgang. Fährt man mit dem Putzstock durch einen gezogenen (mit einer Drallrille versehenen) Gewehrlauf, so spürt man am Griff des Stockes einen deutlichen Drehbewegungsdruck.

Schauberger überlegte: Der Drall im Rohr versetzt die Kugel bzw. den Putzstock in eine Längsdrehbewegung. Ein mit einem Drall versehenes Leitungsrohr müßte auch Wasser oder Luft in eine Dreh- bzw. Wirbelbewegung bringen. Von einem Handwerker ließ er sich ein Rohr nach seiner Idee anfertigen. Und siehe – es funktionierte.

Begeistert schrieb er an seinen Bruder:

> „Es gibt überhaupt fast keine Reibung. Das Wasser geht im neuen Rohr mit Fallgeschwindigkeit und rotiert rasend. Es fehlt jede Berechnungsgrundlage, weil man für diese Sachen keine Lehrbücher hat. Der Strahl bohrt Stein. Welche Rotation und welcher Druck da ist, kann kein Mensch berechnen."[49]

Für eine genaue Berechnung hat er, wie auch später, immer keine Zeit. Denn schon melden sich in seinem Innern eine Menge neuer Ideen.

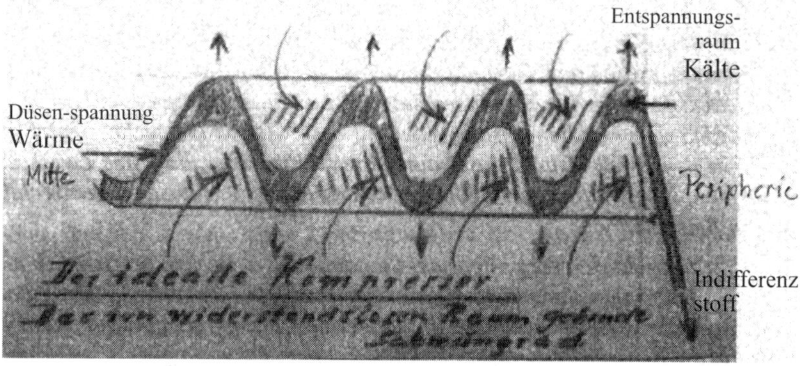

Viktor Schaubergers Prinzip der Wellscheiben[50]

Wellscheiben

Ob es das Wellenbild eines ins Wasser fallenden Steines war, oder das eines auf die Wasseroberfläche auftreffenden Wassertropfens, wir wissen es nicht. Auf jeden Fall war die nächste Erfindung das Produkt eines genialen Einfalles.

Der Erkenntnisprozeß begann am fließenden Gewässer. Ein natürliches Gerinne fließt nie schnurgeradeaus. Es windet sich in Mäandern durch die Landschaft. Das hat natürlich viele Gründe: Zum einen muß der Weg von der Quelle zur Mündung so lang wie nur möglich sein, denn das Gewässer verarbeitet (wandelt) die in ihm enthaltenen Stoffe und das kann sehr lange dauern. Bäche und Flüsse wurden genau aus diesem Grund von Schauberger als „Gottesmühlen" bezeichnet. Diese Gottesmühlen haben nun ihrerseits wichtige Funktionsteile. Da sind zum Beispiel die Kurven, aus denen ja Mäander fast nur bestehen. Diese nennt er „Kurvengeneratoren", da sie die Lebensenergien für das Flußwasser, aber auch für das Umland mit all seinen Lebewesen (inklusive der Menschen!) freisetzen, durch die ein solches Gerinne fließt.

Der sehr lange und gebogene Entwicklungsweg des Wassers in einem Fluß wurde von Schauberger auf eine kleine runde Blechscheibe komprimiert. Diese Scheibe ist wellenförmig gepreßt und läuft sehr schnell. Dadurch wird das, was in der Natur ziemlich lange dauert, strecken- und zeitmäßig sehr verkürzt. Zwei solcher Scheiben werden übereinander

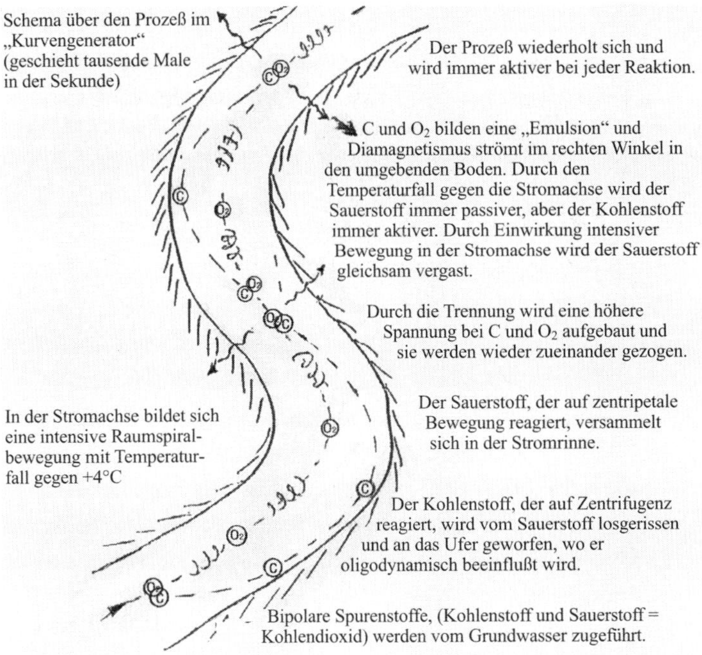

Kurvengenerator[51] *Zeichnung: Olof Alexandersson*

angeordnet. Im Zwischenraum der beiden fließt das Medium. Und hier finden die Umbauprozesse statt.

Olof Alexandersson, einer der besten Kenner Schaubergers, erklärt die Vorgänge auf einer Abbildung im Kurvengenerator.

Längst war eine entsprechende Maschine geplant.

Im März 1940 reicht er im Patentamt Berlin das Patent für eine Sogturbine ein, welchem eine Prinzipzeichnung beigefügt ist.

In einer späteren Patentanmeldung im Jahre 1942 beschreibt er die Vorgänge in einer solchen Maschine wie folgt:

„...daß bei naturrichtiger Führungsart (des Mediums) der Bewegungswiderstand mit wachsender Tourenzahl fällt und dadurch gewaltige Antriebstoffmengen eingespart werden können, beweist das hier zum

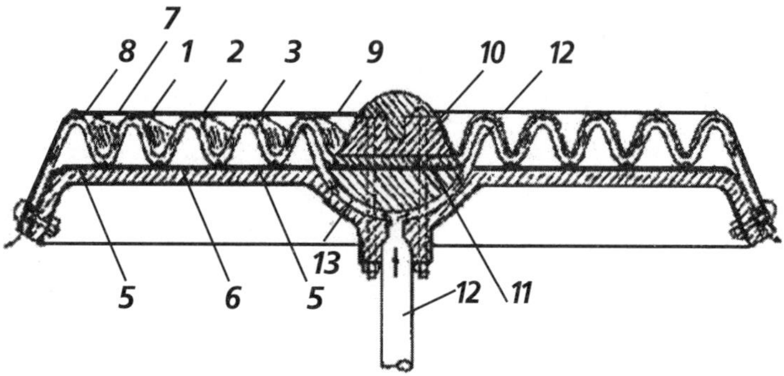

Viktor Schauberger, Sogturbine (*Implosion 133*)

Patent angemeldete Verfahren zur Durchführung organischer Synthesen. Der universelle Zweck dieser Vor- und Einrichtung ist also die mühelose Überwindung der Schwerkraft, als sekundäre Erscheinung einer primären Gegenkraft, die Folgerungen zuläßt, die der Reihe nach unaufzählbar sind. Die Auswertung dieser Bewegungsorganisation ist demnach uferlos."[52]

Die Ei-Form

Die Jahre 1939 bis 1945 waren, was die Konstruktion von Energiemaschinen betrifft, wohl die fruchtbarste Zeit. In diese Zeit fällt auch die Entdeckung eines für die natürliche Fließbewegung äußerst wichtigen Elementes. Oft werden Segmente der Eiform von ihm sogar als Katalysatoren bezeichnet. Als Förster war ihm natürlich bekannt, daß in der Natur kein Ei dem anderen gleicht. Für eine reproduzierbare Konstruktion benötigte er aber eine ideale Eiform. Hier die Wiedergabe seiner Anweisung:

„Die heutige Technik stützt ihre Konstruktionen auf Erfahrungen, die sie auf Grund starrer Lehr- und Grundsätze machte. (Solche) Erfahrungen ergaben sich aus den Versuchen und Experimenten, die unter bestimmten Voraussetzungen immer gleiche, zumindest ähnliche Versuchsergebnisse zeitigten. (Da, wie oben beschrieben, sich alles ständig wandelt, mußten solche Versuche auf einer völlig falschen Grundlage geschehen.)

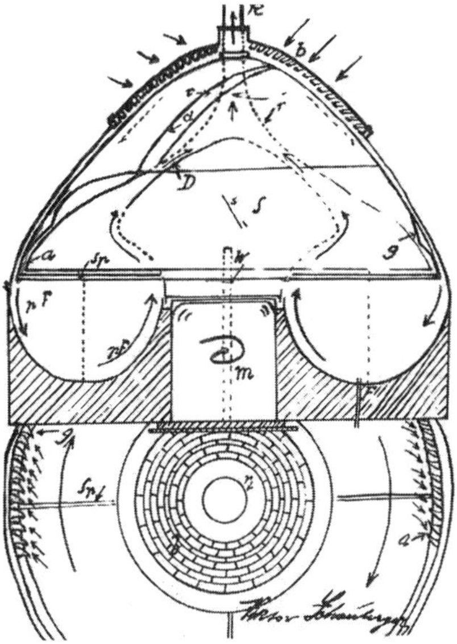

Viktor Schaubergers Patentzeichnung „Die Herzpumpe"[54]

Hier werden grundsätzlich andere Voraussetzungen (als die der Natur) geschaffen, die zwangsläufig andere (widernatürliche) Versuchsergebnisse ergeben. Die zum Aufbau organischer Synthesenprodukte dienende Konstruktionsbasis ergibt sich aus einer naturrichtig konstruierten Eiform, die ihrerseits wieder aus dem Fünfeck, dem Pentagramm abgeleitet ist."[53]

Aufgrund dieser neuen Erkenntnis reicht er am 18.12.1942 ein Patent „Die Herzpumpe" ein, welches er mit folgenden Sätzen einleitet:

„Von der Überlegung ausgehend, daß die Blütezeit die Voraussetzung der Fruchtreife, und diese die Einleitung des Ab- und Rückfalles der Samenfrucht ist, war naheliegend, den Knospenzustand als Musterbeispiel zu benützen, um die Voraussetzungen zu finden, das Gesetz der Schwerkraft, das in der Natur wirksam wird, nachdem der Knopf aufgegangen ist, solange zu überwinden, als die freie Bewegung eines Körpers, der schwerer wie Luft ist, wünschenswert erscheint. – Die weitere Folgerung dieser natürlichen Überlegung war, daß Propellerflächen, die in der Natur den Abfall einer Samenfrucht mildern, also nicht dazu da sind, um einen Körper, der schwerer als Luft ist, zu heben, ungeeignete Mittel sind, um beispielsweise ein Flugzeug naturrichtig fliegen zu lassen. – Eine Wissenschaft und Technik, die so verkehrte Mittel benützt, befindet sich zweifellos auf einem absteigenden Ast und sind daher auch deren Lehr- und Grundsätze nicht geeignet, um damit auf einen aufsteigenden (grünenden) Entwicklungsast zu gelangen."[55]

Wie ein Flugzeug, Automobil oder Schiff naturrichtig geflogen bzw. gefahren wird, zeigt er in folgender Skizze:

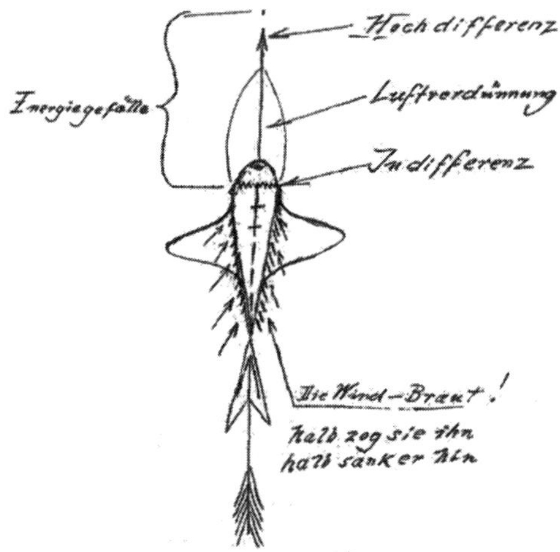

Viktor Schaubergers Skizze „Die Windsbraut"

Die mit „Indifferenz" bezeichnete Stelle im Flugzeug deutet die Schaubergerenergiemaschine an. In diesem Gerät bildet sich durch die von Schauberger beabsichtigten Bewegungsvorgänge der Maschine, der speziellen Formen der Funktionselemente und bestimmter Katalysatoren ein sogenanntes „biologisches Vakuum". Biologisch deshalb – es könnte auch „natürlich" heißen – weil hier nicht aus- oder leergepumpt wird, sondern dieser Zustand sich aus den funktionellen Abläufen in der Maschine von selbst ergibt.

Dieses Vakuum ist sozusagen der eine Pol eines Spannungsfeldes, dessen anderer Pol vor dem Flugzeug liegt. Diese beiden Pole werden links auf der Skizze als Energiegefälle bezeichnet. Produziert die im Flugzeug befindliche Maschine nun weiterhin diesen Spannungszustand, welcher, wie wir weiter vorn erfuhren, das Bestreben hat, sich wieder auszugleichen, so entsteht ein „Verlangen", den vorderen Pol zu erreichen, und zwar in Form einer Bewegung in diese Richtung. Das Flugzeug „fällt" in den energielosen Raum und da dieser stets vorn weiter entsteht, gibt es einen zwanglosen Fall dorthin, nach vorn oder nach aufwärts. Wobei die Erzeugerform, das Flugzeug, *„einfach mit ins Schlepptau genommen wird."* Entspannte Abbauprodukte geben am hinteren Ende des Flugzeuges einen leichten Schub. So sind Sog und Druck, auf einer gemeinsamen Achse wirkend, am Gesamtprozeß beteiligt. Das wird unten rechts mit dem Goethewort: Halb zog sie ihn, halb sank er hin, dargestellt.

Nach dem Ende des 2. Weltkrieges begann sich Schauberger zunächst einmal mit landwirtschaftlichen Geräten zu befassen, da er einen Beitrag zur Beseitigung der allerorts herrschenden Hungersnot leisten wollte.

Erst einige Jahre später nahm er den Gedanken der Energiemaschinen wieder in sein Arbeitspensum auf.

Die Entdeckung seines Drallrohres im Jahre 1936 wurde wichtigstes Funktionsteil der Sogturbine. Diese Maschine kann man wieder als Energiemaschine bezeichnen. Allerdings muß ein Konstrukteur um 180° umdenken, wie Schauberger immer wieder zu sagen pflegte. Dieses prinzipielle Thema war sein Leben lang ein Dauerbrenner. Denn parallel mit seinen Naturerkenntnissen machte er immer wieder die beunruhigende Erfahrung, daß die Zivilisationskrankheiten und die meisten Naturkatastrophen auf das Konto einer völlig falschen Bewegungsanwendung durch Wissenschaft und Technik gehen. Hier sei nur sein schon 1933 erschienenes Buch „Unsere sinnlose Arbeit" erwähnt. In eindrücklichen Worten schildert er diese Tatsachen auch in einem Brief an den Tiroler Ingenieur Daniel Swarovski:

> „Als zweite Beilage ein Brief von Dr. Dengler, der kürzlich mit anderen Ärzten bei mir war und mir schwere Vorwürfe machte, warum ich das Heilwasser, daß er vor etwa 20 Jahren in meinem damaligen Labor trank, nicht vertrauenswürdigen Ärzten anvertraute. Auf meine Antwort, daß damals die österreichische Staatspolizei die Apparatur wegen vermeint-

licher Kurpfuscherei sperren ließ, erwiderte er, daß man heute weiß, daß das Lebenselixier in den Chromosomen steckt, die sich jedoch in die gefährlichsten Ent-lebungsquellen verwandeln, wenn man sie verkehrt behandelt, d.h. druck-reibungs und wärme-steigernd – kurz gesagt, akademisch-technisch, mit ihren Medien (Trägerstoffen) überwiegend achsial-radial bewegt. – Dadurch einen Überdruck erzeugt, der dem Aufbau – radioaktiver Zersetzungs-energien dient (siehe Forschungsergebnisse des radiologischen Instituts Freiburg) und zwischen den, durch die Atomenergieerzeugung und durch die Druck- und Feuertechnik erzeugten Todesstrahlen nur der eine Unterschied besteht, daß erstere radikal, letztere wie ein schleichendes Gift wirken und es meist schon zu spät ist, wenn man den Zerfall und die Verseuchung – die Wasser-, Saft- und Blutfäule merkt.

Seit Jahrzehnten warnte ich vor der hydraulischen, druck- und wärmesteigernden Wasserbewegung, bewies in großen Holzschwemmanlagen die Trag- und Schleppkraftunterschiede zwischen – planetar und akademisch-technisch bewegtem Wasser. Erzielte auf diesem Gebiete über 60 erteilte Patente im In- und Ausland, verwies auf den Strukturzerfall in mono-kultivierten, sowie überlichteten und überwärmten Forstkulturen, wies durchschnittlich 50 – 60% Mehrerträgnisse durch dia-magnetisch legierte Bodenbearbeitungsgeräte ohne Kunstdüngung nach. Dutzende meist unheilbare Krankheitsfälle wurden unter Anleitung Wiener Ärzte geheilt, zumindestens durch das diamagnetisch aufgeladene Wasser gebessert. Und was war mein Dank? Ich wurde verlacht, verspottet, ins Narrenhaus gesperrt und sodann in jedem Fall, als ich nur irgendwie die Katze aus dem Sack ließ, in der niederträchtigsten Art und Weise bestohlen. Zwei Fälle, der Versuch einiger Ingenieure bei Voith und der durch Thurner, haben Sie ja selbst miterlebt.

Nur einen Vorteil brachten mir diese ständigen Diebstahlversuche. Nämlich, daß ich gezwungen wurde, im Bilderbuch der Natur immer weiter zu blättern, wenn so ein Dreckfink mein Vertrauen mißbrauchte und zu stehlen versuchte, aber selbst dazu –siehe Thurner- nicht imstande war. Und so ergab sich dasjenige, das Sie mir im letzten Brief zum Vorwurf machen. Nämlich, daß ich mich immer wieder mit „Neuigkeiten" befasse und das Alte links liegen lasse.

Wer im Bilderbuch der Natur zu lesen versteht, hat es nicht nötig, sich mit demjenigen weiter zu beschäftigen, das Diebsfinger beschmutzten, ganz abgesehen davon, daß Entdecken viel interessanter als Entdeckthaben ist.

Um Ihre Frage kurz zu beantworten, was ich eigentlich unter dem Begriff: **prinzipieller** Fehler verstehe, ohne dessen Behebung es keinen naturrichtigen Wiederaufbau gibt und geben kann, folgendes:

Druck und Zug – die beiden Bewegungsteilkräfte (Komponenten) sind keine Zweckmittel, sondern Mittel, um Spannungsunterschiede zu erzeugen, – durch die sich eine Ausgleichbewegung ergibt, die entwicklungsfördernd oder entwicklungshemmend wirkt, je nachdem das rhythmische Wechselspiel zwischen den oben erwähnten Bewegungsteilkräften richtig oder unrichtig reguliert wird.“[56]

Die Sogwendel

Um 180° umzudenken, ist sozusagen das Gebot der Stunde, weil die heutige Technik alle natürlichen Prozesse genau verkehrt herum anwendet. Man kann sogar von einem Mißbrauch sprechen.

Hier eine nützliche Umdenk-Übung: Wir vergleichen eine herkömmlich konstruierte Wasserturbine mit einer von Viktor Schauberger erfundenen Bioturbine.

Die Peltonturbine: In einem Gehäuse befindet sich mittig ein drehbares Schaufelrad. Ein Wasserzulauf ragt durch die Gehäusewand in den Innenraum. Das Wasser muß eine Strahldüse passieren. Das unter hohem Gefälledruck befindliche Wasser schießt auf die Schaufeln des Rades und drückt so Schaufel um Schaufel von sich weg. So entsteht eine Drehbewegung der Turbine.

Schon nach kurzer Zeit stellten die Turbinenbauer fest, daß bei hohen Drehzahlen und hohem Druck die Stahlschaufeln des Rades stark zerfressen wurden. Schauberger führte das damals schon auf die entstehenden Kavitationsströme zurück, welche durch Druck und Wärme entstehen. Seit dieser Zeit versucht er die Anwendung von Druckturbinen in Wasser und Luft zu unterbinden. – Völlig ohne Erfolg, da inzwischen der Stromverbrauch in Haushalt und Industrie so stark angewachsen war,

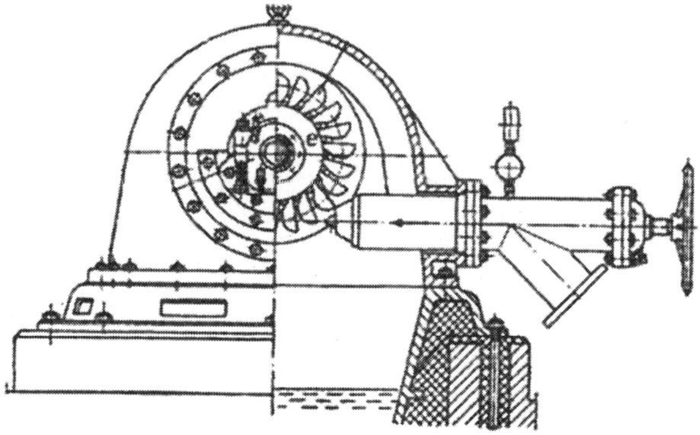

Peltonturbine[57]

daß man unter keinen Umständen auf diese Turbinen verzichten wollte bzw. konnte. Man hatte ja damals auch keine Alternative. In vielen seiner Schriften wies er nach, daß nicht nur die Stahlturbinenschaufeln geschädigt wurden, sondern in erster Linie das Wasser durch deren Wirkungen todkrank gemacht wurde. In der Folgezeit sagte er alle heute üblichen Zivilisationskrankheiten, besonders den Krebs voraus, sowie Bergrutsche, Lawinen und verstärkte Unwetter aller Art, weil das kranke Wasser (welches die Wissenschaft ja als tote Substanz = H_2O betrachtet) diese Zersetzungsenergien auf alle lebenden Organismen (Pflanzen, Tiere, Menschen) überträgt. Auch diese Mahnungen wurden in den Wind geschlagen.

So ging er daran, Turbinen zu konstruieren – Bio -Turbinen, die keine schädigenden Wirkungen abgeben.

Eine solche Turbine muß natürlich genau umgekehrt konstruiert sein wie eine herkömmliche, wenn sie umgekehrt funktionieren soll.

Gegenüberstellung	
Peltonturbine	**VS-Bioturbine**
arbeitet mit hohem Druck	muß drucklos arbeiten
Schaufelrad mittig, laufend	Schaufeln, bzw. Widerstandskranz peripher, feststehend
meist 1 Düse peripher, feststehend	mehrere Düsen mittig, laufend
Betriebswasser durch geologisches Gefälle unter Druck	Betriebswasser drucklos. Die Turbine hebt sich ihr Wasser selbst hoch.

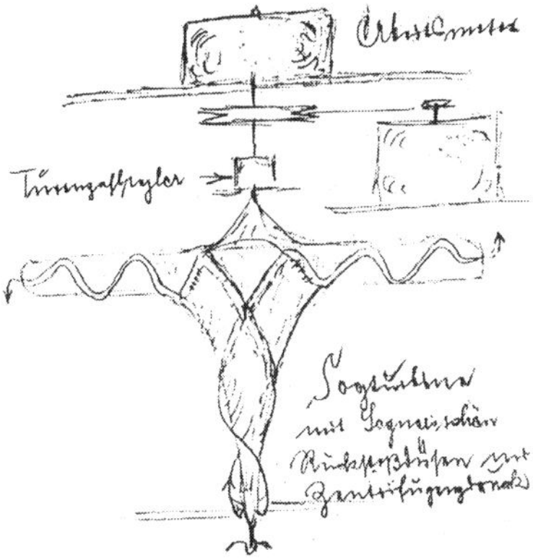

Skizze einer Sogturbine von Viktor Schauberger[58]

Beim Lesen dieser Gegenüberstellung wird jeder normal ausgebildete Ingenieur den Kopf schütteln und die Sache mit der Bemerkung „das kann nicht funktionieren" ad acta legen.

Wie kann die Sache aber trotzdem funktionieren?

In der Gegenüberstellung fehlt noch ein weiterer Unterschied: Während die Peltonturbine aus dem Stand in Betrieb genommen wird, muß die VS – Bio-Turbine zur Inbetriebnahme angelassen, das heißt auf eine bestimmte Drehzahl beschleunigt werden.

Aha – hört man jetzt schon rufen, sie verbraucht selbst den Strom, den sie eigentlich im Generator erzeugen soll.

Ja – sie verbraucht dabei etwas Strom, aber nur soviel, um das relativ leichte Gerät zu drehen. Schauberger rechnet sogar damit, daß sie nach überschreiten einer gewissen Tourenzahl die Strommenge reduziert.

Funktionsbeschreibung:
Der Einlauf in das Gehäuse befindet sich unten. Die Turbine steht in einem fließenden Gewässer oder einem Wasserbecken. Der Zulauf erfolgt drucklos. Im Rotor befindet sich eine Sogwendel, welche zu Beginn der Inbetriebnahme angelassen werden muß. Die Einlauföffnungen am unteren Ende der Rohre zeigen gegen die Drehrichtung des Rotors, sodaß sie eine gewisse Schaufelwirkung ausüben. So staut sich das Wasser in den Rohren und beginnt durch die Drehbewegung langsam aufwärts zu steigen. Sind die Rohre nach einiger Zeit völlig gefüllt, so setzt nach rückwärts (unten)

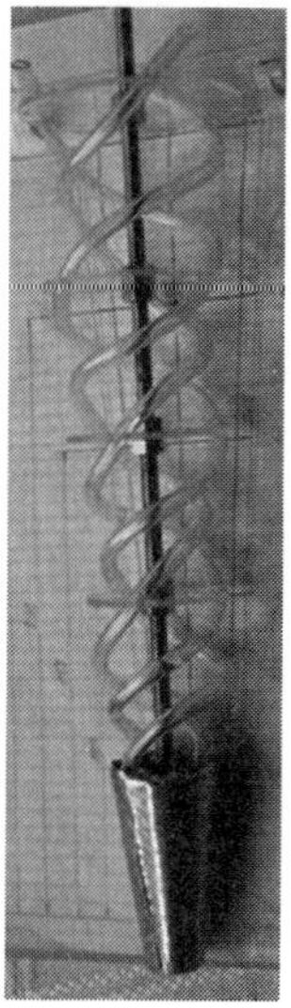

Nachbau einer Sogwendel Viktor Schaubergers

B. Rothenberg

Viktor Schaubergers Heimkraftwerk[59]

wirkend ein Sog ein. Dieser bewirkt, daß das unten stehende Wasser angesaugt wird. Je mehr Wasser oben ausspritzt, desto mehr Wasser kann unten angesaugt werden. Im Moment, in welchem die Sogwirkung eintritt, kann man deutlich einen „Umschlag" im Gerät hören, bzw. sehen, wenn sich in der Gehäusewand ein Sichtfenster befindet. Sowohl das Laufgeräusch, wie auch die Farbe des Betriebswassers verändern sich schlagartig. Das oben austretende Wasser wird im halbrunden Raum umgelenkt, und nun beginnt der zweite Abschnitt der Bioturbinenfunktion.

Der Rotor einer Bioturbine ist in zwei Funktionsbereiche unterteilt.

- Der Einlaufteil besteht aus der inneren, eben beschriebenen Sogwendel, welche das Betriebswasser auf die erforderliche Höhe hebt.
- Um diese herum, durch eine Wand getrennt, windet sich ein ähnliches, aber viel größeres Gebilde, der Wendelrotor, bzw. eine Doppelwellmembran, eine andere Variante.

Seine konischen Drallrohre haben einen größeren Durchmesser und die spiraligen Windungen laufen ebenfalls in größeren Bögen auseinander. Das vorher gehobene Wasser fließt nun abwärts. Durch die sehr starke zentrifugale Wirkung an der unteren größten Biegung wird das Wasser stark beschleunigt und verwirbelt. Das hier abgebildete Gerät ist ein noch erhaltenes „Heimkraftwerk" Viktor Schaubergers. Der Gehäusedeckel ist abgenommen.

Die Ausgänge der Drallrohre bestehen aus Spezialdüsen, welche dem austretenden Wasserstrahl die Wucht eines Bohrstrahles verleihen. Die von allen Düsen (meist eine ungerade Zahl) abgegebenen Strahlen treffen tangential auf zahnradartige kleine Widerstände, die an der feststehenden Gehäusewand angebracht sind und setzen nun den gesamten Rotor in eine Drehbewegung, welche später zum Antrieb eines Generators verwendet wird.

Selbstverständlich sollte es nun schon sein, daß die Frage des Materials für die Funktionsteile der Maschine auch um 180° umgedacht werden muß.

Lassen wir zum Schluß Viktor Schauberger selbst eine solche Maschine beschreiben. Es sollte seine Letzte sein, denn wenige Wochen danach war seine Lebenszeit zu Ende:

Die Sogturbine

„Das Segnerische Wasserrad mit Zentrifugenzdruck besteht – prinzipiell betrachtet – aus einer Doppelmembran, im Grund- und Längsriss, die sich mit Hilfe eines schwachen Impulsmotors entgegengesetzt zum Uhrzeigersinn um eine lotrecht stehende Achse dreht.

In der Achse windet sich um die lotrecht stehende Welle die sogenannte Sog-wendel, die sich – von unten gesehen – im Sinne des Uhrzeigers dreht und das unter Zentripetenzdruck stehende Betriebswasser widerstandslos hebt.

Je rascher der vorerwähnte Impulsmotor das in der Doppelmembran an sich und in sich drehende Wasser bewegt, um so mehr Wasser schöpft die untere Sogwendelöffnung, spult es im Sinne der Uhrzeigerbewegung hoch, wonach es dann verkehrtläufig in rhythmisch wechselnden Horizontal- und Vertikalkurven zentrifugiert und in wiederum verkehrtläufigen Düsensystemen zentripetiert wird. Das heißt also, eine kontinuierliche = einseitige Drehung bremst. Daher: Aufstieg des

Wassers in der Sogwendel – im Sinne der Uhrzeigerdrehung. Sodann Ausspulung des Wassers in der Doppelmembran bis zur eiförmigen Düsenöffnung, in der das unter enormem Zentrifugenzdruck stehende Betriebswasser wiederum zentripetal bewegt wird und mit sehr hoher Austrittsgeschwindigkeit in den unteren, hermetisch abgeschlossenen Druckraum fließt, der, unter hydraulischem Überdruck stehend, das von der Sogwendel hochgezogene Wasser nachdrückt. Das heißt also: Die Sogkraft muß auf der ganzen Bewegungslinie führend sein und führend bleiben. Die – eine mehr untergeordnete Druckkraft ausübende – Druckkomponente darf niemals rein vertikal, sondern muß in jeder Lage tangential, und zwar unter einem Winkel von ca. 32 Grad wirken. Und zwar so, daß stets eine zykloide Spiralraumkurve, das heißt eine Drehung der bewegten Masse vom Rande zur Mitte erfolgt und solcherart dann der Schwerpunkt der ungleich schweren (bi-polaren) Masse (z.B. der Sauerstoff – Atomgewicht 16) in die Achsmitte verlagert, dort selbst abkühlt (fallendes Wärmegefälle) und in diesem Zustand vom gegenpoligen Wasserstoff, der an und für sich schon eine Auftriebsgeschwindigkeit von ca. 2 m/s hat, umkreist und gebunden (emulgiert = verzehrt und verdaut) wird.

Das Produkt dieses Emulsionsvorganges (Ur-Zeugungsakt) ist Diamagnetismus, dessen Funktion die Levitationskraft (die selbstherrliche Auferstehungsenergie) ist, die beispielsweise naturrichtig bewegtes Wasser – siehe echte Hochquelle – auf die höchsten Bergspitzen hebt. Die Saft- und Blutbewegung ist ebenfalls das Produkt der oben erwähnten Emulsion = die innige Verbindung (Vermählung) bi-polarer Grundstoffgegensätze zur Wiedererzeugung einer zwieträchtigen Einheit (Individuum). Die heutige Technik arbeitet ausschließlich mit Überdruck, vernachlässigt die entwicklungswichtige **Sog**komponente. Erreicht also Druck-, Reibungs- und Wärmesteigerung. Dadurch umgekehrte Emulsionseffekte, wodurch sich überwiegend dielektrische Fließbewegungsarten ergeben. Da Wärme die niederste Form der Elektrizität ist und Elektrizität Wasser, Säfte und Blut zersetzt, mußte es auf der ganzen Linie den Rückentwicklungsgang = Krebsgang gehen. Denn: **Über**druck unterdrückt das gesamte Wachstum. Unterdruck = die diamagnetische Aufdruckkraft – fördert das Wachstum. Je höhertourig der Impulsmotor der Doppelmembran dreht, um so mehr Betriebswasser steigt hoch und um so höher wird der Zentripetenzdruck, der sich in der Druckdüse entlädt, wodurch eine zusätzliche Drehkraftsteigerung im entgegengesetzten Uhrzeigersinn entsteht, die mit einem Dynamo (elektrischer Stromerzeuger) gebremst werden muß, um ein Durchgehen der Sogturbine und die Zertrümmerung dieser infolge ständig zunehmendem Zentrifugenzdruck zu verhüten. Mit der mit dem Impulsmotor gegebenen Umlaufgeschwindigkeit regelt sich der Zentripetenzdruck in den Düsen und damit zusammenwirkend die Gesamtleistungskraft, die, sich aus dem Düsendruck ergebend, entgegengesetzt zur Austrittrichtung wirkt, die ihrerseits wieder einen hydraulischen Überdruck im hermetisch abgeschlossenen Druckraum auslöst, der auf die durch die Sogwendel hochgezogene Wassermasse nachschiebend wirkt.

Da bei dieser rhythmischen Wechselwirkung von Zentrifugenzdruck und Zentripetenzsog, also durch Re-Aktionskräfte die Leistung im Quadrat zur Umlaufgeschwindigkeit wächst, muß bei plötzlicher Entlastung des Dynamos für eine zweckdienliche Regulierung der Sogturbine durch die Drosselung der Wasserzufuhr vorgesorgt werden. Die Sogturbine ist die erste Maschine, die mit wechselsinnig wirkenden Reaktionskräften arbeitet. Welche Riesenkräfte durch eine gut konstruierte und exakt durchgerechnete Sogturbine frei werden, besagt die bekannte Zentrifugenzformel. Wird 1 l = 1 kg Wasser bei einem Radius von 10 Zentimeter mit 10.000 Umdrehungen pro Minute zentrifugiert und in der Druckdüse plötzlich zentripetiert, dann werden bei einer Austrittgeschwindigkeit von etwa 40 m/s (entspricht einem geologischen Gefälle von ca. 400 m) Rückstoßkräfte frei, die einer Drucksteigerung von 57.000 kg entsprechen. Damit ist das große Problem der Energieversorgung einfach und billig – zudem naturrichtig gelöst. Sonderbar ist und bleibt, daß man die stärkste und billigste Re-Aktionskraft, den Zentrifugenzdruck, nicht als Zentripetenzkraft (als reaktive Sogkraft betrachtet) umzuwandeln verstand, wodurch sich der, bei allen heutigen Maschinen auftretende Bewegungswiderstand in **zusätzliche** Leistungskraft verwandelt. Das heißt, statt bisher ca. 10 bis 12 Prozent bis zu 96-prozentige Leistungskräfte dienstbar werden."[60]

Drallrohre des Vereins
für Implosionsforschung

Edelwassergerät nach
Viktor Schauberger

Nach Schaubergers Tod übernahm sein Sohn Walter den Fortgang der Dinge.

Er gründete die Pythagoras-Kepler-Schule in Bad Ischl, wo bis heute Seminare, vorwiegend über Implosions-Themen, stattfinden. Viele interessierte Menschen kommen, um sich über die Arbeiten Viktor Schaubergers zu informieren. Jörg Schauberger, der Enkel Viktors, ist sehr oft mit Vorträgen über die Arbeit seines Großvaters unterwegs.

Nur wenigen gelang es bisher, auf diesem Gebiet praktisch voranzukommen. Viktor Schaubergers Nachlaß in Form von zahlreichen Schriften verwaltet bis zum heutigen Tag die Familie Schauberger.

Im Schwarzwald gibt es den „Verein für Implosionsforschung und Anwendung e.V., Leiter des Vereins ist Klaus Rauber, http://www.implosion-ev.de

Wie sein Name schon sagt, arbeitet dieser Verein auf beiden Gebieten: Forschung und Anwendung. Die Anwendung könnte weit mehr praktische Arbeiten zur Folge haben, als es der Fall ist. Hinderungsgründe sind die dazu erforderlichen Geldmittel.

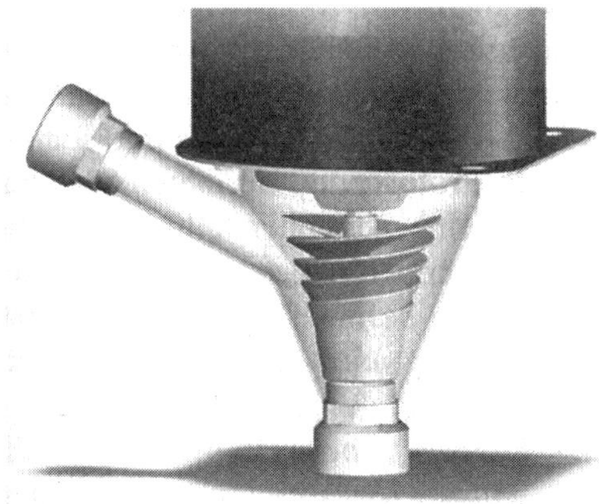

3D-CAD-Konstruktion der STH-Pumpe[62]

Aus der praktischen Arbeit des Vereins seien hier einige Beispiele genannt: Wir stellen Drallrohre als Cu-Wasserleitungsrohre her, Durchmesser 22 mm, welche die Wasserqualität verbessern.

Weiter lassen wir sogenannte Hyperbolische Trichter herstellen und bieten sie zum Verkauf an. Der Hyperbolische Trichter ist ein Produkt, welches aus der Forschung Walter Schaubergers entwickelt wurde. Auch hier geht es um Wasser, speziell um die Reinigung von Abwässern.

In der recht gut ausgestatteten Werkstatt haben Mitglieder des Vereins mehrere Repulsinenmodelle nach Viktor Schaubergers Beschreibungen bzw. nach noch erhaltenen Originalen nachgebaut und viele Experimente mit ihnen durchgeführt.

Unter anderem baute ein Mitglied des Vereins, Felix Hediger, eine neuartige Wasserpumpe nach Prinzipien von Tesla und Schauberger, die STH- oder Schauberger-Tesla-Hediger-Pumpe: *„Die Pumpe bezweckt eine schonende naturrichtige Förderung flüssiger Medien. Bei Wasser wird eine Aufwertung erwartet. Die Reibung des Mediums am Pumpenrotor (Friktion) wird dabei zum Antrieb genutzt und nicht vermieden.“*[62]

Mit diesen praktischen Beispielen ist der Schluß dieses Artikels erreicht. Es wäre wünschenswert, wenn das Gedankengut Schaubergers, das nun schon an die hundert Jahre auf Verständige in größerer Anzahl wartet, endlich im großen Maßstab umgesetzt würde.

Walter Russell (1871-1963)

Forscher

Wenn wir hier Wegbereiter der neuen Energieformen behandeln, dann dürfen wir natürlich den US-Amerikaner Walter Russell nicht vergessen, der einen ganz eigenen, über die Erkenntnisse aller konventionellen Forschung hinausgehenden Weg zum Verständnis physikalisch-chemischer Zusammenhänge einschlug.
Schon seine Äußerung „Das Genie steckt in jedem“ zeigt deutlich, daß es keiner wundertätigen Magie oder hochwissenschaftlichen Ausbildung bedarf, um zu Ergebnissen zu kommen, die schlüssig sind und mit denen man arbeiten kann.

Er selbst mußte bereits im frühen Alter von neun Jahren die Schule verlassen, um sich dem Druck eigener Existenzsicherung zu beugen und zu arbeiten. Dennoch interessierte er sich für sehr Vieles und arbeitete sich auf autodidaktischem Wege in die verschiedenen Verzweigungen der Wissensgebiete und Künste hinein. Dazu gehörten Musik, Literatur, Architektur, Malerei, Bildhauerei, Naturwissenschaft, Wirtschaft, Philosophie und Mystik, aber auch so praktische Dinge wie Pferdezucht, Dressurreiten und Eiskunstlauf. Ein Multitalent, würden wir sagen. Auf jeden Fall aber ein Mensch, der die Vielfalt kreativer, kultureller Betätigungen im Blick hatte, daran aktiv teilnahm und dadurch auch nie für das Praktische und Ganzheitliche des Lebens aus den Augen verlor, und aus diesem Ansatz heraus dann ganzheitliche Erklärungsmöglichkeiten zu den verschiedensten naturgesetzlichen Zusammenhängen entwickelte. Er war so etwas wie ein Anti-Spezialist. Sein Werdegang zeigt aber auch, wie wenig einem Genie schulisch vermitteltes Wissen wert sein kann, wenn es eigene Wege einschlägt.

Walter Russell

Grafik: www.walter-russell.de

Die Webseite www.peswiki.com[63] vermittelt uns die wichtigsten Fakten aus dem Leben und Wirken Russells im Überblick.

Die erste Hälfte seines Lebens verbrachte er als Portraitmaler, Architekt, Autor, Komponist, Bildhauer und Philosoph. 1926 sah er im Zuge der Veröffentlichung seiner periodischen Tabelle der Elemente (s.u.) bereits die Existenz von Deuterium, Tritium* sowie alle Transurane wie Plutonium und Neptunium voraus.

Schon 1927 war es ihm an den Westinghouse-Lampen-Laboratorien gelungen, Wasser in 17 unterschiedliche Stoffe zu transmutieren. Er publizierte diverse Bücher zur Transmutation eines Elementes in jedes beliebige andere (!) und nachfolgend über neue wissenschaftlichen Prinzipien einer Technologie für eine frei verfügbare, unerschöpfliche

* Isotope des Wasserstoffs – *d. V.*

Energiequelle. Die „American Academy of Sciences" kam nicht umhin, ihm für seine Arbeiten 1941 den Doktortitel der Naturwissenschaften zu verleihen. Die Angaben basieren auf dem Buch von Timothy Binder »In the Wave lies the Secret of Creation«.[64]

Russell studierte auch Physik, und aufgrund seiner späten Schaffensperiode läßt er sich am ehesten Persönlichkeiten wie Schauberger und Tesla zuordnen, die sich der Energieübertragung bzw. -gewinnung aus jenem Gefüge widmeten, das von Einstein als „Gewebe des Raumes" bezeichnet worden war.

Als er in den 1920er Jahren sein neues Periodensystem der Elemente vorstellte, sorgte er damit für eine Erweiterung und Verbesserung der bisherigen Mendeleevschen Tabelle, vor allem dadurch, daß deren Ordnung bei ihm auf Oktaven aufgebaut ist. In der Rückschau nachweislich anzumerken bleibt, daß Russells System bereits ein Element enthielt (!), das zu seiner Zeit noch gar nicht entdeckt war.

Russells System besteht aus 9 Oktaven* und bildet, so peswiki, das dreidimensionale Konzept einer vierdimensionalen Realität in zweidimensionaler Darstellung ab.

Russell und Tesla trafen einander und tauschten ihre Kosmologien gegenseitig aus. Als Tesla klar wurde, welch grundlegende Bedeutung Russells Erkenntnisse besitzen, soll er ihm empfohlen haben, diese für 1000 Jahre wegzuschließen, oder so lange, bis die Menschheit reif dafür sei.

Energie aus dem Vakuum

1959 kam es zu einem Treffen Russells mit General Chapman, Colonel Fry, Major Sargent, Major Cripe und anderen Vertretern des NORAD (Nordamerikanisches Luftverteidigungskommando) in Swannanoa, Virginia. Russell hatte zu der Zusammenkunft geladen, um dem Militärstab die Funktionsweise eines Gerätes zu erklären, mit dem man Vakuumenergie und die in entgegengesetzte Richtungen verlaufende Bewegung der Energie von der Schwerkraft (Aufbau) hin zur Strahlung

** „Oktave" wie als Begriff aus der Musik bekannt – *d. V.*

Walter Russels Periodensystem der Elemente

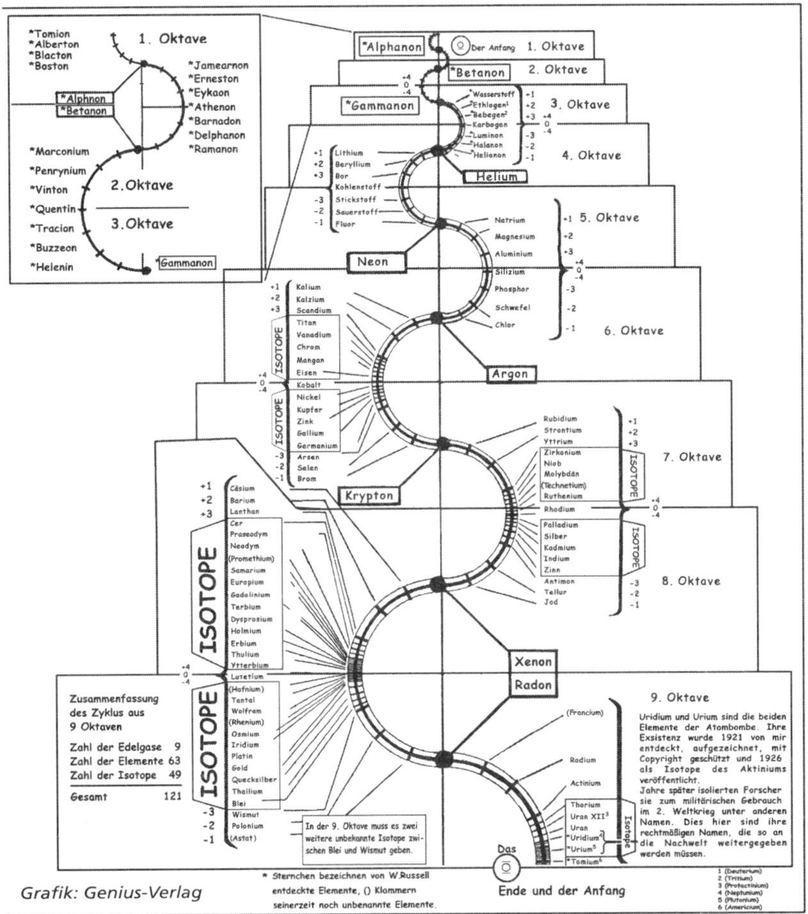

Grafik: Genius-Verlag

(Zerfall) anzapfen könne. Da er bei den Leuten vom Militär auf Interesse gestoßen war, baute er im darauffolgenden Jahr zusammen mit seiner Frau und weiteren Assistenten diesen Apparat. Der Prototyp bestand aus zwei Sätzen von doppelten Spulen mit Magnetverstärkung. 1961 konnten sie

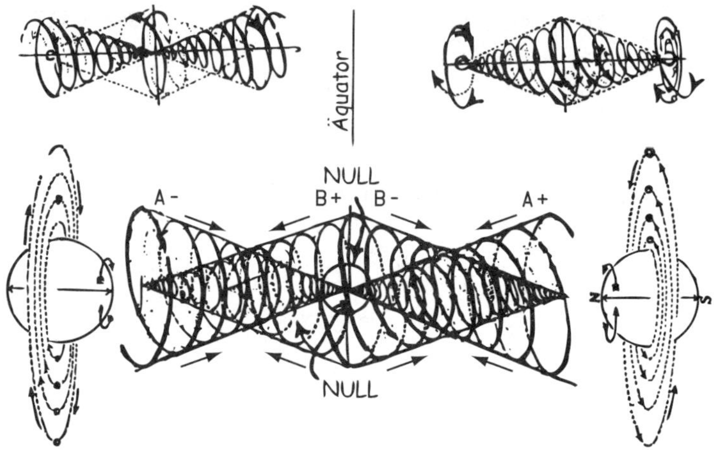

Das Konzept hinter Walter Russells Spulen

Die inneren Spulen sind von den äußeren Enden zum Zentrum hin in entgegengesetzten Richtungen gewunden. Die äußeren Spulen sind vom Zentrum aus nach außen hin in entgegengesetzten Richtungen gewunden.

NORAD mitteilen, daß dieser Spulenaufbau erfolgreich geprüft sei und der amerikanische Präsident der Welt erklären könne, daß man nun über eine höherwertige und sicherere Energiequelle als die Atomspaltung verfüge, die man in der Industrie und zum Antrieb von Verkehrsmitteln nutzen könne.

Bei www.Rexresearch.com[65] erfährt man dann, Russell habe die besagten Spulen kegelförmig gewickelt (*siehe Abb. oben*). Die inneren Spulen sind dabei von außen zum Zentrum hin in gegensinniger Richtung gewickelt, die äußeren Spulen vom Zentrum nach außen hin und ebenfalls in gegenläufiger Richtung gewickelt. Der Apparat beruhte funktional auf dem sogenannten Kraftvervielfachungsprinzip. Er funktionierte nicht etwa gemäß der falschen Vorstellung von Schwerkraft, derzufolge eine von innen wirkende Anziehungskraft andere Massen zu sich hinzieht. Vielmehr sei Gravitation eine zykloide Kraft, die die Ausbreitung von Kaltem in warmer Umgebung steuert – wie auch umgekehrt die Verteilung von warmen in kalten Medien. Das grundlegende Prinzip der Natur zur Erzeugung von Energie sowie für den Aufbau von Materie bestehe darin, aus der Kälte des Raumes (Weltraum) heraus Wärme zu erzeugen. Die auf diese Weise erzeugte Wärme strahle in die Kälte zurück, um den Wellenzyklus zu vervollständigen, der sich fortwährend automatisch wiederhole.

Dies erinnert uns natürlich stark an Viktor Schauberger.

Russell arbeitete dann sowohl mit Wissenschaftlern des NORAD als auch mit der US-Firma Raytheon zusammen. Die Raytheon Company ist ein amerikanischer Rüstungs- und Elektronikkonzern mit Sitz in Massachusetts. 1997 fusionierte dieser mit Hughes Aircraft, benannt nach dem Firmengründer Howard Hughes.

Laut Wikipedia „stellt der Konzern heute in seinen diversen Abteilungen und Tochterunternehmen eine breite Palette von Produkten her, vor allem militärisches Gerät mit komplexer Steuerung, etwa das Flugabwehrsystem Patriot und andere Raketen wie die AIM-9 Sidewinder, Torpedos und Marschflugkörper. Außerdem produziert Raytheon Radar-Systeme für fast alle Kampfflugzeuge der US Air Force, so das Hi-Tec Active Electronically Scanned Array."

Man kann an fünf Fingern abzählen, daß Russells Wissen bei diesen „Höllenmaschinen" wohl kaum unberücksichtigt geblieben sein dürfte.

Auch auf www.walter-russell.de finden wir Interessantes zu seiner Person. Bekannt wurden vor allem seine naturwissenschaftlichen Diagramme, in denen er die Zusammenhänge unserer Lebenswelt darstellt und damit zu neuen, vereinheitlichenden Erklärungsmustern gelangt.

Russell sagt in der Vorbemerkung zu seinem Fernstudienkurs Kosmisches Bewußtsein[66]:

> Die Gesamtheit der Schöpfungsgeheimnisse war mir als eine vollständige und zusammenhängende Kosmogonie (= *Lehre von der Entstehung der Welt*) zugänglich, und dieses Wissen befähigte mich, das Universum als ein Ganzes vor mir zu sehen. Dem schöpferischen Prozeß des Universums lag ein grundlegendes Prinzip von solcher Einfachheit zugrunde, daß ich spürte, ich könnte die großen Wissenschaftler der Welt versammeln und ihnen dieses gesamte Prinzip in wenigen Minuten mitteilen, denn mir war seit Jahrzehnten klar, daß die Wissenschaft nach einem solchen zugrundeliegenden Prinzip suchte, das sich auf alle Phänomene und Erscheinungen anwenden ließe...

Die Suche nach einer „Weltformel“ war und ist nicht neu, neu war hier dabei vor allem, daß Russell dazu keine komplizierten mathematischen Operationen benutzte.

Russell weiter:

> ...Zu meinem Erstaunen stellte ich fest, daß die gesamte *(herkömmliche, d. V.)* wissenschaftliche Theorie der Kosmogonie wenig mit Gott und der Natur zu tun hatte... die Wissenschaft, von der ich las, war so grauenhaft kompliziert, daß sie für normale Menschen ohne Spezialausbildung unverständlich war, während die Wissenschaft von Gottes Plan in der Natur, die **ich** weitergeben wollte, so einfach war, daß jeder durchschnittlich begabte Mensch sie ohne Schwierigkeiten nachvollziehen konnte. Ich erkannte auch..., daß ich die Terminologie der Naturwissenschaft beherrschen mußte, bevor ich mich dem Thema nähern konnte. Dies erschien mir merkwürdig, denn ich war der Ansicht, es sei keine besondere Terminologie erforderlich, um diese einfache Geschichte der Ursache aller Wirkungen zu erzählen.

Russell spürte deutlich, hinter welcher Mauer von Geheimwissen sich die Wissenschaften verschanzt hatten und sich damit vor dem Gemeinwissen abzuschirmen wußten.

Russell nennt das herrschende Erklärungsmodell des Universums, das nach den Vorstellungen der konformen Wissenschaft mit dem Urknall beginnt und durch die ständig zunehmende Entropie* in eine Richtung läuft, ein „vergängliches, diskontinuierliches unausgewogenes Ein-Weg-Universum“, das am Ende den Wärmetod stirbt. Ein solches Weltall ließe keine kompensierende Erzeugung zu, „die seine Strahlung ins Gleichgewicht“ bringen könnte, obwohl – und da kann man Russell nur beipflichten – „das Gesetz der Gleichwertigkeit von entgegengesetzter Aktion und Reaktion“ (*actio = reactio*) von der Wissenschaft allgemein akzeptiert wurde.

* Entropie = die irreversible, kontinuierliche Energieentwertung thermodynamischer Systeme, bei der von einer Energie-Umwandlung zur nächsten die Energiequalität beständig schlechter wird, die Wärmeverluste also ständig zunehmen. – d. V.

Energie laufe nach Gottes Plan nicht bergauf, aber auch nicht bergab. Mit „bergab" meint er die energetische Abwertung durch die ständigen Umwandlungsverluste.

Kommen wir zur Elektrizität. Auch Russells Vorstellung von Elektrizität ist natürlich eine ganz andere. Er spricht über Elektrizität als etwas wie Druck oder Spannung, die „von zwei entgegengesetzten Bestrebungen des Denkens im universalen Geist ausgehen".

Hier gebe es das Verlangen nach einer ausgewogenen Aktion und dort das Verlangen nach Ruhe. Das ganze Universum sei auf diesem Prinzip aufgebaut, ein komplexes System von Spannungen, das durch diese Polarität hervorgerufen werde.

Hier finden wir den bekannten Dualismus wieder, der in der philosophischen Betrachtung der von Gegensätzen geprägten menschlichen Wahrnehmung dessen, was wir „Realität" nennen, von Bedeutung ist (gut und böse, schnell und langsam ...)

Elektrische Spannung definiert Russell als den Zustand der Materie schlechthin. Sie käme aus dem Bestreben nach Gegensätzlichkeit, und je höher dieses Verlangen sei, desto höher die Spannung, um so spannungsgeladener, je weiter entfernt vom Ruhezustand.

Er vergleicht es mit einem Ball an einem Gummiband. Schleudert man ihn von sich weg, erhöht sich die Spannung bis zu einem Punkt des Stillstands, von dem aus der Ball zurückkehrt, das Band wieder an Spannung verliert und der Ball mit dem Band wieder seinen Ausgangszustand erreicht.

Hier kann man analog jede Sinusschwingung (etwa eine Wechselspannung in positiver und negativer, sich abwechselnder Ausrichtung) einsetzen (Nulldurchgang – Spitzendurchgang – Nulldurchgang, usw.)

Gewicht definiert Russell als ein Maß für Ungleichgewicht. „Es offenbart, wie intensiv eine gegebene Masse im Ungleichgewicht danach strebt, dieses Gleichgewicht zu finden." Das heißt nichts anderes, als daß im Gleichgewichtszustand das Gewicht gleich null geworden ist.

Schauen wir uns einmal die etymologische Herkunft des Begriffes an:

Gewicht hat mit dem Wort „wiegen" zu tun, früher auch „wägen" genannt. Wir finden es im Althochdeutschen und Altenglischen gleichermaßen als „wegan", was „sich bewegen" oder auch „wiegen" bedeutet. Unser deutsches Wort „Wiege", in der das Kind hin- und hergeschaukelt wird, zeigt deutlich, daß es um eine Bewegung geht. Auch an der Waage bewegt sich ja etwas auf und ab, bis es im Gleich-Gewicht ist. Man erkennt daran, daß die Alten sich etwas viel Ursprünglicheres dabei dachten, nämlich die Bewegung von oben nach unten. Und von dort kommen wir recht schnell auf die Ursache dieser Bewegung, nämlich die Gravitation (Schwerkraft).

Für Schwerkraft und Gewicht haben andere nichtkonforme Forscher inzwischen neue Erklärungsmodelle gefunden. Eduard Krausz spricht von einem fluiden Druck im Weltall, der überall wirkt und Körper bzw. Massen auf die jeweiligen Himmelskörper, z.B. die Erde, drückt.

Jean-Marie Hans Lehner bezieht sich auf Oliver Crane und hält Explosionen von Supernovae, die ständig ablaufen, verantwortlich für die Entstehung von Gravitationsdruck.

Russell sagt:

> Für jede Masse im Universum gibt es eine ihrem Potential entsprechende Position. Jede Masse findet diese Position, wenn sie daran nicht durch ihre Bindungen an andere Massen gehindert wird.

Gewicht sollte man nach Russell dual messen, d.h. mit einer Plus- und Minusskala wie beim Thermometer. Daran könne man dann ablesen, ob eine Masse nach unten strebt oder sich nach oben erheben will (z.B. Gase, die leichter als Luft sind).

Nach Russell ist alle Materie eine Art sichtbarer Kopie – eine Aufzeichnung – ihres elektrischen Potentials, das sie am Ort ihres Entstehens in ihrer „Welle" einst besaß.

> Das Gewicht von Materie und das Maß ihres elektrischen Potentials sind ein und dasselbe.

Wir folgern daraus, daß, je schwerer ein Körper ist, er desto mehr elektrisches Potential in sich trägt und umgekehrt.

Modern ausgedrückt könnte man sagen: Die Information für die Masse, die Software, ist die Ursache der (für uns) materiell real gewordenen Masse. In der Bibel heißt es dazu: „Am Anfang war das Wort." Wenn wir „Wort" durch „Programm" oder „Idee" ersetzen, ergibt sich Sinn.

Nikolai Kosyrev (1908 – 1983)

Astrophysiker

Nikolai A. Kosyrev war ein russischer Astrophysiker, unter seinesgleichen aber ein Ausnahmeforscher, denn mit seiner Theorie und den sich daraus entwickelnden Erkenntnissen ging er ebenfalls ganz eigene Wege.

Kosyrev war auch leitender Wissenschaftler eines Observatoriums, Mathematikdozent und Professor für Astronomie.

1994 wurde in Moskau eine Konferenz abgehalten, bei der es u.a. auch um neue Experimente ging, die auf Kosyrevschen Methoden beruhten. Dabei wurde es mit Hilfe von Sensoren möglich, die Lage der Gestirne in verschiedenen Zeitebenen gleichzeitig sichtbar zu machen.

Damit konnte man im voraus feststellen, an welcher Position im Raum, innerhalb des Spiralnebels, sich unsere Sonne in der Zukunft befinden wird. Und mit dieser Methode wurde die von Kosyrev schon lange zuvor vorausgesehene Einheit von Vergangenheit, Gegenwart und Zukunft bewiesen, mithin die Nichtigkeit unseres Zeitbegriffes erneut demonstriert.

Während der Ära Stalin war Kosyrev 1936 wegen angeblicher feindseliger Agitation verhaftet worden, vollbrachte es aber, während seiner vieljährigen Haftzeit im Gefängnis unter extremster körperlicher und seelischer Belastung, seinen Gedankengängen über die fundamentalen Zusammenhänge im Universum nachzugehen und diese weiterzuentwickeln. So war er überzeugt, daß Sterne ihre Energie nicht auf Grund von Kernfusion erzeugen, wie es allgemeine Auffassung ist. Das abgestrahlte Licht stamme vielmehr von einer noch unbekannten Energieform.

Wenige Monate nach seiner Freilassung konnte er sich 1946 erneut seinen praktischen Forschungsarbeiten zu den Ursachen der Sternenenergie und dem Aufbau der Sterne zuwenden. Kosyrev behauptete, Sterne hätten in ihrem Inneren keine ausreichend hohen Temperaturen, um so lange zu existieren, wie es der Fall ist. Sie verbrauchten die vorhandene und genutzte Energie überhaupt nicht, was man auch an dem viel höheren Alter des Universums als derzeit angenommen erkennen könne. Ähnlich sei es auch mit den Planeten, die über ihre eigene innere Wärme verfügen. Auch vermutete Kosyrev Vulkanismus auf dem Mond, und der wurde dort 1958 letztlich nachgewiesen. Es gibt also keinen „toten“ Mond.

Kosyrev erklärt alles Leben im Universum mit einer Asymmetrie der Zeit, aus der sich eine bestimmte Ausrichtung, ein Ablauf ergibt, der auch die Differenz zwischen Ursache und Wirkung ausmacht.

Die schweizerische Firma FOSTAC hat einige Informationen zu Kosyrevs praktischen Arbeiten publiziert. Hier finden wir die Beschreibung des sogenannten „Kosyrev-Spiegels“.

Laut Kosyrev hinterlassen alle physikalischen und mentalen Prozesse innerhalb des Universums Spuren im Zeitmuster. Dieses stellt damit eine Art kosmisches Informationsfeld mit holografischen Eigenschaften dar. Vergleiche mit unseren „modernen“ Computerfestplatten drängen sich förmlich auf. Alle Informationen seien gleichzeitig vorhanden. Darum brauche eine bestimmte Information nicht nur keine Zeit, sondern könne auf Grund der Spiegelung der Zeitwelle sogar schon beim Empfänger sein, ehe sie vom Sender abgeschickt worden sei. Dies erinnert ganz stark an die sich mit mehrfacher Lichtgeschwindigkeit ausbreitenden Skalarwellen, mit denen schon Nikola Tesla experimentierte und bei denen derselbe Effekt auftrat.

Kosyrev konnte mit dieser Technologie der Spiegelung von Zeitwellen z.B. ein Bild der Andromeda-Galaxie aufnehmen, wie sie in zwei Millionen Jahren aussehen wird.

Die russischen Biophysiker Alexander V. Trofimov und Vlail P. Kaznacheev beschäftigten sich mit Kosyrevs Forschung und entwickelten nach 1990 den sogenannten Kosyrev-Spiegel. Seit dieser Zeit gibt es sowohl in Sibirien als auch in der Schweiz Experimente mit erstaunlichen Ergebnissen. Dieser Spiegel besteht aus einem vollständig aus Aluminium gefertigten Zylinder, in dessen Mitte eine Person sich sitzend oder, wenn der Zylinder horizontal liegt, liegend aufhalten kann. Bei den Testpersonen entstand dabei ein Gefühl harmonischer Ausgeglichenheit und Entspanntheit, ja einer Losgelöstheit von allen im Alltag auftretenden Problemen.

„Der Insasse spürt einen kosmisch-universellen Rhythmus, er fühlt sich leicht und frei und nicht mehr den Zwängen einer linearen Zeitwelle von Ursache (Vergangenheit) und Wirkung (Zukunft) unterworfen."

Ein zehnminütiger Aufenthalt in dieser Kammer sei völlig ausreichend, um das eigene physiologische Energieniveau wieder zu stabilisieren, woraus sich leicht ableiten läßt, daß dieser Kosyrev-Spiegel auch zu Heilzwecken einsetzbar ist. Damit wird die gestörte Kommunikation zwischen Körperzellen und Nervenbahnen wieder in Ordnung gebracht, was gerade bei schwerwiegenden chronischen Erkrankungen relevant ist.

Bei den 1991 in Dickson Island durchgeführten Experimenten befragte man 47 getestete Personen zu ihren Erfahrungen mit dem Kosyrev-Spiegel. Bei 228 zehnminütigen Aufenthalten traten prozentual auf:

- das Gefühl zu fliegen (88,2%)
- ein Austritt in das Weltall (85,1%)
- der Empfang von symbolischen Informationen (82%)
- die Beobachtung außerirdischer(!) Wesen (80,3%)
- das Gefühl, der eigene Körper rotiere (78,1%)
- die Beobachtung sogenannter UFOs (75,4%)
- das Wahrnehmen außerirdischer Konstruktionen (70,2%)
- die Wahrnehmung eines äußeren Betrachters (68%)
- telepathische Kontakte (55,7%)
- das Wiedererleben vergangener Lebensepisoden (40,4%)
- Furcht (34,2%)
- Beobachtung historischer Ereignisse mit ethnographischen Details (30,3%)
- Persönlichkeitsveränderungen (30,3%)

Nähere Erklärung des Kosyrev-Spiegels

Der Aluminiumzylinder kann durch seine Größe, Form und die Eigenschaft des Materials der in seinem Innern sitzenden Person eine Art Raum-Zeit-Tor öffnen. Versuche von Wissenschaftlern der „Mindspectra-Gruppe" (www.mindspectra.de) ergaben erstaunliche Ergebnisse. Warum benötigt man dafür Aluminium? Nach den Erkenntnissen Kosyrevs haben Aluminium und Granit die Eigenschaft, das Gravitationsfeld der Erde abzuschirmen. Der Sarkophag in der großen Pyramide von Gizeh besteht aus Granit. Nach derzeitigem Verständnis war er ein Ort der rituellen Einweihung in höhere Dimensionen.

Der Kosyrev-Spiegel wirkt wie ein Raum, der weitestgehend frei von allen Magnetfeldern ist, auch dem der Erde selbst. Durch seine Form fokussiert er die körpereigene (Aus-)Strahlung und konzentriert sie im Körper durch Reflexion. Gleichzeitig werden nach Kosyrevs Erkenntnissen die im Universum vorhandenen Zeitwellen als Energiefluß innerhalb des Zylinders bzw. Spiegels zurückgehalten, da dieser die Zeit gewissermaßen verdichtet.

Der Autor Marcus Schmieke sagt dazu im Zusammenhang mit der Theorie des Global Scaling: „Die lokalen Zeitwellen innerhalb des Spiegels werden „kurzgeschlossen", so daß nur der Einfluß der globalen Zeitwelle bleibt. Die globale Zeitwelle verbindet alle Lebewesen und physikalischen Prozesse miteinander."

Trofimov äußerte sich so:

> Wir bauten so einen Apparat und nannten ihn Kosyrev-Spiegel. Er bezieht die Energie nicht von den Sternen, sondern aus dem menschlichen Wesen – welches ein Stern ist, denn kohlenstoffbasierte Lebensformen wie diejenigen auf der Erde sind ein Stadium in der Entwicklung eines Sterns. Diese Strömungen, die aus den menschlichen Wesen kommen und denen nicht erlaubt ist, überallhin im Raum zu gehen, sind statt dessen hier konzentriert und erzeugen diese Dichte der Strömung von Zeit und Energie...

Interessantes zu Kosyrev ist zu ergänzen, wenn wir die Webseite www.divinecosmos.com[67] betrachten:

Er wird dort als einer der herausragenden russischen Wissenschaftler des 20. Jahrhunderts bezeichnet. Schon im zarten Alter von 17 veröffentlichte er sein erstes wissenschaftliches Papier, das durch die Tiefe und Klarheit seiner Logik andere Wissenschaftler beeindruckte. Schon mit 20 erwarb er an der Universität von Leningrad (heute: Petersburg) einen Abschluß in Physik und Mathematik. In den oben schon erwähnten 11 Jahren des Horrors in einem russischen Lager lernte er, allen materiellen Bestätigungen der zivilisierten Welt zu entsagen und geriet in einen Zustand erleuchteten Denkens und Fühlens.

Parallelen dazu finden wir etwa in dem entsagungsvollen Leben von Mönchen in buddhistischen Klöstern.

Durch sein gesteigertes Bewußtsein bekam Kosyrev einen Zugang zur universellen Wahrheit, was ihm ermöglichte, die Strukturen des Lebens im Universum zu erkennen und vor allem die Asymmetrie und die Spiralmuster beim Wachstum der Organismen der sogenannten belebten und auch der (scheinbar!) unbelebten Welt zu entdecken. Schon Louis Pasteur hatte Mitte des 19. Jahrhunderts entdeckt, daß das Protoplasma der Zellen keine Symmetrien enthält, sondern daß Mikrobenkolonien in Spiralform heranwachsen. Diesen spiraligen Wachstumsproportionen unterliegen sowohl Pflanzen, Insekten, höhere Tiere als auch der Mensch. Dies wurde schon in dem überkommenen Wissen der atlantischen Mysterien beschrieben, wo es heißt, daß es eine „heilige Geometrie" gebe, wie sie in Spiralformen, als Fibonacci-Zahlen, als Goldener Schnitt oder auch in der „Phi-Spirale" zum Ausdruck kommt.

Der Wert „phi", griechisch Φ, leitet sich ab aus dem besonderen Verhältnis zweier Strecken a und b

$$\Phi = \frac{a}{b} = \frac{1 + \sqrt{5}}{2} \approx 1{,}618$$

Nach diesem Verfahren der stetigen Teilung bemaßen auch die antiken Baumeister und Handwerker ihre Konstruktionen, um darin die für sie göttliche Zahl im später dann „Goldener Schnitt" genannten Verhältnis zu repräsentieren.

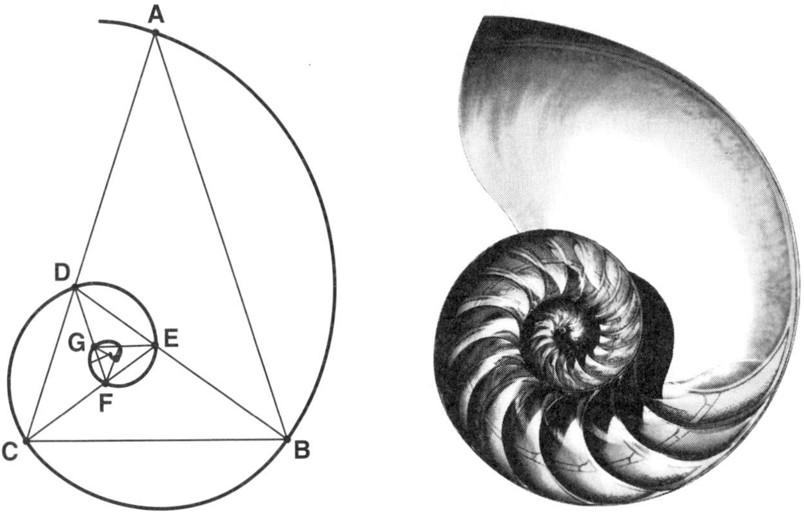

Phi-Spirale im Aufbau der Nautilus-Muschel

Kosyrev beschäftigte der Gedanke, daß alle Lebensformen neben ihrer ganz normalen Fähigkeit, Energie durch Aufnahme von Nahrung und Wasser, durch Atmung und durch Photosynthese zu gewinnen, Energie womöglich auch noch aus einer unsichtbaren, spiralförmig verlaufenden Energiequelle beziehen könnten.

Demzufolge wachse etwa eine Muschelschale in einer ganz bestimmten Spiralrichtung heran, und auch das menschliche Herz befinde sich daher auf einer bestimmten Körperseite (*nämlich links*). Gäbe es irgendwo in der Raumzeit eine Region, wo der Energiefluß in entgegengesetzter Richtung verlaufe, dann müsse sich dies bei den Lebewesen auch in einer gegensinnigen Spiraldrehung auswirken.

Kosyrev brachte sich dann erneut ins Gespräch, als er Voraussagen zu speziellen Bedingungen auf dem Mond, dem Mars und oder auf der Venus machte. 1958 behauptete er, es gäbe auf dem Mond vulkanische Aktivität, was bis dahin von der Wissenschaft verneint worden war. Er lokalisierte den Krater Alphonsus als eine solche aktive Stelle. Das hielt keiner für möglich, außer einer kleinen Gruppe von amerikanischen Astronomen.

Dazu zählte auch Nobelpreisträger Harold Urey, der bei der NASA darauf drängte, diese Behauptung durch Forschungen zu überprüfen. Im Rahmen des daraufhin gestarteten Projekts „Moon Blink" konnte man später tatsächlich auffällige Gasausströmungen auf unserem Trabanten nachweisen, die auf vulkanische Aktivität schließen ließen.

Weiter erwähnenswert sind Kosyrevs Erkenntnisse über das Phänomen „Zeit". Er sah in ihr mehr als bloß eine Funktion zum Zählen der Dauer von Abläufen. Für ihn war die Zeit eine handfeste Erscheinung, die durch eine Art universal vorhandener Kraft im Raum entsteht. Er nannte sie den „Zeitfluß", der unabhängig von Materie, Feldern oder dem Raum selbst besteht und die eigentliche Ursache der Entstehung von Sternen darstellt.

Inzwischen gibt es in Rußland eine Forschungsdisziplin namens „Temporologie", also eine Zeitwissenschaft, die von Forschern der Moskauer Lomonosov-Universität zusammen mit der Russischen Humanitären Stiftung betrieben wird.[68]

Carl Schappeller (1875-1947)

Erfinder

Um die Person Schappellers ranken sich viele mysteriöse Geschichten. Gemäß der Zielsetzung dieses Buches wollen wir hier aber nur den Dingen nachgehen, die Schappeller als Erfinder ins Licht der Öffentlichkeit rückten.

Als solcher erregte der österreichische Postbeamte Carl Schappeller Aufsehen, als er behauptete, die Raumkraft entdeckt zu haben. Tatsächlich konstruierte er ein Gerät, zu dessen Verwendung bzw. Verwendbarkeit der auf diesem Gebiet bekannte Autor Henry Stevens[69] fragt: „War das Schappeller-Gerät eine Maschine, die bei den deutschen Feldantriebsscheiben* genutzt wurde?"

Stevens hält das für möglich, da so wenig über diesen Mann geschrieben wurde. Man fragt sich, warum. Lediglich der britische Ingenieur Davson erstellte ein umfangreiches Buch (s. u.) über Schappellers neues physikalisches Denksystem.

Da Stevens sich sehr ausgiebig mit Schappeller befaßt hat, entnehmen wir unsere im Folgenden wiedergegebenen Informationen aus seinem Aufsatz.

* gemeint sind die ‚reichsdeutschen UFOs' – *d. V.*

Schappeller stammte aus ärmlichen Verhältnissen und gelangte durch seine Experimente, die er als wissenschaftlicher Laie durchführte, in den 1920er Jahren zu Ansehen und wirtschaftlichem Erfolg. Den Höhepunkt seiner technischen Entwicklungen bildete eine Freie-Energie-Maschine, die um 1930 die Aufmerksamkeit auf sich zog. Auf der Suche nach Investoren geriet Schappeller in Kontakt mit finanzstarken Gesellschaften und schreckte nicht einmal davor zurück, die britische Admiralität anzusprechen, der er sein Gerät für den Antrieb von Schiffen der Royal Navy anbot. Aber auch eine Regierungsorganisation der Weimarer Republik, die Reichsarbeitsgemeinschaft (RAG), wurde auf ihn aufmerksam und arbeitete an Schappellers Gerät, um es technologisch weiterzuentwickeln. Besonders interessiert war man daran, Deutschland damit energietechnisch unabhängig zu machen. Ziel war, das Stromnetz im gesamten Land überflüssig zu machen und diese neue Energie an jeden Ort drahtlos zu übertragen.

Dies erinnert uns an Teslas Pläne, der kurz nach 1900 mit dem „Wardenclyffe Tower", seiner Sendeturmkonstruktion aus Holz, dasselbe vorhatte, von seinem Bankier J.P. Morgan dann aber finanziell abgewürgt wurde, weshalb dieses System für freie Energieübertragung nicht zustande kam.

Nach dem Ende der Weimarer Republik war natürlich auch Adolf Hitler an Schappellers Vorrichtung interessiert, denn er strebte für Deutschland Energieautarkie an. Man arbeitete mit Hochdruck an allen möglichen Verfahren, um dieses Ziel zu erreichen. Die erfolgreiche Hydrierung von Kohle war ja nur eine der Technologien auf diesem Gebiet. Eine Sondereinheit innerhalb der SS kümmerte sich um derlei Verfahren und damit auch um die Schappeller-Maschine. Zu diesem Zweck traf sich Schappeller bereits 1933 mit dem SS-Reichsführer Heinrich Himmler in Wien.

Eines Tages stieß der britische Ingenieur Cyril Davson auf die Sache und suchte Schappeller persönlich auf. Er blieb drei Jahre, studierte Schappellers Theorie, die sich auf die Raumkraft des Äthers bezog und widmete sich ausgiebig dessen Energiegerät. Daraus entstand viel später, im Jahre 1955, Davsons umfangreiches Buch mit dem Titel »The Physics of the Primary State of Matter«[70] (Die Physik des primären Materiezustandes). Es hieß, man könne mit diesem Gerät bei entsprechender technischer Justierung Ätherenergie abstrahlen.

Stevens sagt, wenn man sich den Äther als eine Art Flüssigkeit vorstelle, so könne man möglicherweise Energie erzeugen, indem man den allesdurchdringenden Äther auf geeignete Weise abbremse, wodurch man einen Gegendruck auf ihn ausübe. Dadurch lasse sich eine Übertragung in bekannte, herkömmliche Energieformen bewirken. Mit „Energie" sei das komplette Spektrum elektromagnetischer Wellen gemeint, also elektrische, magnetische und elektrostatische Felder. Und das seien am Ende Wärme und auch Schwerkraft. Schwerkraft sei die primäre Strahlung des Ätherfeldes und breite sich von jedem Punkt des Universums aus.

Und dann erläutert Stevens ein Modell der Schwerkraft, das wir ähnlich auch bei Eduard Krausz finden: Demnach existiert Äther als gleichmäßiger Druck auf alle Körper. Nähert ein Körper sich nun einem anderen großen Körper (z.B. Planeten) an, so schirmt der Planet durch seine feste Masse gegenüber dem sich annähernden kleineren Körper den Ätherdruck aus der Gegenrichtung ab. Dadurch empfängt der Körper in Richtung des Planeten (also nach vorn) einen abgeschwächten, von hinten dagegen den normalen Ätherdruck. Die Folge davon ist ein Unterdruck, der ihn in Richtung des Planeten zieht, oder man könnte auch sagen, der ihn auf den Planeten drückt.

Manche Forscher, wie z.B. Jean-Marie Hans Lehner, der sich auf Oliver Crane bezieht, sehen als Ursache dieses universellen Ätherdrucks die im Universum ständig ablaufenden Supernova-Explosionen an (s. www.rqm.ch)

Stevens schreibt:

Das Schöne an dieser Äthertheorie der Schwerkraft ist, daß die Schwerkraft darin wie jede andere Strahlung funktioniert. Sie findet in der Ätherstrahlung ihre Ursache, kann in Masse umgewandelt, unter bestimmten Gegebenheiten zurückgestrahlt oder in andere Energieformen umgewandelt werden. Dafür ist auch keine Theorie des vereinheitlichten Feldes notwendig, denn das Ätherfeld **ist** das vereinheitlichte Feld.

> Die Ätherphysik war verlorengegangen. Zu Beginn des 20. Jahrhunderts war diese Physik gekapert worden, und zwar infolge der angeblichen Resultate des Michelson-Morley-Experiments. In diesem Experiment wurde Äther als Materie angenommen, und das führte zur Verwirrung. Wir wissen mittlerweile, daß Teilchen, die sich annähernd mit Lichtgeschwindigkeit bewegen, als Wellen zu messen sind, und das ist gleichbedeutend mit Energie, nicht aber mit Materie... [Durch das Michaelson-Morley-Experiment] wurde die Ätherphysik unter den Physikern diskreditiert, die wiederum* alle diejenigen, die sich mit ihr beschäftigten, ins wissenschaftliche Abseits verbannten. Es ist das Verdienst der Freie-Energie-Forscher, daß wir dieses Wissen heute wiedererlangt haben, denn ohne die Äthertheorie könnten wir ja all deren Geräte überhaupt nicht erklären.
>
> Nur die Ausgrenzung dieser Äthertheorie macht es möglich, daß Freie-Energie-Maschinen als „theoretisch unmöglich" und „betrügerisch" hingestellt werden.[71]

Infolgedessen sei man auch zu dem Begriff der „Perpetuum-Mobile-Maschinen" gekommen. Da eine Reihe dieser Maschinen jedoch funktioniere, ignoriere man sie lieber, als sich von seinem überkommenen Dogma zu verabschieden. Man klebe an der Einsteinschen Relativitätstheorie und habe sich in zwei bis drei Generationen von Wissenschaftlern daran verbraucht, Einstein zu rechtfertigen.

Stevens wörtlich:

> Wir müssen hier nicht betonen, daß deutsche Wissenschaftler der nationalsozialistischen Epoche sich mit diesen illusionären Tätigkeiten nicht abgaben. Sie verbannten die Äthertheorie nicht, und das war der Grund, warum Feldantriebsscheiben („UFOs") zuerst in Deutschland entwickelt wurden.[72]

* in einer Art Wissenschaftsmobbing – *d. V.*

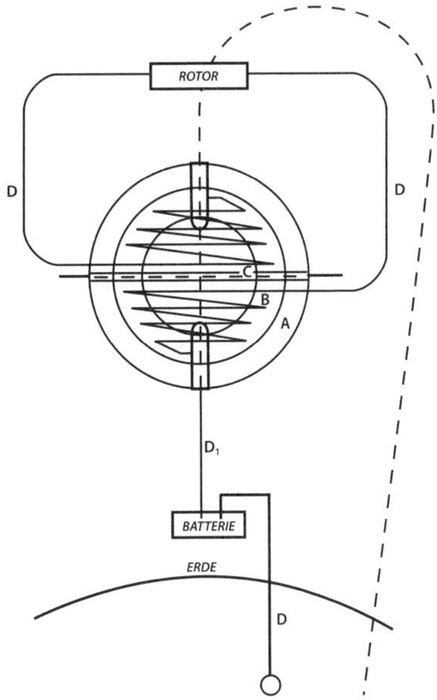

A äußeres Stahlgehäuse
B Keramikbeschichtung mit Röhren darin
C Hohlraum, mit „glühendem Magnetismus" (Plasma?) angefüllt
D Röhren, Stromkreis und Erdung

Schappeller-Spule

Wie ist das Schappeller-Gerät aufgebaut?

Nach der Davsonschen Beschreibung besteht es aus zwei separaten Einheiten, nämlich dem Rotor und dem Stator. Der Stator sieht folgendermaßen aus (*s. Abb.*):

Die Oberfläche ist kugelförmig und aus zwei Halbschalen aus Stahl hergestellt. Diese enthalten den inneren Aufbau und sind luftdicht zusammengefügt. Mit dem „Pol" jeder Halbschale ist ein Stabmagnet aus Eisen verbunden, der zu seinem größten Teil innerhalb der Kugel sitzt. Die zwei Stabmagnete stehen einander gegenüber, mit einem gewissen Abstand zueinender genau im Kugelmittelpunkt. Auf ihrer Innenseite ist die Kugel mit einem keramischen Isoliermaterial beschichtet und bildet im Kugelmittelpunkt einen weiteren Hohlraum. Innerhalb dieses Hohlraums sind um den Zwischenraum zwischen den Magnetenden zwei Spulen angebracht, die jeweils am Magnetpol beginnen und in der Mitte der Kugel enden. Die beiden Spulenenden führen nach draußen

> zum Rotor. Die Spulen selbst bestehen aus Kupferrohr, das mit einer geheimgehaltenen Substanz, einem „Elektret"[73] gefüllt ist. Wo die Spulenenden das Kugelgehäuse nach außen verlassen, geht das Kupferrohr in normalen Kupferdraht über. Das äußere Ende des einen Stabmagneten ist mit dem Pol einer Batterie verbunden. Diese Batterie ist mit ihrem anderen Pol geerdet oder, alternativ dazu, mit einer sogenannten „Ur-Maschine" verbunden.[74]

Wo der äußere Pol des anderen Stabmagneten elektrisch hinführt, beschreibt Stevens nicht. In der Abbildung sieht man aber eine gestrichelte Linie in Richtung Erde.

Die konkrete Zusammensetzung von Schappellers Elektret bleibe ein Geheimnis, so Stevens.

Um das Gerät überhaupt in Funktion zu setzen, muß die Luft aus dem hohlen Kern innerhalb der Kugel vollständig ausgepumpt werden. Die ganze Kugel ist auf einem Drehgelenk montiert, so daß die Pole von der Vertikalen in die Horizontale geschwenkt werden können. Der Stator ist mit dem Rotor nicht verbunden und kann auch ohne diesen elektrische Energie produzieren.

Der Rotor könne, so Stevens, auch dazu benutzt werden, zusätzliche elektrische Energie zu erzeugen. Er besteht aus einem stählernen Rad, das auf einer Antriebswelle montiert ist. Auf seiner Außenfläche ist der Rotor von Magneten umgeben, die von der Kraft des Stators angezogen und abgestoßen werden. Der Kupferdraht, der zu der inneren, mit Elektret gefüllten Kupferrohrwicklung führt, läuft durch dieses Rad und führt den Magneten elektrische Energie zu. Die Magnete* sind hohl und ebenfalls mit dem Elektret gefüllt. Die Anzahl der Magnete ist immer ungerade.

Das ganze Gerät wird dadurch in Gang gesetzt, daß man es mit einer speziellen Batterie sowie mit dem Erdboden verbindet. Nun muß man der Maschine einen Anregungsimpuls geben, der durch den eisernen Magneten fließt und über die Lücke im Zentrum der Kugel zum anderen Magneten überspringt.

* wohlgemerkt keine Elektromagnete – *d. V.*

Was daraufhin passiere, unterscheide dieses Gerät grundlegend von jedem anderen. Im Vakuum im Innern der Kugel wird zwischen den zwei Stabmagneten ein Feld aus „glühendem Magnetismus“[75] erzeugt. Dieses Phänomen sei vollkommen einzigartig. Man kann es zwar als magnetisches Feld bezeichnen, jedoch viel, viel kräftiger und gänzlich anders als eines, das durch einen üblichen Eisenmagneten oder durch eine Elektrospule erzeugt werden kann. Sobald die Initialzündung erfolgt ist, können Batterie und Erdverbindung abgeklemmt werden. Das Gerät laufe von allein weiter.

Stevens zufolge bleibe dieser „glühende Magnetismus“ etwas Mysteriöses. Davson zitiert Schappellers Berechnungen teilweise und gibt an, im Betrieb entstehe ein Magnetismus mit 1000 mal stärkerer Intensität als normal. Er stellt weiterhin fest, daß es bei dieser Form von Magnetismus die Elektrizität sei, die stationär bleibe, während der Magnetismus selbst abgestrahlt wird.

Davson erwähnt ebenso, daß jener „glühende Magnetismus“ in der sekundären, d.h. der modernen Physik unbekannt sei, denn bei ihm handele es sich um ein Phänomen der primären Physik. Als solches rufe er Wärme, Elektrizität und Magnetismus hervor.

Da unseres Wissens keine Nachbauten des Schappellerschen Gerätes greifbar sind, mußten wir uns hier mit der bloßen Beschreibung einer Technik begnügen, die näher zu erforschen einiges an Potential freisetzen könnte und weiterer Erschließung harrt.

Teil 3

Neue wissenschaftliche Ansätze

Hier lassen wir Fachleute zu Wort kommen, die uns Wesentliches mitteilen bei unserem Bemühen, das Fundament eines neuen Wissenszeitalters herzustellen und darauf weiterzubauen. Hier werden alte, scheinbare Gegensätze überwunden, hier wird scheinbar Unpassendes miteinander in Beziehung gesetzt, hier wird über das bisher gültige Paradigma einseitiger, der Materie und dem rein Berechenbaren verhafteter Forschung hinausgegangen in die Weiten des alles umspannenden Geistes der Schöpfung, aus dem letztlich alle Energie stammt und den wir nach wie vor doch nur modellhaft erfassen können.

Was heißt „Freie Energie"?

Harald Kautz-Vella

Unsere Gesellschaft erfährt zurzeit eine Spaltung, wie wir sie seit Nikolaus Kopernikus, Veröffentlichung des Buches „De Revolutionibus Orbium Coelestium" im Jahr 1543 nicht mehr erlebt haben. So wie man sich damals darüber stritt, ob die Welt nun eine Scheibe ist oder ob sie sich als Kugel um die Sonne dreht, so streiten sich die Gemüter heute um das Thema „Freie Energie". Die Dogmatiker beharren darauf: Die Energieerhaltung ist ein unumstößliches Gesetz, die Professoren kuschen brav wie damals die Pfaffen in der Kirche, und eine kleine Gemeinschaft von Privatforschern bastelt eifrig an Perpetuum Mobiles aller couleur, um den Dogmen den Garaus zu machen. Magnetmotoren, die ohne Strom drehen, Elektrolyseeinheiten, die exotische, langsam brennende Wassergase erzeugen, mit denen sich der Spritverbrauch von Motoren um bis zu 90% drücken läßt, stapelbare Folien, die Tag und Nacht Strom erzeugen, ohne sich dabei zu verbrauchen.

Viele Biographien aus dieser Forschergemeinschaft sprechen Bände über die Mittelalterlichkeit unserer Gesellschaft – nehmen wir Wilhelm Reich, dessen Bücher zuerst von den Nationalsozialisten, dann von der amerikanischen *Food und Drug Administration* verbrannt wurden, und der letztendlich – weil er trotz Verbot durch die FDA seine Forschungen weitertrieb – ins Gefängnis geworfen wurde, wo er 1957 an einem Herzinfarkt verstarb oder „verstorben wurde". Nikola Tesla, das Genie das verarmte. Viktor Schauberger, der von den Nationalsozialisten, Russen und Amerikanern beklaut und letztendlich mit Publikationsverbot belegt wurde. Der russische Astronom Kosyrev, der für seine Beobachtungen nach Sibirien in den Gulag wanderte. Fleischmann und Pons, deren wissenschaftlicher Ruf in einer Art Hexenjagd zerstört wurde, weil sie behauptet hatten, der kalten Fusion mächtig zu sein – in der US-online-Ausgabe des *Time Ma-*

gazine standen sie in der Rubrik *„villains, cranks and unsung heroes"* lange Zeit direkt neben Joseph Mengele. Das waren die frühen Jahre. Heute passiert das dezenter: Erdrutsche in der wissenschaftlichen Karriere, der eine oder andere Herzinfarkt, viele fangen vorher an, verräterisch aus Nase, Ohren und After zu bluten.

War damals noch die Kirche als treibende Kraft hinter den Verfolgungen sichtbar, ist das Bild heute schwieriger. Auch wenn staatliche Stellen immer wieder in Erscheinung treten, aber auch Konzerne, die gerne einmal eine brillante Erfindung aufkaufen und in einer Schublade verschwinden lassen, scheint es doch eher eine kollektive Angst vor Veränderung, vor Verlust der eigenen Souveränität und Trittsicherheit zu sein, die sich den Neuerungen hinderlich in den Weg stellt. Klassische Symptome eines sich entfaltenden Paradigmenwechsels.

Doch welches ist das Paradigma, das hier kippt? Und welches sind die Neuerungen, die unsere Lebensweise verändern werden, vor denen das Establishment scheut?

Die Physik ist es eigentlich nicht! Schaut man genau hin, stellt man fest, daß es bezüglich der Physik den Widerspruch zwischen den Parteien eigentlich gar nicht gibt, daß die neu entdeckten Phänomene genau dort liegen, wo die etablierte Wissenschaft Lücken im Definitionsbereich Ihrer Theorien einräumt. Es ist etwas anderes: Die Erfindungen irritieren das System an einem ganz bestimmten Punkt. Sie versprechen Überfluß, kostenlos oder kostengünstig hergestellte Energie, während das bestehende System auf Mangeldenken und der Verwaltung von Mangel basiert. Bis ins Mark. Aber nicht nur das. Schaut man genau hin, erkennt man, daß die Schizophrenie, die unsere Kultur seit der Aufklärung spaltet, die Trennung zwischen Wissenschaft und Spiritualität, heilbar ist, daß unsere Seelen, die Physik und Gott eine logische Position in der fraktalen Ordnung des Universums sind. Ich glaube, davor haben viele Menschen Angst.

Nähert man sich diesem Paradigmenwechsel zu Fuß, so passiert das von zwei unterschiedlichen Seiten: auf der einen Seite gibt es die natürlichen Phänomene, die man beobachten, im Labor nachstellen kann. Kleine Anomalien in der Natur, die technisch reproduzier- und nutzbar sind. Dies ist ein Ansatz, der der Bionik verwandt ist. Wir können diese

Phänomene nutzen, ohne sie zu verstehen. Auf der anderen Seite können wir uns dem Paradigmenwechsel von der reinen Theorie her nähern, können versuchen, die Dinge in Formeln abzubilden und berechenbar zu machen. Mit etwas Glück treffen sich beide Ansätze, und bringen uns an den Punkt, an dem wir die kleinen Anomalien und Glücksgriffe der Natur vom Wesen her verstehen können, und wo wir sie skalieren und zu vollwertigen Technologien weiterreifen lassen können – naturnahe Technologien, bei denen die Gefahr, übermäßig in die Schöpfung einzugreifen, überschaubar bleibt.

Witzigerweise ist das größte Hindernis auf dem Weg dieser Theoriebildung nicht der erbitterte Widerstand des Establishments, sondern die Eitelkeit der Privatforscher selber, die ihre Namen so gerne mit neu geprägten Begrifflichkeiten verknüpft sehen möchten und von daher -zig Synonyme für ein und dieselbe Sache ins Rennen schicken: Lebensenergie, Vril, Chi, Neutrinopower, Terahertz-Strahlung, Orgon, Gravitationswellen, Skalarwellen – hübsche Wörter, die letztendlich alle dasselbe bezeichnen, ihre Strahlkraft aber im Streit um den Ruhm verschleißen. Vielleicht ist auch das ein typisches Symptom eines nahenden Paradigmenwechsels.

Vielleicht ist es lohnend, hier einfach einmal eine klare Linie reinzubringen in die wissenschaftliche Theorie, in die Implikationen für unsere Spiritualität, in die möglichen technologischen Projektionen auf unsere Zukunft. Damit wir eine freie Entscheidung treffen können, wie wir in Zukunft leben möchten. Schließlich ist nicht alles Machbare wünschenswert. Und die wichtigste Gabe, um in einer Kultur des Überflusses bestehen zu können, ist die Gabe, freiwillig verzichten zu können.

Über die Herkunft des Begriffes Energie

In der Antike ging es den Philosophen, den damaligen „Wissenschaftlern“, um die reine Erkenntnis und weniger um Ingenieurskunst. Sie betrachteten das Weltall ganzheitlich und erkannten eine Wahrheit: Alles wirbelte, das Wasser, die Luft, die Galaxien. Das Universum war Wirbel und Perpetuum Mobile in einem. Ansonsten gab es Naturerscheinungen: Feuer, Bewegung, Wärme, Licht, Blitze und diesen witzigen Umstand, daß alles, was man fallen läßt, auf dem Boden landet. Und man wußte, daß man für unterschiedliche Verrichtungen mehr oder weniger Kraft brauchte.

Später kamen die exakten Wissenschaften, und man legte mehr Wert auf die Ingenieurskunst. Hier ging es um die Verwandlung der Erscheinungsformen, vor allem sollte aus Brennstoff Wärme und Bewegung werden. Und diese Vorgänge sollten berechenbar gemacht werden. Dazu brauchte es abstrakte Begriffe wie „Energie".

Bei Wikipedia stehen zum Begriff Energie ein paar aufschlußreiche Dinge:

Der Begriff „Energie" wurde von dem schottischen Physiker William John Macquorn Rankine im Jahr 1852 im heutigen Sinn in die Physik eingeführt und leitet sich aus dem Griechischen ab: εν (en) = in, innen und εργον (ergon) = Werk, Wirken. Der neue Begriff Energie war notwendig, damit keine Verwechslung mit dem Begriff „Kraft" möglich ist.

Früher wurde versucht, Energie mit dem Kraftbegriff zu definieren und man gelangte zu Begriffen wie „lebendige Kraft" und „Erhaltung der Kraft". Dies ist einerseits physikalisch falsch, andererseits kann dies nur für mechanische Energie angewandt werden – bei anderen Energieformen (thermisch, chemisch, etc.) ist die Definition der Energie über den Kraftbegriff sinnlos. Die Energie E eines Systems läßt sich selbst nicht direkt messen. Man kann Hilfsgrößen messen und daraus den Betrag errechnen.

Der Begriff Energie entsprang also aus der Notwendigkeit, verschiedene Erscheinungsformen der Natur über eine abstrakte Größe quantitativ zueinander in ein Verhältnis zu setzen. Die Mechanik beschreibt das Wechselspiel bewegter und über Hebel und Stöße wechselwirkender Massen. Die Thermodynamik beschreibt das Verhältnis von Bewegung, Druck, Dichte- und Wärmeveränderung in idealen Gasen. Das brauchte man für die Konstruktion von Dampfmaschinen. Die Gravitationslehre beobachtet die Änderung von Bewegungszuständen im freien Flug oder Fall, und beschreibt diese mathematisch als Kraftfeld. Das brauchte man für die Berechnung der Flugbahnen ballistischer Geschosse. Die Elektrodynamik als letztes Kind dieser Denkrichtung beschreibt das Verhältnis zwischen elektromagnetischen Feldern, der Bewegung von Magneten, stromdurchflossenen Leitern und der dabei entstehenden Kraft und Wärme. Das war zunächst eher eine Spielerei im Labor, die aber bekanntlich einiges nach sich zog. Und immer stand die abstrakte Größe ‚Energie' am Anfang oder Ende des Formelwerkes und bildete die Brücke, um die verschiedenen Erscheinungsformen untereinander in ein mathematisch faßbares Verhältnis zu setzen.

Der letzte Mensch, der es vor der Erfindung des Begriffes Energie geschafft hatte, diesem Formelwerk zu trotzen, war Johann Ernst Elias Bessler (*1680 in Zittau; † 30. November 1745 in Fürstenberg), Künstlername Orffyreus. Er war Kommerzienrat des Landgrafen Karl von Hessen-Kassel und behauptete zu seiner Zeit, zum Bau funktionstüchtiger Perpetua Mobilia in der Lage zu sein. Bessler hat mehrfach derartige Maschinen in verschiedenen Städten (Gera, Merseburg, Kassel) vorgeführt und auch von fachkundigen Kommissionen untersuchen lassen, die zum Teil deren Funktionieren bestätigten und einen Betrug ausschlossen. Der längste Probelauf in einem versiegelten Raum dauerte 54 Tage. Das eigentliche Antriebsprinzip konnte nicht ergründet werden, da Bessler einen Einblick in die trommelförmigen Räder mit der Begründung verweigerte, so die Rechte an seiner Erfindung zu schützen. Zudem hatte er die Angewohnheit, seine Maschinen jeweils relativ rasch wieder zu zerstören. Bessler starb und verschlüsselte sein Wissen in einem Stapel aus gereimten Rätseln in lateinischer Sprache.

Von 1775 an nahm die Französische Akademie der Wissenschaften keine Arbeiten mehr zu diesem Thema an. In Stockholm wurde regelrecht ein Verbot ausgesprochen, da zu viele Wissenschaftler ihre Lebenszeit mit dem Bau vermeintlicher Perpetua Mobilia vergeudet hatten.

Mit der beginnenden Industrialisierung wuchs also das Bedürfnis der Ingenieure nach einer abstrakten Größe, um die verschiedenen Naturerscheinungen mathematisch in ein Verhältnis zueinander setzen zu können. So kam es zur Formulierung und Etablierung der Energieerhaltungssätze im wissenschaftlichen Bewußtsein der Forschergemeinde. Und diese Sätze waren durchaus brauchbar. Sie bildeten die Voraussetzung, um überhaupt aus der Größe einer Erscheinungsform die Größe einer anderen Erscheinungsform vorausberechnen zu können. Sie bestätigten sich in den Versuchen in der klassischen Mechanik, in der sonnennahen Himmelsmechanik, in der Thermodynamik idealer Gase (aus nur einem Grundstoff bestehende Gase) und in der Elektrodynamik der Transversalwellen.

Allerdings war das dann auch schon alles. In den Randbereichen der Sonnensysteme stimmt die Beobachtung nicht mehr mit der Theorie überein, bei Zweistoffgemischen gehorchen nur noch ein Drittel der Systeme den Gesetzen der Thermodynamik, Dreistoffsysteme weichen eigentlich immer von den vorausberechneten Zuständen ab. **In der nicht-linearen Dynamik, insbesondere an Wirbelsystemen, konnten die Hauptsätze der Thermodynamik überhaupt nicht bestätigt werden.** In Gegenteil: Selbstorganisierende Strukturen wie Tornados oder kollabierende Kavitationsbläschen konzentrieren und/oder produzieren „Energie“ nach Belieben. Aber den Ingenieuren ging es um Maschinen. Da wirbelte nichts, da war alles fest miteinander verbunden und lief rund. Die kleinen Abweichungen von der Theorie z.B. bei der Explosion von Dreistoffgemischen in Brennkammern waren verschmerzbar. Zweifel an der Energieerhaltung hätte dem ganzen modernen Formelwerk der Physik den Boden entzogen.

Es ist aber nicht so, daß es daraus keine Ausbruchsversuche gab. Viktor Schauberger etwa beobachtete über Jahre in den österreichischen Waldbächen die Dynamik von Wasserwirbeln und versuchte, die beobachtete Implosion, diese kontrahierende Wirbelbewegung und die damit einhergehende Selbstbeschleunigung zur Energiegewinnung zu nutzen. Vieles wurde als Prototyp gebaut, funktionierte auch oder entfaltete so starke Kräfte, daß es sich selbst zerstörte. Die Militärs im Deutschen Reich, Rußland und den USA versuchten, ihn zwangszuverpflichten, die Amerikaner belegten ihn letztendlich mit einem Publikationsverbot, bis er 1958 mit „gebundenen Händen“ starb. Wilhelm Reich schichtete blätterteigförmig organische und anorganische Substanzen und wollte damit eine von ihm als Orgon bezeichnete Energie einfangen und aufkonzentrieren – bis man, wie oben schon erwähnt, in den 1960ern in den USA seine Bücher öffentlich verbrannte und er im Gefängnis verstarb. Nikola Tesla, der Erfinder des Wechselstroms, experimentierte mit allerlei Wellen, mit Schall- und elektromagnetischen Wellen inklusive Longitudinal- und Skalarwellen – zwei exotischere Lösungen der allgemeinen Schwingungsgleichung, die nach der Begründung der Elektrodynamik durch Maxwell mangels Meßbarkeit unter den Tisch gefallen waren. Sein größter Traum war die drahtlose Übertragung von Energie.

Hier läßt sich exemplarisch wundervoll betrachten, wie die wirtschaftlichen Interessen ihre eigene Dynamik entfalten. Nikola Tesla arbeitete für George Westinghouse, der in Kalifornien Kraftwerke und Kupferminen besaß. Der von Tesla propagierte Wechselstrom war für Westinghouse der Schlüssel zum Erfolg, denn Wechselspannung ließ sich per Transformator herauf- und herunterspannen und somit relativ verlustfrei über große Distanzen transportieren. Das diente beiden Geschäftsbereichen. Kalifornien wurde elektrifiziert – Kraftwerke wurden gebraucht. Und auch die Kupferminen florierten. Dann aber hatte Tesla erste Erfolge mit der drahtlosen Übertragung durch Longitudinalwellen und stellte fest, daß auf bestimmten Resonanzfrequenzen auf der Empfängerseite mehr ankam als beim Sender losgeschickt wurde. Schlimmer noch: Schickte man das richtige Signal in Richtung Erde, schickte die Erde aus freien Stücken eine geballte Ladung zurück. Das hätte nicht nur die Tonnen von Kupfer überflüssig gemacht, die über Land verlegt wurden, sondern auch die Kraftwerke. Tesla machte einen Kompromiß, verzichtete auf die Freie Energie aus der Erde und konzentrierte sich auf die drahtlose Übertragung. Trotzdem wurde er gefeuert. Sein Privatvermögen reichte nicht, um die riesigen Sende- und Empfangsanlagen aus eigener Kraft fertigzustellen. Auch sein Spätwerk gibt es nur auf Papier. Um seine letzten Erfindungen technisch umzusetzen, fehlte ihm das Geld.

Eine korrekte Nomenklatur

Ich möchte mit Tesla beginnen, weil er der einzige war, der bezüglich der Nomenklatur Bescheidenheit walten ließ. Tesla war noch wesentlich näher dran an den ursprünglichen Arbeiten vom James Clerk Maxwell, der Ende des 19. Jahrhunderts die moderne Elektrodynamik aus den allgemeinen mathematischen Lösungen für ein schwingendes Medium abgeleitet hatte. Für Maxwell gab es Transversalwellen (Querwellen), Longitudinalwellen (Stoßwellen) und Skalarwellen. Diese Physik ließ sich in ihren Wechselwirkungen komplex durch Quaternionen errechnen.

Tesla dürfte auch mit den Arbeiten von Edmund Taylor Whittaker vertraut gewesen sein, dem – ausgehend von Maxwells Theorie – 1903 mit Hilfe der Skalarwellen und -potentiale die erste mathematische Formulierung eines Quantenvakuums gelang[76], und der, um sich wieder mit der etablierten Physik zu versöhnen, 1904 bewies, daß sich die gängigen Feldtheorien nahtlos als Interferometrie von Skalarpotentialen darstellen lassen.[77]

Kurz zusammengefaßt besagt die Theorie von Maxwell & Whittaker, daß eine elektromagnetische Skalarwelle aus zwei gegenläufigen longitudinalen Wellenpaaren komponiert ist. Es sind harmonische Wellen, und sie schwingen in Phase. In jedem gekoppelten Wellen/Antiwellenpaar ist eine echte, zeitlich vorwärts laufende EM-Welle mit einer zeitlich rücklaufenden Spiegelung ihrer selbst verkoppelt – ihrer phasenkonjugierten Replikawelle. Die beiden Wellen sind räumlich in Phase, aber zeitlich sind sie um 180 Grad phasenverschoben. Die Summe ihrer Energien löscht sich vektoriell aus, krümmt aber als Skalarpotential die Raumzeit, und verändert den lokalen Fluß der Zeit selber. (Weitere relevante Winkelbeziehungen finden sich bei 30, 60 und 90 Grad).

Noch interessanter wird diese Struktur, wenn sie räumlich asymmetrisch verläuft. Statt zweier gleichwertiger, lediglich in Auslöschung befindlicher Wellen gibt es dann eine zeitlich vorwärts laufende Pumpwelle und ihre gepumpte phasenkonjugierte Replikawelle, die dann auch offensichtlich zeigt, daß sie zeitlich rückwärts läuft, die nämlich konvergiert statt zu divergieren, und so negentropische Qualitäten entwickelt. Negentropie ist die Fähigkeit, spontan Ordnung aufzubauen. Diese Phänomene wurden zwar 1898 bereits von Carl Barus beschrieben[78], konnten aber erst in den 70er Jahren mit der Verfügbarkeit von Lasern im Bereich der nicht-linearen Optik in der Praxis von Amnon Yariv[79] und David M. Peper[80/81] im Bereich der Elektrodynamik hinreichend erforscht und publik gemacht werden.

Whittakers Berechnungen von 1904 nahmen im Übrigen den Aharonov-Bohm-Effekt um 55 Jahre vorweg und gaben ihm gleichzeitig eine ortsunabhängige, makroskopische Dimension, die zum Verständnis von Wirbeldynamik und nicht-lokaler Wirbel-Interaktion hilfreich ist. V.K. Ignatovich zeigte 1989, wie gut dieser Ansatz mit der Schrödinger-Gleichung harmoniert.[82]

Es gibt im Themenfeld der Freien Energie nichts Obskureres als die Begriffsverwirrung bezüglich der skalaren Elektrodynamik. Da gibt es nicht nur die vielen frei erfundenen Synonyme und mythologischen Entleihungen wie Chi oder Vril. Auch die korrekte Begrifflichkeit wird meist gnadenlos durcheinandergebracht.

Um das ein für alle mal richtigzustellen, bringen wir hier eine klare Aufstellung. Es gibt:

- Transversalwellen
- Longitudinalwellen
- Skalarwellen als Überlagerung und feste Verkopplung zweier Longitudinalwellen, von denen eine zeitlich rückwärts läuft.[83]
- Skalarpotential als Energiedichte der Skalarwellen an einem Ort, summiert über alle involvierten Frequenzen bzw. Wellenlängen.

Weist das Skalarpotential einen Gradienten auf, so haben wir gekrümmte Raumzeit, und eine der beiden Longitudinalwellen wird zur Pumpwelle, die zweite, zeitlich rückwärts laufende, zur gepumpten Replikawelle. Skalarpotentiale bilden gerne Potential-Wirbel aus, die jene fraktalen Formen annehmen, deren materielles Abbild die Natur so schön und lebendig ausschauen läßt.

Tesla hatte wohl weniger Angst vor dieser Physik als die Ingenieure, die im Bereich der Elektrodynamik die Longitudinal- und Skalarwellen ziemlich bald abgeschafft hatten. So wurde sein erstes Forschungsfeld die Akustik, in der sich Longitudinalwellen in Form von Schall wunderbar beobachten ließen. Dort lernte er zum Beispiel zu verstehen, wie in einem Tonstudio eine kleine Absorberbox[84] innerhalb von Bruchteilen einer Sekunde eine Resonanzfrequenz aus dem Raum absaugen und in ihrem Bauch in Wärme verwandeln kann, obwohl sie doch nur eine Öffnung von drei bis vier Zentimetern aufweist.

Später widmete sich Tesla den elektromagnetischen Longitudinalwellen, Wellen, die technisch durch gepulste Ströme erzeugt werden und die dadurch anders als Licht in Ausbreitungsrichtung schwingen. Mit diesen Feldern liefen in Teslas Labor Dinge ab, die mit normaler Elektrotechnik undenkbar gewesen wären. Einer seiner Träume war die drahtlose Übertragung von Energie mittels Longitudinalwellen. Während seiner Arbeit an diesen Sende- und Empfängermasten stellte er fest, daß mitunter mehr Energie ankam als losgeschickt wurde. Und daß, wenn man die richtigen natureigenen Resonanzfrequenzen kannte, man eine Longitudinalwelle ins Erdinnere schicken konnte und einen unbegrenzten Rückfluß an Energie in Form der *time reversed* Replikawelle bekam. Mit Verlaub: Das ist – oberflächlich betrachtet – eine grobe Verletzung des zweiten Hauptsatzes. Energie hat nicht spontan an einen Ort zu fließen und sich dort aufzukonzentrieren, denn das ermöglicht per Definition den Bau eines Perpetuum Mobiles zweiter Art.

Dies ist ein wichtiger Punkt: Die beiden wichtigsten Postulate bezüglich der Entropie, also der Eigenschaft der Energie, stets an Ordnung zu verlieren, sind, daß 1. alle Komponenten zeitlich vorwärts gerichtet sind – *time reversal* ist nicht erlaubt – und 2. eine statistische Zufallsverteilung a priori angenommen wird. Mit der Dekomposition des Whittakerschen Skalarpotentials in ein geordnetes Paar harmonischer Doppelwellen entfällt die Annahme einer statistischen Zufallsverteilung. Durch phasenkonjugierte Verkoppelung von Longitudinalwellenpaaren zu Skalarwellen, also zu Strukturen des Quantenvakuums, bei denen eine der Wellen zu einer zeitlich rückwärts laufenden Replika-Welle wird, fällt die Annahme einer ausschließlich vorwärts laufenden Zeit. Also ist auch Entropie nicht das, was sie war, und der zweite Hauptsatz der Thermodynamik ist kein mysteriöses, unumstößliches Naturgesetz mehr. Daran weiter festzuhalten ist Dogmatik, keine Wissenschaft. Entropie kann direkt in Negentropie verwandelt werden, und Negentropie ist ihrer Natur nach selbstverstärkend. Das ist das, was ich meinte, als ich eingangs behauptete, daß es gar keinen Widerspruch zwischen der etablierten Physik und den revolutionären Privatforschern gibt.

Wer das im Detail verstehen und sich nicht mit diesem oberflächlichen Abriß der Theorie zufrieden geben möchte, dem seien die Ausführungen von Tom Bearden empfohlen, der den gesamten wissenschaftlich-historischen Zusammenhang wunderbar zusammengetragen hat.[85, 86]

Dieser Schnitt in der Logik findet sich übrigens auch bei Einstein wieder, der wegen des Noether-Theorems feststellen mußte, daß die Energieerhaltung nur in flacher Raumzeit Gültigkeit hat. Um da nicht in Verlegenheit zu geraten, nahm er einfach näherungsweise lokal flache Raumzeit an. Eine Annahme, die bei genauerer Betrachtung der Maxwellschen Grundlagen absolut nicht haltbar ist, denn die von Whittaker beobachteten Asymmetrien zwischen Welle und „time-reversed“ Replikawelle ist nichts anderes als gekrümmte Raumzeit. Der Einsteinschen Linie folgend hat Matti Pitkänen diese Fahrlässigkeit ausgebügelt und daraus seine Topological Geometrodynamics (TGD) entwickelt – die mathematisch präziseste Fassung des Konzeptes der *Multilayered Spacetimesheets,* also der Überlagerung von Realitätsebenen in einem fünfdimensionalen Raum (3D + Skalarpotential + Zeit), das wiederum die physikalische Theorie ist, die dem alten Wissen, den Veden mit ihren sieben Himmeln und sieben Höllen wie auch dem Konzept der Firmamente aus dem Alten Testament am nächsten kommt. Aber Vorsicht, auch hier gerät die Nomenklatur durcheinander, insbesondere wird die Raumzeitfolie umgangssprachlich oft als Dimension bezeichnet, was jedoch unsinnig ist. Es ist so, als würde ich behaupten, zwölf parallele Ebenen würden einen 12-dimensionalen Raum kreieren.

Die Spulen und Antennensysteme, die Tesla bei der technischen Umsetzung seiner Perpetua Mobilia zweiter Art entwickelte, waren nur eine der Früchte dieser theoretischen Betrachtungen. Viel wichtiger sind die Implikationen für die Betrachtung der Natur an sich, in der, wie wir seit den ‚alten' Griechen wissen, alles wirbelt. Denn Wirbel neigen, wenn das Medium elektrisch leitfähig ist, zur Selbstinduktion, so wie der Strom in den Windungen einer selbstinduzierenden Kfz-Lichtmaschine; wie die Magmenwalzen im Erdmantel, die unser Erdmagnetfeld erzeugen. Und: Wirbel bilden, bezogen auf ihre zentrale Achse, Symmetrien aus, die die gleichen Winkel haben, die in der nicht-linearen Optik zur Verkopplung einer Welle mit ihrer „time reversed replika wave“ notwendig sind: 30, 60. 90 und 180 Grad. Das heißt, Wirbel sind, bedingt durch ihre Leitfähigkeit, ihre Möglichkeit zur Selbstinduktion und die ihnen innewohnende Symmetrie in der Lage, Energie aus dem Bereich der Skalarwellen in den Bereich der Longitudinalwellen und damit in Bewegung umzuwandeln, oder aber auch in der anderen Richtung, kinetische Energie über Selbstinduktion in Longitudinalwellen und von dort durch Verkopplung mit ihren „time reversed replika waves“ aus den anderen in der Rotationssymmetrie liegenden Parzellen in Skalarwellen zu verwandeln, wodurch der Energiegehalt ins Quantenvakuum gedrückt wird und aus unserer Realität verschwindet. Leitfähige Wirbel und/oder Plasmawirbel sind somit in ihrer Natur offene Systeme, die zu einem Austausch von Energie mit dem Quantenvakuum neigen.

Die richtige Form

Diese Eigenart der Wirbel ist das, was Viktor Schauberger entdeckte, als er Ende des 19ten Jahrhunderts als Förster stunden- und tagelang in die Wildbäche Oberösterreichs starrte, die Bewegungsmuster der Wasserwirbel studierte und sich über die Forellen wunderte, die bewegungslos in der Strömung standen. Er war an dieser Stelle zunächst dem rein bionischen Ansatz verpflichtet – er beobachtete, beschrieb und reproduzierte die Effekte im Labor. Im Wesentlichen waren es zwei Formen, die er entdeckte: Den hyperbolischen Trichter, durch den das Wasser beim Durchfließen der Form eines Antilopenhorns folgt – zunehmend fallend, zunehmend krümmend, zunehmend kippend, und die konzentrisch gewellte und gewölbte Scheibe, die er der Morphologie der Forellenkieme entlehnt hatte, und die in vielen seiner Erfindungen Anwendung fand. Die technischen Möglichkeiten, die er so erschloß, reichten von der Erzeugung von Wärme und Kälte, der Erzeugung von Edelwasser zu therapeutischen Zwecken und dem Einsatz in der Landwirtschaft über Transmutation bis hin zum umstrittenen Thema Antigravitation – zumindest gibt es Anekdoten über recht atemberaubende Vorfälle mit der von ihm konstruierten Repulsine, die sich angeblich bei einem unautorisierten Probelauf mit 40 Tonnen antigravitativer Zugkraft aus der Verankerung gerissen haben soll, um an der Hallendecke zu zerschellen. Neben der richtigen Bewegungsform war Schauberger auch einer der ersten, die sich um das Thema Skalierung Gedanken machte – er entdeckte, daß viele der von ihm genutzten Eigenschaften von Wasserwirbeln sich nur in ganz diskreten Größen einstellen wollten. So arbeiteten seine Wirbelrohre mit einem Durchmesser von 20 mm, an anderer Stelle spielte das Maß 1 mm eine Rolle, wenn es darum ging, Wirbelwalzen zu erzeugen, die besondere Effekte mit sich bringen sollten.

Das richtige Maß

Dies führt uns zum Global Scaling. Global Scaling gibt Antwort auf die Frage, welche Wirbel Energie tanken, welche Energie verlieren, und welche im Gleichgewicht mit dem Quantenvakuum vor sich hin perpetuieren. Die, die Energie tanken, sind geeignet, die Grundlage Freier-Energie-Technologien zu bilden. Die, die Energie verlieren, gibt es in der Regel nicht allzulange, und die, die im Gleichgewicht vor sich hin perpetuieren, formen Elementarteilchen, Sonnensysteme, Galaxien und vieles mehr.

Der Entdecker dieser Zusammenhänge war der ostdeutsche Mathematiker Hartmut Müller, der in den Jahren vor der Perestroika für das russische Raumfahrtprogramm Daten auswertete. Alles vom Elementarteilchen bis zur Metagalaxie wurde bezüglich Größe, Masse und Frequenz in die ersten russischen Hochleistungsrechner gestopft. Das Ergebnis war verblüffend. Trug man die Fülle der Werte auf der logarithmischen Skala zur Basis *e* auf, so ergab sich ein Häufigkeitsverteilungsmuster, das im Abstand von „3“ Maxima zeigte, mit stärkeren, jeweils übergeordneten Maxima in Abständen von 9, 27, 81.

Diese Häufigkeitsverteilung verhielt sich mathematisch wie eine schwingende Perlenschnur, die sich in einem Kettenbruchverfahren nach Leonard Euler mathematisch darstellen ließ und letztendlich die mathematische Rechengrundlage für das Global Scaling liefert. Diese Entdeckung hat einige spannende Implikationen. Zum Beispiel bildet sie den Beweis für den Satz „Alles hängt zusammen“. Denn die Mathematik der schwingenden Perlenschnur beschreibt nichts anderes als ein einzelnes, zusammenhängendes Fraktal, das die Größe aller Dinge im Universum zu bedingen scheint und eine in sich harmonische Schwingung birgt, auch wenn hier die Schwingung nur auf einer abstrakten und zudem logarithmisch verzerrten, mathematischen Dimension sichtbar wird. Genau genommen fand Müller zwei solcher Fraktale, die genau um 1,5 bzw. anschaulich $\pi/2$ gegeneinander verschobenen waren, von dem das eine die Materie repräsentierte und das andere eher das Schwingungsverhalten im Feldbereich bzw. im Quantenvakuum.

Zur Veranschaulichung könnte man sich das Universum wie eine Gitarre vorstellen, mit in logarithmischen Abständen gesetzten Bünden, mit den Saiten (reine Schwingung im Quantenvakuum), dem Korpus (meßbare Schwingung in Materie) und dem Staub auf der Gitarrendecke, der je nach Verteilung der Schwingungsbäuche und -knoten Ansammlungen definierter Größen in definierten Abständen bildet, genau wie die Materie im Universum. Was passiert nun, wenn ich diese Gitarre grob anschlage? Zunächst einmal werde ich alle Töne und Obertöne haben, dann verstummen die Obertöne zugunsten der Grundschwingungen, was uns zum Konzept der Primzahlen bringt, denn eine Primzahl ist durch nichts teilbar und repräsentiert somit eine absolute Grundschwingung. Die Primzahl-Dichteverteilung auf der logarithmischen Skala wiederum ist ein ziemlich genaues Abbild der stehenden Global-Scaling-Welle.

Soweit zur stumpfen Theorie. Müller verließ 1987 die UdSSR, war von seinen Arbeitgebern für 10 Jahre beauflagt, und versuchte sich danach im wiedervereinten Deutschland als Privatforscher. Die erste technische Anwendung, die aus dieser Schule kam, war der „Bioguard", der aus dem weißen Rauschen eines Forsterit-Kristalls, wie er auch gerne als Zufallsgenerator z.B. in Mikroprozessoren eingesetzt wird, mit dem Müllerschen Kettenbruch-Verfahren die zugrundeliegenden Global-Scaling-Wellen berechnet. Diese harmonikalen Strukturen aus dem Quantenvakuum, die Müller als fein skalierten Biorhythmus verstand, gab der Bioguard, ein mobiles Gerät im Handy-Format, als elektrisches Signal an den Körper ab, um uns mit diesen natürlichen Signalen gegenüber dem technischen Flirren*, das uns tagein, tagaus umgibt, ein positives Gegengewicht zu verschaffen. Durch Zufall stellte sich dabei heraus, daß das Einschalten eines Bioguards bei seinen Zwillingsbrüdern, den Geräten derselben Baureihe, ein Knackgeräusch verursachte – und zwar über beachtliche Distanzen hinweg. Das war die Geburtsstunde von G-Com, der Global Scaling Kommunikation. Die Übertragung des Knackens war von der Entfernung völlig unabhängig, geschah nicht mit Lichtgeschwindigkeit, sondern lediglich um eine halbe Phasenlänge des zugrunde liegenden

* das Durcheinander aller möglichen elektromagnetischen Wellen – *d. V.*

harmonischen Signals versetzt, und das bei einer Sendeleistung von z.B. 66 mW von Österreich nach Australien – eine charakteristische Eigenschaft der Skalarwelle. Vom Knacken zur analogen Sprachverbindung waren es nur ein paar Schritte. Da Müller die Rechte für G-Com unerfahrenerweise an Siemens verkauft hatte und Siemens seinem Versprechen, die Technik zu entwickeln, einfach nicht nachkam, war das nächste kommerzielle Projekt das „offline banking", bei dem auf zwei Rechnern, einer in der Bank, einer beim Kunden zu Hause, synchron ein TAN aus dem Quantenvakuum gezogen wurde, um damit einen Überweisungsauftrag zu verschlüsseln. Müller ließ private Investorengelder einsammeln, diese über die nordzypriotische Yesilada-Bank, die gleichzeitig der erste Kunde für das System war, mit einer Bankbürgschaft absichern und war fortan als Privatforscher finanziert.

Es ist schwer zu sagen, was dann genau passiert ist. Es gab wohl technische Probleme mit der ersten Serienproduktion der Rauschdioden – was eigentlich kein Beinbruch sein dürfte. Das erste Flugzeug konnte schließlich auch noch nicht quer über den Atlantik fliegen. Von den drei Geschäftsführern der Firma, die die für die Entwicklung nötigen Gelder eingesammelt hatten, nahm sich einer angeblich in Polizeigewahrsam das Leben, ein zweiter kam bei einem Verkehrsunfall ums Leben, und der dritte verschwand spurlos. Müller selber wurde, obwohl er sich ein halbes Jahr vor Erhebung der Anklage wegen Anlagebetrugs von der Firma distanziert hatte, im Februar 2012 zu viereinhalb Jahren Haft ohne Bewährung verurteilt – hat aber wohl darauf ‚verzichtet', die Haftstrafe anzutreten und ist ebenfalls verschwunden. Dies sei hier nur erwähnt, um die wirtschaftliche Seite der Geschichte nicht außer acht zu lassen.

Global Scaling ist deshalb so wichtig, weil es die Größen und Frequenzen beschreibt, bei denen Strukturen stabil sind, bei denen sie Energie aufnehmen oder abgeben. Nehmen wir zum Beispiel Wasserwirbel Schauberger hatte die relevanten Wirbeldurchmesser für Wirbelwalzen experimentell auf 1 mm und 20 mm bestimmt. Machen wir die Probe aufs Exempel.

$\ln(1\ \text{mm}) = -6{,}908$ $\qquad\qquad$ $\ln(2\ \text{cm}) = -3{,}912$

(ln steht für logarithmus naturalis; natürlicher Logarithmus zur Basis *e*)

Der Abstand auf der logarithmischen Geraden liegt bei 2,996, was innerhalb der Meßgenauigkeit die Global Scaling Theorie dem Abstand von 3 bis auf die zweite Stelle hinter dem Komma entspricht. Die nächsthöhere interessante Größe läge bei ca. 40 cm, die übernächste bei 8 Metern, was in etwa dem unteren Schlauchdurchmesser eines Tornados entspricht. Die nächsttiefere Größe läge bei 50 µm, eine Größe, die bei der Sonolumineszenz vorkommt, wenn die durch Ultraschall erzeugten Vakuumblasen im Wasser von einer Seite her kollabieren, dabei einen hyperbolischen Jet ausbilden, der spontan auf 40.000 Grad Celsius hochheizt und mit 3,6 km/h durch die Vakuumblase hindurch ins umgebende Wasser schießt.

Die Effekte, die dabei auftreten, sind nicht nur in Bezug auf die Energiebilanz spannend. Es kommt darüber hinaus auf allen Skalen zu Antigravitation – was man am rückstoßfreien, gerichteten Schockwellen-Impuls aus den Kavitationsblasen ablesen kann, oder auch an der Fähigkeit von Wasserhosen, mit Wasser vollgesogenen Tornados, mehr als 10 Meter Steighöhe zu erreichen. Auch die Springflut bei Hurrikanen dürfte auf diesen gravitativen Effekt zurückzuführen sein.

Zwischenbilanz

Die meisten der verbreiteten Freie-Energie-Maschinen können wir mit diesem Repertoire verstehen. Der magnetische Fluß von Magnetmotoren formt einen höherdimensionalen Wirbel in Raumzeit (4D) und Skalarpotential, was man sinnvollerweise als fünfte Dimension betrachten kann. In unserer Realität sehen wir dann magnetische Monopole und eine sich selbst erhaltende Bewegung, die wir nutzen können. Andere Magnetmotoren nutzen die nicht-lokale Wechselwirkung von kleinen Elementarmagneten, indem sie im richtigen Moment auf diese einen elektromagnetischen Impuls ausüben, der sie paralysiert – in diesem Moment können sich z.B. zwei Nordpole einander nähern, ohne Abstoßung zu erfahren – und dann läßt man sie wieder los, und sie regenerieren dank der nichtlokalen Wechselwirkung zu all ihren artverwandten Strukturen, nehmen wieder Form und Kraft an. Die wechselseitig geschichteten Folien, die Wilhelm Reich zum Akkumulieren von Orgon-Energie verwandte, lassen Longitudinalwellen durch wie ein Polfilter, während alle transversalen Wellen in den leitfähigen Schichten gelöscht werden, und reduzieren die Elektrophysik auf die

Wellenanteile, die negentropisch wirken, die also Ordnung schaffen. Das ist Lebensenergie. Auch Wilhelm Reichs Cloudbuster wird nur verständlich, wenn die von ihm beobachteten und später kontrollierten Wetterphänomene als negentropische Prozesse zwischen Skalarpotentialen betrachtet werden, wobei eine Gleichverteilung eine DOR-Atmosphäre – eine tote Atmosphäre – hervorruft, ein lebendiges Auf und Ab der Skalarpotentiale hingegen zu lebhafter Wolkenbildung und Regen führt.

Auch Nikolai Kosyrevs Beobachtungen werden verständlich. Der russische Astronom hatte Kristalle in der Schwerelosigkeit gezüchtet und mit ihnen die Linsen eines Teleskops geschliffen. Die Einweihungsparty der neuen Anlage war feuchtfröhlich und Kosyrev und seine Kollegen schossen im Wodka-Rausch das eine oder andere Foto. Wochen später fielen ihm diese Fotos wieder in die Hände. Kosyrev war damals der Spezialist für das Vorausberechnen der Positionen weit entfernter Milchstraßen und Sternbilder, und was er auf einem der Bilder sah, war der Andromeda-Nebel, an einer Position, die dieser am Tag der Teleskopeinweihung innehatte. Das war unmöglich. Schließlich braucht das Licht 2,5 Millionen Lichtjahre, um bei uns anzukommen. Was er hätte sehen müssen, war die Position des Nebels vor 2,5 Millionen Jahren, aber nein, er hatte eine Echtzeitaufnahme erwischt. Kosyrev beschlich ein Verdacht, und er berechnete die Position des Nebels in 2,5 Millionen Lichtjahren, und siehe da, er fand auch an dieser Stelle ein Bild des Nebels, das rückwärts durch die Zeit gewandert war. Kosyrev hatte ein Teleskop gebaut, mit dem man Pumpwelle, gepumpte Welle und Skalarwelle in einem Bild sichtbar machen konnte, und so den Andromeda-Nebel gleich dreimal im Bild hatte – wenn auch das Bild aus der Zukunft etwas unscharf war.

Browns Gas, das exotische Gas mit dem sich der Verbrauch von Automotoren um bis zu 90% reduzieren läßt[87], wird mit gepulsten Strömen hergestellt: das sind dann Longitudinalwellen, die das Wasser spalten. D.h. das Elektrolyseprodukt entsteht in einer elektrodynamischen Struktur, die negentropisch ist. Die Elektronen finden dabei zu einer anderen Ordnung, die wesentlich stabiler ist, weswegen auch Wasser- und Sauerstoff monoatomar stabil sind, und die – aus welchem Grund auch immer, in der Negentropie ist dies erlaubt – beim Verbrennen viel mehr Energie freisetzen als chemisch in der Verbindung gespeichert sein dürfte.

Nun wird auch Kavitation verstehbar. Dieses nette Phänomen, das Schiffsschrauben in Stücke reißt, Pistol Shrimps* dazu befähigt, mit akustischen Schockwaffen auf Beutefang zu gehen, und das uns den Wasserhammer beschert, jenes Knallen in der Wasserleitung, das entsteht, wenn man den Warmwasserhahn zu schnell zudreht und sich die Schwingungen in der Rohrleitung so weit aufschaukeln, daß es zur Bildung von Vakuumblasen kommt. Diese Vakuumblasen kollabieren dann von einem ihrer Pole her, das sich einstülpende Wasser formt einen hyperbolischen Trichter, jene von Schauberger entdeckte besondere Bewegungsform, die Geschwindigkeiten von bis zu 3600 Meter pro Sekunde erreichen kann und dabei bis auf 40.000 Grad hochheizt – rückstoßfrei. Auch hier, wie beim Magnetmotor, haben wir eine fünfdimensionale Struktur. Bei einem Jetdurchmesser von 2.5 µm liegt eine Resonanzgröße, bei der der Wasserwirbel zunächst in den Plasmazustand übergeht. Das ist das blaue Leuchten bei der Ultraschall-Kavitation (Sonolumineszenz). Einmal eingeloggt in die Strukturen des Quantenvakuums beschleunigt der Jet und akkumuliert so viel Skalarpotential, daß nicht nur der Jet, sondern auch die Raumzeit selber implodiert, synchron, bis hinunter zu einem Jet-Durchmesser von 0,02 µm. So verstehen wir dann auch die unzähligen technischen Anwendungen der Kavitation: Heizungen, die einfach nur die bei der Kavitation entstehende Wärme nutzen, Wasser-Schneidegeräte, bei denen ein kavitierender Wasserstrahl sich durch die härtesten Materialien durchfräst, bis hin zu den kleinen Wunderwerken der Firma EGM, die die Prozesse im Wasser so präzise beherrschen, daß sie die Jets in ihren Kavitationsmaschinen in eine Art dynamisches Bose-Einstein-Kondensat verwandeln, eine dynamische Ordnungsstruktur, die die Grenzen zwischen Wärmebewegung und Prozessen in den Atomkernen auflöst und das Wasser zu Brennstoffen transmutieren läßt. Dies geschieht mit einer Präzision, die sonst nur von der Replikation der DNS bekannt ist. Man muß nur etwas von diesen Brennstoffen beimischen, damit es als Informationsmatrix zur Stelle ist – und schon gebiert das Wasser, jenes himmlische Medium aus „den Firmamenten über und unter der Erde", durch das vor dem zweiten Schöpfungstag lediglich der Geist Gottes strömte, neue Materie.

* Tiger Pistol Shrimp, eine Garnelenart, die ihre Beute mit einem Geräusch von über 200 dB betäubt – *d. V.*

Der richtige Takt

Die Skalarphysik und Global Scaling bringen uns so ein ganzes Stück weiter. Allerdings nicht weit genug, um die Funktionsweise des Besslerrades erklären zu können. Keine Wirbel, keine Fluide, keine Elektrodynamik. Reinste Mechanik.

Moment! Keine Elektrodynamik? Nicht im klassischen Sinn, doch im Sinne der skalaren Elektrodynamik ist jede Rotation von einem Skalarfeld begleitet, denn es bewegen sich Elektronen im Kreis – das ist per Definition ein Strom, und es bewegen sich Protonen im Kreis, das ist per Definition genau der gleiche Strom, nur mit umgekehrtem Vorzeichen. Beide Ströme sind verkoppelt und ihre magnetischen Felder löschen sich aus. Das schafft uns ein zum Quantenvakuum offenes System.

Alles, was ich nun tun muß, ist, im richtigen Rhythmus Impulse zwischen zwei rotierenden Systemen zu übertragen. Der Energiegehalt des Impulses, den ich von System A benötige, um System B zu beschleunigen, berechnet sich zum Quadrat der (relativen) Geschwindigkeit. Der Energiegewinn am System B berechnet sich hingegen zum Quadrat der Relativgeschwindigkeit des Beobachters. So kommt man zu der Quintessenz der mechanischen Perpetua Mobilia, die da lautet: *Beschleunigt Kräfte, keine Massen*! Und dann pumpt! Immer schön im ¾-Takt, wie Bessler es uns gezeigt hat, in demselben Takt, der sich in der Skalierung von Hartmut Müllers fundamentalem Global-Scaling-Fraktal wiederfindet.

Der letzte zurückliegende große Paradigmenwechsel hatte etwas damit zu tun, daß der Anker des Koordinatensystems des Betrachters aus der Erde in die Sonne verlegt wurde. Der kommende Paradigmenwechsel wird wahrscheinlich wieder etwas damit zu tun haben, daß wir den Standpunkt des Betrachters verlegen. Wir werden aufhören, an ein Zentrum, an einen Nullpunkt zu glauben, legen ihn ad acta als menschliche Illusion, die sich aus unserer eigenen Identität und Körperwahrnehmung ableitet, unserem Ego, aber keine physikalische Relevanz hat. Das bräuchte eine völlig neue Mathematik. Aber so – und nur so – wäre der Weg frei, Selbstorganisation und Negentropie wirklich zu verstehen und mathematisch zu fassen.

Global Scaling

Im vorangegangenen Artikel erfuhren wir bereits aus der Feder des Physikers Kautz-Vella, was es mit „Global Scaling" auf sich hat.

Hört man diesen Begriff zum ersten Mal, denkt man vielleicht an so etwas wie eine Skala, ähnlich der auf älteren Rundfunkgeräten. Wenn man nun noch das Wort „global" dazunimmt, das heute schon fast Bestandteil jeder mittelmäßigen Diskussion über Wirtschaft und Geld ist, dann ist man schon fast am Ziel. Global Scaling ist tatsächlich so etwas wie eine weltweit anwendbare Skala. Wie diese Skala zu verstehen ist, wollen wir nun näher beschreiben. Dabei stützen wir uns auf Informationen, die von Mitarbeitern, Kollegen und Anwendern der Müllerschen Erkenntnisse weitergegeben wurden.

Dr. Hartmut Müller gründete kurz nach 2000 in Wolfratshausen das „Institut für Raum-Energie-Forschung in memoriam Leonhard Euler (IREF)". Leonhard Euler (1707-1783) war ein bedeutender Schweizer Mathematiker, der 1727 als Professor für Mathematik nach St. Petersburg berufen wurde, und dessen Berechnungen bei der Erarbeitung und Veranschaulichung der Global-Scaling-Theorie äußerst hilfreich waren. Müller selbst hatte ja in Rußland studiert und dort Zugang zu ganz neuen wissenschaftlichen Methoden erhalten, die im Westen sowie an den meisten Wissenschaftsstandorten der Welt bis dato zumindest offiziell noch unbekannt waren.

Auf der Webseite www.dr-nawrocki.de erfahren wir Näheres über Müllers Forschungsergebnisse. Dort heißt es:

> Die Natur verblüfft uns immer wieder durch die schier unendliche Vielfalt ihrer Erscheinungen. Deshalb ist der Mensch seit Jahrhunderten auf der Suche nach dem Prinzip, das „die Welt im Innersten zusammenhält". Heute sind wir der Lösung dieses Rätsels so nahe wie nie zuvor.

Kein geringerer als der Wissenschaftler Fritjof Capra schrieb bereits vor 30 Jahren in seinem Buch »Zeitenwende« über das Problem der sogenannten „modernen" Physik, die sich ausschließlich auf die mechanistischen Descartes'schen Vorstellungen der Interpretation der Naturgesetze stützt. Man stülpte der Natur ein Zwangsmodell über, nach welchem sie von nun an für den wirtschaftenden Menschen – also für den Profit – dienstbar zu sein hatte. Das ganze Weltall gilt demnach quasi als eine Maschine, mithin auch unser Planet und alles, was sich darauf bewegt! Diese fatale Fehlentwicklung durchzieht das naturwissenschaftliche Denken und Arbeiten bis in unsere Tage und hat nicht aufgehört zu produzieren, was mächtigen Interessen zu produzieren beliebt. Damit war Naturwissenschaft im eigentlichen Sinne weder wertfrei noch unabhängig.

Die noch im mittelalterlichen Weltbild vorhandene Vorstellung (und Einsicht!) von einem organischen Ganzen, die im Zuge der sogenannten Aufklärung vor rund 500 Jahren mit einem energischen geistigen Gewaltakt für unzutreffend bzw. ungültig erklärt worden war, erweist sich heute, angesichts ständiger Fortentwicklung und auf neue Denkmodelle angewiesener Forschung als ein neuerlich zu öffnendes Tor zu höherem bzw. tieferem Wissen.

Wenigstens den Äther hatte man noch bis Anfang des 20. Jahrhunderts als tragendes Element bewahrt, und ohne ihn waren und sind die längst errechneten und in vielen Bereichen durch mutige Experimentierarbeit bewiesenen Vorgänge und Zustände im Quantenraum, im Vakuumfeld oder wie immer man es nennen mag, gar nicht denkbar.

In diesem Kontext muß letztendlich auch das Modell des „Global Scaling" angesiedelt werden, wobei bei näherer Betrachtung klar wird, daß die allgegenwärtige Ursubstanz des Universums ständig auf schöpferische Weise tätig ist und die letzte Ursache hinter allen Lebensvorgängen bildet.

Alles ist Bewegung, vom kleinsten subatomaren Teilchen der Materiebausteine über die von uns als lebendig bezeichnete Welt der Organismen bis hin zu den energetischen Vorgängen innerhalb unseres Planeten und in seiner vielfältigen äußeren, die Lebensgase enthaltenden Hülle mit ihren verschiedenen Sphären und dem äußeren schützenden Van-Allen-Gürtel. Wenn wir dieses Lebensmodell einmal zugrundelegen, dann kann es nichts „Totes" mehr geben, dann ist Schöpferkraft allgegenwärtig und überall verfügbar.

Unter diesem Aspekt betrachtet, erhellen sich dann auch die oft widersprüchlich erscheinenden, unerklärlichen Eigenschaften von Energiekonvertern, deren Erfinder oft ein trauriges Schicksal nahmen, weil sie der „aufgeklärten" Welt keine konformen, materiell-materialistischen Erklärungsmodelle zur Verfügung stellen konnten und sich somit den Anschein von Betrügern zuzogen. Daß dies zu kurz gedacht war, zeigt sich mittlerweile, zum Beginn des 21. Jahrhunderts, da wir feststellen müssen, daß nun weit fortgeschrittene Technologie sich des Äthermodells bedienen muß und auch bedienen wird, wenn sie den Vertretern des konform-konventionellen Wissens ihre scheinbar unerklärlichen Ergebnisse präsentiert. Das Wort „Äther" kam in Verruf, sehr zu Unrecht, und wir führen es nun in diesem Buch zu seiner alten Anerkennung zurück.

Global Scaling hat nun die Vorgänge im Äther im doppelten Sinne berechenbar gemacht und ist dabei auf überaus interessante Ergebnisse gestoßen.

Auf www.global-scaling.de finden wir dazu folgende Kurzdefinition:

> WAS IST GLOBAL SCALING:
>
> Alle physikalischen Meßwerte, die jemals ermittelt wurden, zeigen an, daß alle Prozesse und Gegebenheiten im Universum wie z.B. Zeit, Länge, Masse, Frequenz, Temperatur von einer stehenden globalen Hintergrundwelle determiniert werden. Nur was sie zuläßt, hat langfristig Bestand; was Bestand hat, wird durch sie eindeutig gestaltet. Die Welle wird an den kleinsten und größten Maßstabsverhältnissen im Universum reflektiert. Ihre Struktur ist fraktal[88], wobei sie sich logarithmisch, hyperbolisch, periodisch, harmonikal und skaleninvariant verhält...
>
> ...Die Ergebnisse russischer Forscher, die in Zusammenarbeit mit mehreren tausend Mitarbeitern über einen Zeitraum von 20 Jahren zusammengetragen wurden, werden in einer neuen Theorie, Global Scaling, zusammengefaßt. Nachdem es den westlichen Physikern mit

> ihrem theoretischen Ansatz nicht gelang, die „Weltformel" zu erschaffen, nachdem Einsteins Weltbild, die String-Theorie, die Super-String-Theorie und die Membran-Theorie nicht in der Lage waren, die Realität zweifelsfrei mathematisch in den physikalischen Grundbereichen zu beschreiben, eröffnet Global Scaling neue Horizonte. Global Scaling hat das größte wissenschaftliche Potential, alle bisherigen Modelle vom Zusammenwirken der größten und auch der kleinsten Dinge abzulösen, als Grundlage der modernen neuen Physik zu dienen und den lange vorhergesagten Paradigmenwechsel in allen Naturwissenschaften zu erzwingen...
>
> ... Die technische Nutzung von Global Scaling wird gegenwärtig in vielen Bereichen vorbereitet.
>
> Das größte Problem der Umsetzung dieser Theorie in technische Produkte besteht darin, die potentiellen Auftraggeber von den Möglichkeiten der Global Scaling-Anwendung zu überzeugen.

Dieser Satz ist von entscheidender Bedeutung, wie Sie sich nach der Lektüre des bisher Beschriebenen leicht denken können.

Hier bringen wir einen Aufsatz über die bahnbrechenden Forschungsergebnisse des Wissenschaftlers Hartmut Müller, der ebenfalls bei www.drnawrocki.de zu finden ist. Wir stellen den Text wortgetreu mit freundlicher Genehmigung des Betreibers der Webseite vor (erstellt nach einem Text von Dr. rer. nat. Hartmut Müller)[89]

Eine Einführung in die Global-Scaling-Theorie

Das „Sakrament" der physikalischen Messung

Seit Galilei und Newton kennen wir Eigenschaften, die allen materiellen Erscheinungen gemeinsam sind: Raum, Zeit und Bewegung. Es sind physikalische Eigenschaften. Dieser Umstand erklärt die fundamentale Stellung der Physik unter den Naturwissenschaften. Bis Ende des 20. Jahrhunderts beschäftigte sich die Physik mit der Erforschung des quantitativen Zusammenhanges zwischen diesen fundamentalen und daraus ableitbaren Eigenschaften. Im Fokus ihres erkenntnis-theoretischen Paradigmas stand die physikalische Messung, die zum „Sakrament" der naturwissenschaftlichen Produktion überhaupt wurde. Dieses Paradigma bedeutete gleichzeitig das Ende des antiken Lehrmeisterverhältnisses der Naturwissenschaft zur Mathematik.

Im akademischen Großbetrieb entwickelt der Mathematiker nur noch Modelle und der Physiker (Chemiker, Biologe, Geologe) entscheidet, welches Modell den Messungen entspricht und deshalb umgesetzt wird. Im Ergebnis dieser Arbeitsteilung wurde die Mathematik immer mehr instrumentalisiert und von ihrer geistigen Quelle – den Naturwissenschaften – isoliert.

So kam es, daß die Physik zum Interpreter realitätsfremder Modellvorstellungen degradierte – und das in immer gigantischer werdenden Ausmaßen. Moderne physikalische Modelle „bis zur Zahl" durchzurechnen und durch Messungen zu verifizieren, ist nur noch für stark vereinfachte Spezialfälle möglich. Physikalische Gesetzmäßigkeiten entarten bis zur juristischen Spitzfindigkeit. Es gibt kaum noch modellunabhängige physikalische Tatsachen.

Eine wissenschaftliche Goldmine

Die wissenschaftliche Arbeitsteilung nach großindustriellem Vorbild hatte jedoch auch positive Auswirkungen (Kein Schaden ohne Nutzen – wie ein altes russisches Sprichwort sagt). Die physikalische Kompatibilität völlig verschiedener mathematischer Modelle machte es nämlich erforderlich, die Präzision physikalischer Messungen in präzedenzlose Höhe zu treiben. Über Jahrzehnte entstand so eine kolossale Datenbank von unschätzbarem Wert. Sie enthält die Spektrallinien der Atome und Moleküle, die Massen der Elementarteilchen und Atomkerne, die Atomradien, die Größen, Entfernungen, Massen und Umlaufzeiten der Planeten, Monde und Asteroiden, die physikalischen Eigenschaften der Sterne und Galaxien. Das Bedürfnis nach Meßwerten höchster Präzision förderte die Entwicklung der mathematischen Statistik, die es wiederum ermöglichte, auch morphologische, entwicklungsbiologische und soziologische Daten präzise zu erfassen.

Von den Elementarteilchen bis zu den Galaxiehaufen erstreckt sich diese naturwissenschaftliche Datenbank über mindestens 55 Größenordnungen. Doch ungeachtet ihrer kosmologischen Brisanz wurde diese Datenbank vor 1982 niemals zum Objekt einer ganzheitlichen naturwissenschaftlichen Recherche. Den Schatz, der zu ihren Füßen lag, konnte die arbeitsgeteilte großindustrielle Wissenschaft durch ihre fachidiotische Filzbrille nicht sehen.

Der erste Hinweis auf die Existenz dieser wissenschaftlichen Goldmine kam aus der Biologie. Im Ergebnis einer 12jährigen Recherche veröffentlichte Cislenko seine Arbeit „Die Struktur der Fauna und Flora im Zusammenhang mit den Körpergrößen der Organismen" (Verlag der Lomonosov-Universität Moskau, 1980). Diese Arbeit dokumentiert die wahrscheinlich bedeutendste Entdeckung in der Biologie des 20. Jahrhunderts. Cislenko gelang der Nachweis, daß sich Abschnitte erhöhter Artenpräsenz auf der logarithmischen Geraden der Körpergrößen in gleichen Abständen (ca. 0,5 Einheiten des Zehnerlogarithmus) wiederholen. Dieses Phänomen ist aus biologischer Sicht nicht erklärbar. Warum sollte es auch für erwachsene Fische, Amphibien, Kriechtiere, Vögel und

Säugetiere verschiedenster Arten gleichermaßen vorteilhaft sein, eine Körpergröße im Bereich von 8 - 12 cm, 33 - 55 cm bzw. 1,5 - 2,4 m zu haben? Cislenko nahm an, daß es im Reich der Tiere und Pflanzen nicht nur einen Konkurrenzkampf um Nahrung, Wasser oder andere Ressourcen gibt, sondern auch den Kampf um eine vorteilhafte Körpergröße. Jede Art versucht, die „vorteilhaften" Abschnitte auf der logarithmischen Geraden zu besetzen, wobei der gegenseitige Konkurrenzdruck Crashzonen entstehen läßt. Warum nun aber sowohl die Crashzonen als auch die übervölkerten Abschnitte auf der logarithmischen Geraden immer gleichgroß sind, den gleichen Abstand voneinander haben und warum überhaupt nur bestimmte Körpergrößen für das Überleben der Art vorteilhaft sind und worin diese Vorteile bestehen, konnte nicht geklärt werden.

Cislenkos Arbeit veranlaßte den deutschen Wissenschaftler Dr. Hartmut Müller, nach weiteren skaleninvarianten* Verteilungen in der Physik zu suchen, zumal „scaling" in der Hochenergiephysik bereits ein bekanntes Phänomen war. 1982 konnte er die Existenz statistisch identischer Häufigkeitsverteilungen mit logarithmisch-periodisch wiederkehrenden Maxima für die Atommassen und -radien sowie für die Ruhemassen und die Lebensdauer der Elementarteilchen nachweisen.

Ähnliche Häufigkeitsverteilungen fand Müller auch auf den logarithmischen Geraden der Größen, der Bahnelemente, Massen und Umlaufzeiten der Planeten, Monde und Asteroiden. Als Mathematiker und Physiker fiel es ihm nicht schwer, die Ursache dieses Phänomens in der Existenz einer stehenden Dichtewelle im logarithmischen Raum der Maßstäbe zu erkennen.

Die logarithmische Welt der Maßstäbe

Was sind eigentlich Maßstäbe? Maßstäbe sind das, was die Physik messen kann. Das Ergebnis einer physikalischen Messung ist immer eine Zahl mit Maßeinheit, eine physikalische Größe. Angenommen, wir hätten 12 cm, 33 cm und 90 cm gemessen. Wählt man nun als Eichmaß (Etalon) 1 cm, erhält man die Zahlenfolge 12 - 33 - 90 (ohne Maßeinheit, oder wie der Physiker sagt, mit der Maßeinheit 1). Der Abstand zwischen diesen

* skaleninvariant = selbstähnlich – *d. V.*

Zahlen auf der Zahlengeraden beträgt 33 - 12 = 21 bzw. 90 - 33 = 57. Wählt man nun ein anderes Eichmaß, z.B. die Elle mit 49,5 cm, ergibt sich die Zahlenfolge 0,24 - 0,67 - 1,82. Der Abstand zwischen den Zahlen hat sich geändert. Er beträgt jetzt 0,67 - 0,24 = 0,42 bzw. 1,82 - 0,67 = 1,16. Welches Eichmaß wir aber auch immer wählen würden, auf der logarithmischen Zahlengeraden ändert sich der Abstand zwischen all diesen Zahlen nicht, dort bleibt er konstant. In unserem Beispiel beträgt er eine Einheit des natürlichen Logarithmus ln (zur Basis e = 2,71828...): ln 33 – ln 12 = ln 90 - ln 33 = ln 0,67 - ln 0,24 = ln 1,82 - ln 0,67 = 1. Physikalische Meßwerte besitzen folglich die bemerkenswerte Eigenschaft der logarithmischen Invarianz (scaling). In Wirklichkeit ist ein Maßstab also ein Logarithmus.

Die logarithmische Gerade der Maßstäbe ist nicht gleichmäßig mit natürlichen Systemen belegt. Es gibt „anziehende" Abschnitte, die von sehr vielen und völlig verschiedenen natürlichen Systemen belegt werden, und „abstoßende" Abschnitte, die von vielen natürlichen Systemen gemieden werden. Kristalle, Organismen oder Populationen, die im Laufe ihres Wachstums an die Grenze dieser Abschnitte auf der logarithmischen Gerade der Maßstäbe gelangen, wachsen entweder nicht mehr weiter, oder beginnen zu zerfallen bzw. beschleunigen ihr Wachstum, um diese Abschnitte so schnell wie möglich zu überwinden.

Das Institut für Raum-Energie-Forschung i.m. Leonard Euler (IREF) konnte dieses Verhalten auch in der Demographie (Stochastik der Einwohnerzahlen in Städten weltweit), Volkswirtschaft (Stochastik des Sozialproduktes, der Importe und Exporte weltweit) und Betriebswirtschaft (Stochastik des Umsatzes großindustrieller und mittelständischer Unternehmen, Stochastik der Börsenwerte weltweit) nachweisen.

Die Grenzen der „anziehenden" bzw. „abstoßenden" Abschnitte auf der logarithmischen Geraden der Maßstäbe sind leicht zu finden, denn sie wiederholen sich regelmäßig im Abstand von 3 Einheiten des natürlichen Logarithmus. Dieser Abstand definiert gleichzeitig die Wellenlänge der stehenden Dichtewelle. Sie beträgt 6 Einheiten des natürlichen Logarithmus.

Mit ihren Schwingungsbäuchen verdrängt die globale stehende Dichtewelle Materie auf der logarithmischen Geraden der Maßstäbe und konzentriert sie in ihren Knotenpunkten. Beim Übergang von einem Wellenbauch zu einem Knotenpunkt entsteht deshalb eine Fusionstendenz, beim Übergang von einem Knotenpunkt zu einem Wellenbauch – eine Zerfallstendenz. Dieser Prozeß verursacht einen globalen logarithmisch-periodischen Strukturwechsel. Gepackte und ungepackte Systeme dominieren auf der logarithmischen Geraden der Maßstäbe abwechselnd im Abstand von 3k, also 3, 9, 27, 81 bzw. 243 Einheiten des natürlichen Logarithmus.

Schallwellen im logarithmischen Raum als Ursache der Gravitation

Die Existenz einer stehenden Dichtewelle im logarithmischen Raum erklärt erstmals in der Geschichte der Physik die Herkunft der Gravitation. Der globale Materiefluß in Richtung Knotenpunkte der stehenden Dichtewelle ist die Ursache des physikalischen Phänomens der gravitativen Attraktion. Teilchen, Atome, Moleküle, Himmelskörper usw., deren Maßstäbe sich in Knotenpunkten der stehenden Dichtewelle stabilisieren, werden somit zu gravitativen Attraktoren. In der physikalischen Realität offenbart sich die stehende Dichtewelle im logarithmischen Raum der Maßstäbe deshalb auch als globale stehende Gravitationswelle.

Dies hat zur Folge, daß eine exakte Wertgleichheit der trägen und gravitativen Masse (wie sie in der heutigen Physik postuliert wird) für alle Körper unabhängig von ihrer Dichte bzw. dem Material, aus dem sie bestehen, nur in den Knotenpunkten der globalen stehenden Dichtewelle zutreffen kann. Systematische Messungen zur Verifikation dieser Aussage der Global-Scaling-Theorie wurden bislang nicht durchgeführt. ...

Die „Schallmauer" des Universums

Stehende Wellen können sich nur herausbilden, wenn das Medium begrenzt ist, in dem sie sich ausbreiten. Die Existenz einer stehenden Dichte- bzw. Druckwelle im Universum bedeutet also: Das Universum ist maßstäblich begrenzt. Am unteren maßstäblichen Horizont des Universums erreicht die Materiedichte ein Maximum, am oberen Horizont einen Minimalwert. Sie bilden die „Schallmauer" des Universums. Eben an diesem Phasenübergang werden Druckwellen reflektiert, überlagern sich und bilden stehende Wellen. Eine stehende Welle kann auf Dauer nur existieren, wenn das Medium permanent von außen mit Energie versorgt wird. Das bedeutet, unser Universum steht im permanenten Energieaustausch mit anderen Universen.

Stehende Wellen sind in der Natur weit verbreitet, weil in der Regel jedes Medium begrenzt ist, sei es das Wasser der Ozeane, die Luft der Erdatmosphäre oder das Strahlungsfeld der Sonnenatmosphäre. Stehende Wellen regen das Medium zu Eigenschwingungen an, und weil die Amplitude einer stehenden Welle nicht mehr zeit- sondern nur noch ortsabhängig ist, vollziehen sich diese Eigenschwingungen synchron im gesamten Medium.

Eine Welle entsteht, wenn ein schwingendes Teilchen eines Mediums benachbarte Teilchen zum Schwingen anregt und sich dieser Prozeß fortpflanzt. Bedingt durch die Viskosität bzw. Elastizität des Mediums und die Trägheit der Teilchen sind ihre Schwingungsphasen verschieden und es entsteht der physikalische Effekt einer Phasenverschiebung im Raum, den wir als fortschreitende Welle bezeichnen. Die Geschwindigkeit dieser Phasenverschiebung (Phasengeschwindigkeit) ist stets endlich und mediumabhängig.

Die Phasengeschwindigkeit einer stehenden Welle zwischen zwei benachbarten Knotenpunkten ist dagegen gleich Null, denn alle Teilchen schwingen hier in Phase. Daher auch der Eindruck, daß die Welle „steht". In jedem Knotenpunkt springt hingegen die Phase um 180 Grad – die Phasengeschwindigkeit ist hier also theoretisch unendlich hoch. Und eben dieser Sachverhalt ist es, der eine Kommunikation über stehende Wellen so attraktiv macht.

Stehende Wellen als Trägerwellen zur Informationsübertragung

Stehende Wellen übertragen keine Energie, sondern pumpen sie nur hin und her – und zwar im Rahmen einer halben Wellenlänge. Diese halbe Wellenlänge ist indes völlig ausreichend – sogar für eine interplanetare Kommunikation – wenn es sich um stehende Wellen im logarithmischen Raum handelt.

Die Wellenlängen stehender Dichtewellen im logarithmischen Raum betragen 2x3k, also 6, 18, 54, 162 bzw. 486 Einheiten des natürlichen Logarithmus. Eine halbe Wellenlänge entspricht demnach 3, 9, 27, 81 bzw. 243 Einheiten, das sind relative Maßstäbe von 1,3 bzw. 3,9 bzw. 11,7 bzw. 35,2 bzw. 105,5 Größenordnungen. Genau in diesen Abständen befinden sich Knotenpunkte. Die Knotenpunkte markieren somit Maßstäbe, die sich wie 1:20, 1:8103, 1:5,32x1011, 1:1,5x1035 bzw. 1:3,4x10105 verhalten.

Im Rahmen dieser Maßstäbe kann man zwischen zwei benachbarten Knotenpunkten kommunizieren.

Da es nur in unmittelbarer Nähe der Knotenpunkte möglich ist, einer stehenden Welle Energie zuzuführen bzw. zu entnehmen, beschränkt sich die Möglichkeit der Modulation einer stehenden Welle auf ihre Knotenpunkte. Handelt es sich dabei um eine stehende Welle im linearen Raum, sind Knotenpunkte einfach nur Orte, in denen die Ankopplung eines externen Schwingungsprozesses möglich ist. Knotenpunkte einer stehenden Welle im logarithmischen Raum dagegen sind bestimmte Maßstäbe, denen u.a. auch verschiedene Frequenzen zuzuordnen sind. Um diese Frequenzen berechnen zu können, wird es notwendig, die mathematischen Grundlagen der Global-Scaling-Theorie zu tangieren.

Die Physik der Zahlengerade

Die Welt der Maßstäbe ist nichts anderes als die logarithmische Zahlengerade, die mindestens seit Napier (1600) bekannt ist. Neu ist jedoch die fundamentale Erkenntnis, daß diese Zahlengerade eine harmonikale Struktur besitzt, deren Ursache eine stehende Dichtewelle ist.

Bereits Leonard Euler (1748) zeigte, daß irrationale oder transzendente Zahlen eineindeutig auch als Kettenbrüche darstellbar sind, deren Elemente (Teilzähler und Teilnenner) alle ausnahmslos natürliche Zahlen sind. 1928 gelang Khintchine der allgemeine Beweis. Zahlentheoretisch bedeutet das: Alle Zahlen sind aus natürlichen Zahlen konstruierbar. Das universelle Konstruktionsprinzip heißt Kettenbruch.

Und die natürlichen Zahlen 1, 2, 3, 4, 5, ... wiederum sind aus Primzahlen konstruierbar. Das sind die natürlichen Zahlen, die sich ohne Rest nicht weiter teilen lassen, z.B. 1, 2, 3, 5, 7, 11, 13, 17, 19, 23, 29, 31, ... (traditionell wird die 1 nicht zu den Primzahlen gerechnet, obwohl sie alle Kriterien erfüllt). Die Verteilung der Primzahlen auf der Zahlengeraden ist derart unregelmäßig, daß man bislang keine Formel finden konnte, die diese Verteilung vollständig beschreibt. Erst im Rahmen der Global-Scaling-Theorie konnte dieses Rätsel gelöst werden:

Die Verteilung der Primzahlen ist wirklich sehr unregelmäßig – aber nur auf der linearen Zahlengeraden. Auf der logarithmischen Zahlengeraden wiederholen sich besonders große Primzahllücken in regelmäßigen Abständen. Das bemerkte bereits Gauß (1795). Aus diesem Grund läßt sich die Menge $\pi(n)$ der Primzahlen bis zur Zahl n annähernd nach der einfachen Formel $\pi(n) = n / \ln n$ berechnen.

Die Ursache dieser Erscheinung ist die Existenz einer stehenden Dichtewelle auf der logarithmischen Zahlengeraden. Die Knotenpunkte dieser Dichtewelle wirken als Zahlen-Attraktoren. Deshalb konzentrieren sich dort die Primzahlen und bilden zusammengesetzte Zahlen, also Nichtprimzahlen, z.B. die 7 Nichtprimzahlen von 401 bis 409. So entsteht an dieser Stelle eine sogenannte „Primzahllücke„.

Genau dort, wo sich auf der logarithmischen Zahlengeraden Nichtprimzahlen (also Primzahlen-Cluster) bilden, konzentriert sich auch Materie auf der logarithmischen Geraden der Maßstäbe. Das ist keine Magie, sondern eine Folge dessen, daß Maßstäbe Logarithmen sind, also „nur" Zahlen.

Die logarithmische Gerade der Maßstäbe ist also nichts anderes als die logarithmische Zahlengerade. Und weil nun die stehende Dichtewelle eine Eigenschaft der logarithmischen Zahlengerade ist, determiniert sie die Häufigkeitsverteilung der Materie auf allen physikalisch geeichten logarithmischen Geraden – der Größenverhältnisse, der Massen, der Frequenzen, der Temperaturen, der Geschwindigkeiten usw.

Um nun einen Knotenpunkt auf der logarithmischen Gerade zu finden, benötigt man nichts weiter als die Zahlengerade (die jeder kennt) und ein natürliches Eichmaß, mit dem man die Zahlengerade multipliziert (eicht). Die Wellenlänge der stehenden Dichtewelle auf der logarithmischen Zahlengerade ist bekannt. Der Abstand zwischen benachbarten Knotenpunkten beträgt 3 Einheiten des natürlichen Logarithmus. Nun kann man leicht alle Knotenpunkt-Werte Xn nach der einfachen Formel Xn = Y x exp(n) berechnen (Y ist ein natürliches Eichmaß, n = 0, +-3, +-6, +-9, ...).

Knotenpunkt-Frequenzwerte sind z.B. 5 Hz (n= -54), 101 Hz (n= -51), 2032 Hz (n= -48), 40,8 kHz (n= -45), 820 kHz (n= -42), 16,5 MHz (n= -39), 330,6 MHz (n= -36) usw. Die Frequenzbereiche um 5 Hz, 100 Hz, 2 kHz usw. sind für Energieübertragungen in endlichen Medien prädestiniert. Hier befinden sich auch die Trägerfrequenzen für Informationsübertragungen im logarithmischen Raum. Frequenzen, die in Knotenpunktnähe liegen, sind nicht nur in der Natur weit verbreitet, sondern kommen auch in der Technik zur Anwendung.

Natürliche Eichmaße – der Schlüssel zu Global Scaling

Die genaue Kenntnis der harmonikalen Struktur des logarithmischen Raumes ist das Tor zu Global Scaling. Um dieses Tor öffnen zu können, benötigt man einen Schlüssel – die natürlichen Eichmaße.

Die natürlichen Eichmaße sind selbst Knotenpunkt-Werte. Im Knotenpunkt einer stehenden Welle finden keine Schwingungen statt, es herrscht Ruhe. Deshalb besitzen die natürlichen Eichmaße ein hohes Maß an Stabilität. Die Ruhemasse des Protons bleibt über mindestens 1030 Jahre stabil. Aus demselben Grund ist auch die Lichtgeschwindigkeit im Vakuum ein ziemlich hartnäckiger Wert. Die Existenz stabiler natürlicher Eichmaße ist die physikalische Grundlage einer natürlichen Metrologie, auf der die Global-Scaling-Theorie aufbaut.

Kettenbrüche als „Weltformel"

1950 bewiesen Gantmacher und Krein, daß die räumliche Verteilung frei beweglicher Teilchen in linearen schwingenden Kettensystemen durch einen Kettenbruch beschrieben werden kann. Terskich (1955) konnte diese Gesetzmäßigkeit auch in nichtlinearen schwingenden Kettensystemen nachweisen. 1982 zeigte Müller, daß auch die Verteilung der Materie im logarithmischen Raum eine Kettenbruchstruktur besitzt. Diese Kettenbruchstruktur sorgt dafür, daß die Konzentration der Materie in Knotenpunktnähe hyperbolisch zunimmt. Die Verteilung

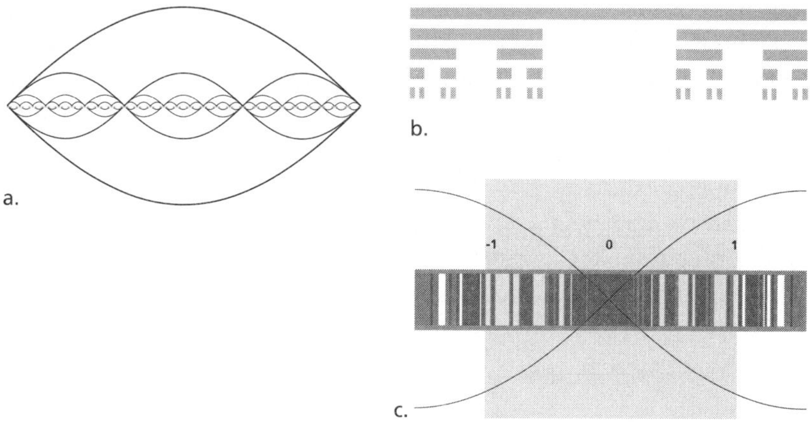

der Materie im logarithmischen Raum der Maßstäbe (a) besitzt in erster Näherung die fraktale Dimension des Cantor-Staubs (b), wird jedoch in Knotenpunktnähe hyperbolisch deformiert(c) (*siehe Grafik*). Der mathematische Aspekt besteht hier in der Erkenntnis, daß nicht nur jede Zahl als Kettenbruch darstellbar ist, sondern auch die Verteilung der Zahlen auf der logarithmischen Zahlengeraden insgesamt.

Dieser mathematische Aspekt hat unmittelbare physikalische Folgen: Überall dort, wo man mit Zahlen arbeitet – ob in der Naturwissenschaft, Soziologie oder Ökonomie – wird man mit dem Phänomen konfrontiert, daß es bestimmte Attraktorwerte gibt, die von allen Systemen – völlig unabhängig von ihrer Natur – bevorzugt werden, und daß die Verteilung dieser Attraktorwerte auf der logarithmischen Zahlengerade einer (fraktalen) Kettenbruchregel folgt.

Diese Kettenbruchregel „enthält" die Physik, Chemie, Biologie und Soziologie – insofern sie mit Maßstäben (reellen Zahlen) arbeiten, d.h. insofern etwas gemessen wird. Viele aufwendig ermittelte Meßergebnisse sind deshalb im Rahmen der Global-Scaling-Theorie relativ leicht vorausberechenbar, z.B. die Temperatur der kosmischen Mikrowellen-Hintergrundstrahlung, deren Wert nicht größer als Tp x exp(-29) = 2,7696 K sein darf, oder die Ruhemasse des Neutrons mn = mp x exp(1/726) = 939,5652 MeV sowie anderer Elementarteilchen.[90]

Die Melodie der Schöpfung

Im Rahmen der Global-Scaling-Theorie erscheint auch die Urknall-Hypothese in einem neuen Licht. Nicht eine fortschreitende Druckwelle im linearen Raum (das Echo der hypothetischen Urexplosion) ist die Ursache der kosmischen Mikrowellen-Hintergrundstrahlung, sondern eine stehende Druckwelle im logarithmischen Raum. Sie ist gleichzeitig verantwortlich für die fraktale, jedoch logarithmisch skaleninvariante Verteilung der Materie im gesamten Universum. Sie hat das Universum, so wie wir es kennen, erschaffen und erschafft es immer wieder neu. Sie ist die Ursache aller physikalischen Wechselwirkungen und Kräfte – der Gravitation, des Elektromagnetismus, der Kernfusions- und Kernzerfallskräfte. Sie ist die Ursache der topologischen 3-Dimensionalität des linearen Raumes, der Links-Rechts-Asymmetrie und der Anisotropie der Zeit. All diese Phänomene sind physikalische Effekte, die beim Übergang aus dem logarithmischen Raum in den linearen entstehen. Diese stehende Welle im logarithmischen Raum bietet uns jetzt auch die Möglichkeit, über astronomische Entfernungen praktisch zeitgleich zu kommunizieren. Wie ist das möglich?

Nachbarn im logarithmischen Raum

Systeme, die im linearen Raum sehr weit voneinander entfernt sind, können im logarithmischen Raum der Maßstäbe ziemlich nahe beieinander liegen. Unsere Sonne und Alpha Centauri sind im linearen Raum über 4 Lichtjahre voneinander entfernt, im logarithmischen Raum der Maßstäbe sind sie jedoch unmittelbare Nachbarn. Wenn man das einmal begriffen hat, ist es auch nicht mehr allzu schwer, physikalische Bedingungen zu schaffen, die eine Kommunikation im en Raum ermöglichen. Zwei Elektronen im gleichen Quantenzustand, die tausende Kilometer voneinander entfernt sind, befinden sich im logarithmischen Raum der Maßstäbe praktisch in einem Punkt. Dieser Sachverhalt erklärt nicht nur eine ganze Reihe quantenmechanischer Phänomene, sondern ist auch die Basis einer völlig neuen Technologie der Telekommunikation. ... Die G-Com-Technologie steckt zwar noch in den Kinderschuhen (die erste Sprachmodulation gelang im Juli 2001), dennoch ist sie allen herkömmlichen Verfahren der Informationsübertragung bereits heute in zwei wichtigen Aspekten weit überlegen. Erstens kann eine modulierte stehende Gravitationswelle zeitgleich an jedem Ort der Erde, auf dem Mars oder außerhalb des Sonnensystems demoduliert werden. Damit werden Entfernungen und Übertragungszeiten bedeutungslos. Zweitens werden Wellen weder erzeugt, noch gesendet. Deshalb benötigt die G-Com-Technologie auch keine Antennen, Satelliten, Verstärker oder Umsetzer. Damit beginnt eine neue Ära der Telekommunikation – ohne Elektrosmog.

G-Com-Telefonie

Wir kommen nun zu einer praktischen Anwendung der zuvor erläuterten theoretischen Grundlage des „Global Scaling".

Unter der Überschrift „Mit 66 Milliwatt nach Australien"[91] veröffentlichte die Zeitschrift „raum&zeit" einen siebenseitigen Artikel, der ein ebenso atemberaubendes wie mit herkömmlichem Wissensstand unerklärliches wissenschaftliches Experiment beschreibt. Es handelte sich um eine besondere Art der „Funkverbindung" zwischen zwei Partnern, dem einen in Deutschland und dem anderen in Australien. Bevor wir dazu kommen, werfen wir einen Blick auf das, was bisher über die kommunikative Überbrückung weiter Entfernungen entwickelt wurde.

Wie funktioniert Telekommunikation herkömmlicherweise?
Jeder, der sich mit Hochfrequenz beschäftigt hat, aber auch jeder, der vertraut ist mit Handfunkgeräten, mit Schiffsfunk, Taxifunk, Polizeifunk oder auch mit Rundfunk und Amateurfunk, weiß, daß man zur Überbrückung bestimmter Entfernungen darauf angewiesen ist, eine gewisse Menge an hochfrequenter Leistung aus einem Sender in den Äther (sic!) zu schicken, um auf der Empfängerseite gehört zu werden.

Dabei werden im Sender elektromagnetische Schwingungen erzeugt, mit Sprache oder Musik moduliert und dann von einer für die im Sender erzeugte, hochfrequente Schwingung oder Welle (Trägerfrequenz des Sprachsignals) geeigneten Antenne abgestrahlt.

Diese Schwingung breitet sich im Luftraum (und Äther) aus und kann dann in mehr oder weniger abgeschwächter Signalstärke von einem

Empfänger wieder aufgefangen werden. Für große Entfernungen, wie z.B. zu anderen Erdteilen, eignen sich besonders gut die Kurzwellen (Frequenzbereich zwischen ca. 2 und 30 MHz), für geringere Entfernungen die Mittel- und Langwellen (ca. 100 kHz bis 2 MHz), während für den Nahbereich die Ultrakurzwellen (UKW, UHF und SHF) benutzt werden. Funktelefonie mit Mobilfunkgeräten („Handys") läuft im Bereich von ca. 1 bis 3 GHz (sog. Zentimeterwellen) ab.

Damit ist ganz grob beschrieben, was mit sogenannten Hertzschen Wellen (Heinrich Hertz, deutscher Physiker), auch Transversalwellen genannt – da sie quer zur Ausbreitungsrichtung schwingen – möglich ist.

Der Bereich der sogenannten Longitudinalwellen und der Skalarwellen, die Nikola Tesla entdeckte, ist dagegen weitgehend unerforscht, da sich die konforme Wissenschaft damit nicht beschäftigt hat.

Wenden wir uns um des besseren Verständnisses willen zuvor noch einem G-Com-Experiment zu, das bereits vor dem oben genannten stattgefunden hatte.

Bei www.buergerwelle.de finden wir unter der Überschrift „Ein historisches Experiment" interessante Angaben:

„Die erste Sprachübertragung über stehende Gravitationswellen von Bad Tölz nach St. Petersburg durch G-Com-Technologie zur Vorführung der weltweit ersten Telekommunikation ohne Elektrosmog in Bad Tölz am 27. Oktober 2001, durchgeführt von Dr. rer. nat. Hartmut Müller, Leiter des Instituts für Raum-Energie-Forschung i.m. Leonhard Euler.

Bei der G-Com-Technologie werden weder Wellen erzeugt noch gesendet. Es bedarf somit keiner Antennen, Satelliten, Verstärker oder Umsetzer. G-Com-Technologie benutzt zur Informationsübertragung stehende Gravitationswellen, die nicht erzeugt werden müssen, denn sie durchfluten das Universum und versetzen es auf allen maßstäblichen Ebenen in synchrone Schwingungen."

Mit diesen Wellen sind stehende Druckwellen gemeint, die sich im logarithmischen Raum der Maßstäbe (siehe Global Scaling) befinden, und von denen nur eine Halbwelle benutzt wird. Dies ist nicht leicht zu verstehen und erfordert, daß man sich zunächst mit Global Scaling auseinandersetzt (s.o.).

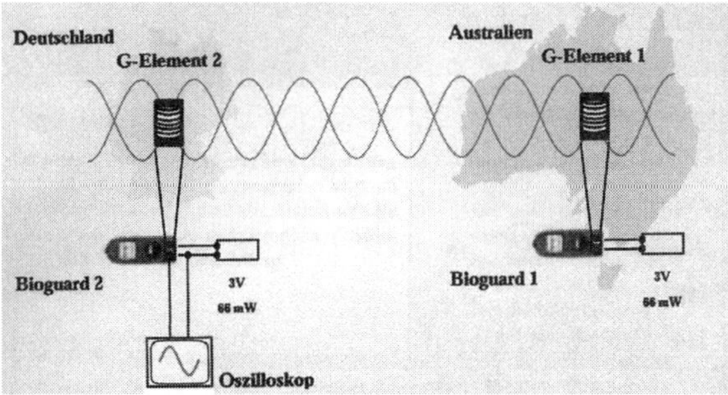

Kommunikation zwischen zwei G-Com-Geräten

Quelle: Ehlers-Verlag

Bei dieser quasi universal schon vorhandenen Verbindungsmöglichkeit spielen weder räumliche Entfernungen noch Laufzeitverschiebungen eine Rolle, da hier auch die Lichtgeschwindigkeit von 300.000 km/s. nicht in Betracht kommt. Es sind dafür nur Schwingungssysteme notwendig, deren Eigenschwingung in der Nähe eines Knotenpunktes auf der Global-Scaling-Skala liegt.

Für das Verständnis einer stehenden Welle hilft uns zur Veranschaulichung folgendes Modell (nach Wikipedia):

Eine stehende Welle (im engeren Sinne) entsteht aus der Überlagerung zweier gegenläufig fortschreitender Wellen gleicher Frequenz und gleicher Amplitude. Die Wellen können aus zwei verschiedenen Erregern stammen oder durch Reflexion einer Welle an einem Hindernis entstehen.

Eine stehende Welle entsteht aus der Überlagerung zweier Wellen.

Ein mechanisches Beispiel ist eine Seilwelle, bei der man ein Seilende auf und ab bewegt (*schwingen läßt*) und so eine fortschreitende Welle im Seil erzeugt. Ist das andere Seilende befestigt, so wird die Welle dort reflektiert und läuft auf dem Seil zurück (*bleibt quasi stehen*). Als Folge sieht man keine fortschreitende Welle mehr, sondern das Seil vollführt eine Schwingung, bei der bestimmte Stellen in Ruhe bleiben (Wellenknoten oder Schwingungsknoten), während andere mit großer Schwingungsweite (Amplitude) hin und her schwingen (Wellenbäuche oder Schwingungsbäuche).

Um nun eine G-Com-Verbindung aufzubauen, braucht man auf jeder Seite ein global-scaling-identisches Schwingungssystem, dessen Eigenfrequenz in der Nähe eines Schwingungsknotens (Nulldurchgang der Welle) liegt. Nun werden beide zu verbindenden Systeme zu Schwingungen angeregt, bis sie im logarithmischen Raum miteinander in Resonanz sind. Jetzt kann Sprache (oder eine andere Tonquelle) auf die Schwingung aufmoduliert werden. Dies geschieht mit einem sogenannten gravielektrischen (schwerkraftelektrischen) Energiewandler, dem G-Element.

Eine selbst erzeugte Trägerwelle oder Trägerfrequenz, wie oben beschrieben, wird dafür nicht benötigt, da hier nicht, wie herkömmlich, eine Hochfrequenz das aufmodulierte Signal mit hohem Energieaufwand weitertragen muß, sondern beide Partner koppeln sich in eine schon bestehende Schwingung (Welle) ein.

Mit einem Spektrumanalysator konnte bei dem Experiment nachgewiesen werden, daß tatsächlich keine Trägerwelle erzeugt wird. Beide Gesprächsteilnehmer befinden sich quasi in einem gemeinsamen „Kommunikationsraum".

Eine solche Telekommunikation verläuft damit praktisch verlustlos, da sie sich lediglich in ein natürliches Übertragungsfeld einklinkt.

Wie sah das Ganze praktisch aus?
Wir zitieren wieder aus der Quelle www.buergerwelle.de:

> Auf zwei Tische waren auf jeder Seite folgende, identische Materialien aufgebracht: Zwei runde Büchsen, bestehend aus verschiedenen Metallen, ein G-Element und eine länglich aussehende Röhre. Ein Bioguard-Gerät wurde für das Experiment modifiziert. An dem einen Tisch wurden 5 Hertz benutzt, an dem anderen Tisch eine andere, nicht näher angegebene Hertzzahl. Ein Lautsprecher machte die bei der Übertragung entstehenden Klicks hörbar, deren Struktur mit den Klicks der Wale und Delphine viel gemeinsam hat. Wale und Delphine kommunizieren über Schallwellen und dies über Tausende von Kilometern. Die menschliche Stimme aus St. Petersburg war über den Lautsprecher sehr gut zu hören.

Was ist nun ein Bioguard-Gerät?

Wie wir erfuhren, verwendet man für dieses Gerät Nanokristallstrukturen eines bestimmten Minerals*, die zusammen mit weiteren Bauelementen dazu dienen, ultraschwache Magnetfelder aufzubauen. Als wesentlichen Teil enthält es ein sogenanntes G-Com-Element.

Normalerweise kommt das Gerät für die Abwehr bzw. Neutralisierung schädlicher elektromagnetischer Strahlung zur Verwendung, dient aber nach Umbau in dem beschriebenen Experiment als Kommunikationsvermittler.

Zurück zum Australien-Experiment.
Am 2./3. Januar 2002 sprach Hartmut Müller mit seinem Gesprächspartner Siegfried Prumbach, der sich in Australien befand und das oben schon beschriebene Bioguard-Gerät in der Hosentasche mit sich führte. Dabei kam es zu folgendem Dialog:

> H: „Siegfried, Prost Neujahr! Was macht Ihr jetzt?"
> S: „Wir sind gerade beim Frühstück. Hartmut, hast Du das Signal?"
> H: „Ja, aber es gibt da etwas, das ich nicht erklären kann. Etwa alle 48 Stunden verschwindet das Signal für ein paar Minuten."
> S: „Ich denke schon, daß ich das erklären kann."
> H: „Hast Du eine Idee?"
> S: „Ja, eine ziemlich plausible sogar. Jeden zweiten Tag wechsle ich die Batterien des Bioguard."

(...)
Der Bioguard hat eine Leistungsaufnahme von nur 66 mW. Wie schon beschrieben, koppelt er sich in die natürliche Welle ein, die das Signal auf der anderen Seite hörbar macht.

Das Ganze erinnert sehr an Gedankenübertragung. Zapfen wir dabei mit unserem Gehirn möglicherweise dasselbe Gravitationsschwingungsfeld an?

* sogenanntes Forsterit – *d. V.*

In dem zu Anfang erwähnten Artikel in raum&zeit heißt es:

„Werden... in einem Medium Bedingungen geschaffen, die zur partiellen Reflexion einer Trägerwelle der Frequenz f führen, und zwar über eine Entfernung, die dem ganzzahligen Vielfachen der halben Wellenlänge entspricht, tunnelt ein aufmoduliertes Signal innerhalb des Zeitintervalls $\Delta t_T = 1/f$, so daß superluminare (= *mit Überlichtgeschwindigkeit*) Übertragungsgeschwindigkeiten erreicht werden können. Die G-Com-Technologie nutzt nicht-Einsteinsche stehende Gravitationswellen natürlicher Herkunft zur Übertragung modulierter Signale. Die Übertragungsgeschwindigkeit hängt dabei nur von der Trägerfrequenz* des Signals ab. Während der G-Com-Testverbindung Australien-Deutschland wurde ein gepulstes Signal im (ELF)-Bereich (= *Extrem Low Frequency*) mit f = 6,17 Hz = [-54; +9, +3, -3, -12, -3, +3, -9] über die stehende Gravitationswelle [-45] = 40,8 kHz übertragen. Die ungewöhnlich hohe Stabilität der globalen stehenden Kompressionswelle macht es relativ leicht, die Frequenz 40,8 kHz im Spektrum des natürlichen gravitativen Hintergrundfeldes zu identifizieren. Das 6,17 Hz-Signal des Bioguard entspricht einer effektiven Frequenz von 5 Hz = [-54]. Es wurde mehrere Male 48 Stunden lang ohne Unterbrechung auf dem 40,8 kHz-Kanal von Australien nach Deutschland übertragen... Außerdem wurde festgestellt, daß der gravitative 40,8 kHz-Kanal frequenzmoduliert ist, was auf eine bereits vorhandene Nutzung zu globalen Kommunikationszwecken hinweist."

Zusammenfassend kann festgestellt werden:

- Mit diesem Experiment ergab sich erstmals der Nachweis, daß Signale mit vielfacher Lichtgeschwindigkeit übertragen werden können (bis zum 1300fachen!). Dies bestätigt dann auch die Forschungsergebnisse von Prof. Nimtz von der Uni Köln von 1992)

* keine Trägerfrequenz im herkömmlichen Sinne – *d. V.*

- Solche Ergebnisse zwingen eigentlich dazu, die Entfernungen extragalaktischer Objekte, die jeweils in Lichtjahren berechnet werden, neu zu bestimmen. Das käme einer astronomischen Revolution gleich.
- Auch die SETI-Forschung (Search for Extraterrestrial Intelligence) würde sich dadurch neu orientieren müssen, da die bisherige Suche auf der Ebene Hertzscher Wellen verlassen werden könnte, um zu Ergebnissen zu gelangen.

Das Bioguard-Gerät ist nicht mehr erhältlich, wurde aber durch einen Nachfolgetyp, das sogenannte Protofield-Gerät („der neue Bioguard 2nd") ersetzt.
Eine Beschreibung der Wirkungsweise des Gerätes findet man auf der Webseite www.changing-the-matrix.de.[92]

Der Nachfolger des Bioguard: Protofield

Bild: changing-the-matrix.de

Probleme bei der Markteinführung von G-Com

Neuerdings gab es Gerichtsverfahren, die im Zusammenhang mit Global Scaling Betrugsvorwürfen nachgingen. Wir nehmen zu dem Ausgang dieser Verfahren hier keine Stellung und sagen nur soviel, daß bei der Einführung neuer technologischer Strukturen durch die damit verbundene Infragestellung konventionell verwendeter Modellvorstellungen stets Verunsicherung hervorgerufen wird.

Wenn also zu einem verfrühten Zeitpunkt technischer Produktunreife bereits in größerem Stil im Volk die Werbetrommel gerührt, vielleicht auch noch zu ungeeigneten finanztechnischen Mitteln gegriffen wird, wie z. B. Vergabe von Anteilsscheinen, Beteiligungen oder die Möglichkeit, Geldeinlagen mit Network-Marketing (MLM) u.ä. zu tätigen, so beschwört dies immer die Gefahr herauf, daß es zu Irritationen, falschen oder falschverstandenen Versprechungen und enttäuschten Erwartungen kommen kann und oft auch wird. Rückforderungen eingezahlter Beträge sind die Folge.

Natürlich wird jeder ehrliche Erfinder Betrug stets von sich weisen, auch wenn er sein Produkt nicht vollständig erklären kann oder die Vorbildung der anderen für das Verständnis nicht ausreicht und ihm daher wider besseres Wissen Betrug unterstellt wird. Dies machten vor langer und nicht ganz so langer Zeit bereits andere Erfinder durch (John Keely, T. Henry Moray, Stanley Meyer, Paul Pantone u. a.)

Das Dilemma ist immer das gleiche: Einerseits muß bei den Personen, die den Erfinder unterstützen wollen (Investoren) Vertrauen und eine Portion guter Willen vorhanden sein. Andererseits ist die Tatsache, daß neue Sachverhalte zunächst einmal als unmöglich hingestellt und bekämpft werden, schon bekannt, seit es Erfinder gibt. Die Bereitschaft, etwas Neues zu akzeptieren, hängt von der Fähigkeit und dem Willen der Gesellschaft ab, auf Neues zu warten, sich Neuem zu öffnen und diesen Neuen dann Chancen zu geben. Anderenfalls wird es unweigerlich zu Problemen damit führen.

Sind außerdem vielleicht schon Marktbeherrscher, Monopole, Großunternehmen etc. vorhanden, die zu dem neuen Produkt in Konkurrenz stehen und wirtschaftliche Nachteile befürchten, werden diese alles daran setzen, das jeweilige Produkt zu diskriminieren, seine Seriosität in Frage zu stellen und damit zu verhindern. Hier arbeitet man u.a. mit dem vorzeitigen Aufkauf eines Patentes, um der Markteinführung durch den ersten Patentinhaber zuvorzukommen, aber auch andere, unakzeptable Vorgehensweisen sind an der Tagesordnung.

Manche Erfinder sind dadurch reich geworden, daß ihre Idee zunächst in der Schublade blieb, bis die betreffende Firma den Zeitpunkt für gekommen sah, das erworbene Patent praktisch umzusetzen.

Hyperschall

Der Dipl.-Ing. Reiner Gebbensleben entdeckte in akribisch und langfristig geführten Experimenten Phänomene, die sich mit den herkömmlichen Theorien nicht erklären ließen und suchte deshalb nach neuen Wegen. Dabei erarbeitete er ein Denkmodell, das unter der Überschrift „Hyperschall" bekannt geworden ist. Wie wir im Gespräch mit ihm erfuhren, kann man diese Theorie auf alle bisher unerklärbaren Energiegewinne aus dem Quantenraum anwenden, vielfach als „freie Energie" bezeichnet. Sein umfangreiches Werk dazu umfaßt über 600 Seiten, Und es gestattet uns einen tiefen Einblick in die grundsätzlichen Gegebenheiten unserer Welt. Das Besondere daran ist, daß dabei die konventionell angewendeten physikalischen Gesetze nicht in Frage gestellt werden müssen.

Unter www2.pe.tu-clausthal.de finden wir eine kurze Beschreibung des Wesentlichen:

> In seinem Buch »Der sechste Sinn und seine Phänomene, physikalische und neurophysikalische Grundlagen der Wahrnehmung von Hyperschall – Ein Forschungsbericht« zeigt Reiner Gebbensleben ausführlich auf, wie er mit gut beschriebenen und präzise durchdachten Experimenten Phänomene der Radiästhesie in wissenschaftlicher Weise untersucht hat – wiederholbar und nachvollziehbar.
>
> Auch wenn er als Sensor immer wieder einen biologischen Körper nutzt, zeigen die orts- und zeitabhängigen Aufzeichnungen vieler Experimente, daß die Phänomene reproduzierbar sind. Durch geschickte Abschirmmaßnahmen und auf Grund seiner großen Erfahrung hat Gebbensleben die Experimente so durchführen können, daß er den Einfluß von unerwarteten Nebenbedingungen sehr gering halten konnte.
>
> Als äußerst wichtiges Element für die Erforschung der Phänomene ist seine Beobachtung [anzusehen], daß man elektronische Halbleiter, insbesondere die Diode, als „Strahlquelle" im Sinne der Effekte der Radiästhesie nutzen und so gezielt im Labor Experimente zu Winkelabhängigkeiten, Abschwächungen usw. durchführen kann.

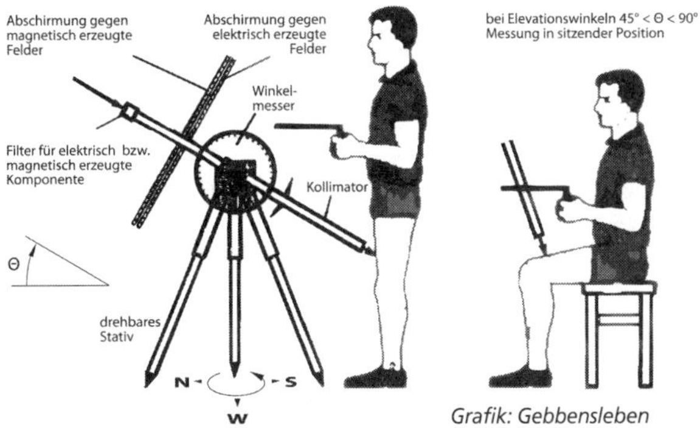

Grafik: Gebbensleben

Untersuchung der Abhängigkeit der radiästhetisch wahrnehmbaren kosmischen Strahlung von Elevationswinkel und Himmelsrichtung mit dem radiästhetischen Teleskop.

Für die Erklärung der Phänomene schlägt er den Begriff „Hyperschall" vor und versteht darunter die Aussage, daß die Elektronen bei Stromfluß durch einen Halbleiterübergang Gitterschwingungen (sogenannte Phononen) im Festkörper auslösen, deren Frequenzen im oberen Gigahertz- bzw. bei vielen [im] Terahertz-Bereich liegen, einem meßtechnisch wenig untersuchten Frequenzbereich.

Es scheint so, daß sich diese Schwingungen außerhalb der Halbleiter auch in Gasen, Flüssigkeiten und Festkörpern ausbreiten und von biologischen Sensoren wahrgenommen werden.

Sensoren hat Gebbensleben bei 82 Röhrenknochen im menschlichen Körper gefunden."[93]

Radiästhesie (lat. radius = Strahl, griech. aisthanomai = empfinden) ist die Wissenschaft der Wirkungen von Strahlen auf Organismen. Die Untersuchung dieser Strahlen und deren Auswirkungen ist durch Strahlenfühligkeit oder Strahlenempfindlichkeit möglich, die bei dafür sensiblen Menschen auftritt.

Das dafür verwendete Instrument ist die schon seit dem Mittelalter bekannte Wünschelrute. Heute gibt es auch andere Bauformen wie die Einhandrute (Tensor oder Nicker genannt) oder die Lecher-Rute. Auch Pendel kommen zum Einsatz. Bekannt geworden ist das Rutengehen bei der Suche nach schädlichen, Erdstrahlen absondernden Wasseradern. Es ist aber auch auf beliebige andere, ausstrahlende Quellen anwendbar.

Wir geben hier einen von Gebbensleben selbst verfaßten Text wieder, da er selbst das Thema wohl am besten erläutern kann:

Hyperschall – Begleitphänomen natürlicher und technischer Prozesse

Einleitung

Die Hyperschalltheorie beschreibt Naturgesetze, die im Ergebnis einer Vielzahl unterschiedlichster experimenteller Untersuchungen gefunden wurden, für die wegen Fehlens geeigneter technischer Meßgeräte (technologische Terahertzlücke) biologische Sensoren verwendet wurden. Damit war auf der Grundlage bekannter physikalischer Gesetze ein neuer Wissenschaftszweig geboren: Die Hyper-schallakustik mit spezifischen Gesetzen und solchen, die bereits aus Schwingungsmechanik, Hydrodynamik, Optik und Hörakustik bekannt sind.

Hyperschall als Informations- und Energieträger erweist sich als Schlüssel für sehr viele bisher unverstandene Phänomene. Er ist identisch mit Orgon (W. Reich), Skalarwellen (K. Meyl), morphogenetischen Feldern (R. Sheldrake) und magneto-hydrodynamischen Wellen (Ch. Rohrbach). Auch Elektrosmog ist Hyperschall. An der Umsetzung der sog. freien Energie in nutzbare Energieformen sind hohe Intensitäten von Hyperschall beteiligt.

Hyperschall liefert plausible Erklärungen für Phänomene der Geobiologie (Wasseradern, Erdstrahlen, Gitternetze), für alle Phänomene der Radiästhesie (Strahlenfühligkeit, Fernwahrnehmung, das Wünschelruten- und Pendelphänomen, Psi-tracks, Ley-lines), der Parapsychologie (Außersinnliche Wahrnehmung, Telepathie, Hellsehen, Gedankenimprägnation und Psychokinese), der Biophysik (Orientierungsverhalten von Tieren, Stoffwechsel, Wachstum und Kommunikation von Pflanzen), der alternativen Medizin (Homöopathie, Placeboeffekt, Akupunktur, Naturheilverfahren), der Neurowissenschaften (Lernen, Denken, Erinnern, Träume, Halluzinationen, Hypnose, Nahtoderlebnisse und scheinbare Wiedergeburt). Hyperschall liefert auch völlig neue Sichtweisen in Soziologie, Psychologie, Evolutionsforschung und Philosophie.

Was ist Hyperschall und woher kommt er?

Die Wellengleichung für Bewegungen von Atomen im Verband eines Kristallgitters hat zwei Lösungen. Im akustischen Zweig bewegen sich Gruppen von Atomen in Form stehender langer Wellen im Millimeter- bis Meterbereich gegeneinander. Das ist das Kennzeichen von Hörschall. Im optischen Zweig, der zweiten Lösung der Wellengleichung, bewegen sich Atome mit ihren Eigenfrequenzen in Form stehender Wellen mit Wellenlängen im Nanometerbereich gegeneinander. Diese Schwingungen mit Frequenzen im höheren Terahertzbereich werden von Mensch, Tier (und sogar Pflanzen!) unbewußt wahrgenommen. Sie liegen oberhalb des Ultraschallbereichs und werden als Hyperschall bezeichnet. Zwischen beiden Bereichen liegen 9 Größenordnungen. Daraus ergeben sich gravierende Unterschiede. So gehorcht Hyperschall einerseits mechanischen, andererseits aber auch optischen Gesetzen.

Hyperschall entsteht immer dann, wenn freie Elektronen auf Materie treffen und ihren Impuls an Atome abgeben. Impuls und angeregte atomare Eigenschwingungen sind um so größer, je höher die pro Elektron umgesetzte kinetische Energie $E_{kin} = \frac{1}{2} mv^2 = e \cdot U$ (m = Masse, v = Geschwindigkeit, e = Elementarladung, U = elektrische Spannung) ist, das heißt, je größer die Anzahl der mit Materie wechselwirkenden Elektronen und je höher ihre Geschwindigkeit v beziehungsweise die im Plasma durchlaufene Potentialdifferenz U ist.

Es gibt drei Arten von Hyperschallquellen: Natürliche, technische und passiv durchstrahlte Objekte mit teilweise extrem hoher Verstärkerwirkung. Natürliche Hyperschallquellen existierten schon immer, technische erst seit dem Siegeszug der Elektrotechnik. Wichtigste natürliche Quelle ist die kosmische Strahlung, die in der Atmosphäre Elektronen freisetzt, die wiederum mit den Luftmolekülen wechsel-wirken. Aber auch im Erdinneren werden im glühenden Magma massenhaft Elektronen freigesetzt und auf kürzestem Wege wieder absorbiert. Daneben gibt es Hyperschallanregungen auch durch den Zerfall radioaktiver Elemente. Weitere Quellen in der Biosphäre der Erde sind: Flammen, Blitze, Meteoriten, Korpuskularstrahlung der Sonne, Strömungsvorgänge in Luft und Wasser, Stoffwechselvorgänge in biologischen Systemen von Pflanzen und

Tieren, insbesondere auch beim Feuern von Synapsen der Nervensysteme. Stärkste biologische Hyperschallquelle ist das menschliche Gehirn, das bei geistiger Tätigkeit mühelos Spitzenwerte mit der 100.000fachen Amplitude des natürlichen Feldes und mehr erreicht.

Stärkste technische Quellen sind unterirdische Atommüll-Endlager. Der beim radioaktiven Zerfall entstehende Hyperschall wird durch die Geometrie der Bergwerksstollen hoch verstärkt. Es folgen Kernkraftwerke mit thermischen Leistungen von mehreren Gigawatt. Plasma mit freien Elektronen findet sich in vielen technischen Prozessen in Lichtbögen, Funkenstrecken und Koronaentladungen. Aber auch jedes Halbleiter-Bauelement erzeugt in seinem pn-Übergang zwangsläufig Hyperschall. Die erzeugte Hyperschall-Leistung ist dabei proportional der im pn-Übergang umgesetzten elektrischen Leistung.

Das bedeutet, daß die gesamte Heim- und Büroelektronik Hyperschall abstrahlt: Flachbildschirme, Röhrenmonitore, PCs, Fernsehgeräte, Audioanlagen, Receiver, Dimmer usw. Letztere strahlen besonders hohe Amplituden ab, weil in ihren Schaltnetzteilen Elektronen durch die volle Netzspannung beschleunigt werden. Gleiches gilt für Anlagen der Energietechnik und Anlagen und Antennen der digitalen Nachrichtendienste: Mobilfunknetze, Rundfunk- und Fernsehsender, Radaranlagen. Alle Energiesparlampen emittieren extrem starke Hyperschallfelder. Typen mit gewendeltem Leuchtstab können aufgrund ihrer Geometrie Hyperschallamplituden erreichen, die sich nur wenig von denen eines Kernkraftwerkes unterscheiden. Einzig Glühlampen bleiben mit ihren Hyperschallamplituden im natürlichen Bereich.

Wichtigste Eigenschaften des Hyperschallfeldes

Hyperschall tritt in zwei Konfigurationen auf: Als kohärenter ungedämpfter Strahl und als strukturiertes Feld zwischen den Strahlen, kurz Feld genannt. Wenn ein ursprünglich homogenes Hyperschallfeld auf ein Objekt trifft, wird es in charakteristischer Weise verändert. Die vielen Elementarstrahlen, aus denen sich das homogene Feld zusammensetzt, „kondensieren“ bei genügend großer Feldstärke beim Durchgang durch ein homogenes Objekt grundsätzlich wegen der radial nach innen gerichteten Querkräfte eines jeden Strahls zu je einem einzigen Strahl in jeder Koordinatenrichtung. Im Hyperschallfeld gilt das Prinzip des Kräftegleichgewichts.

Die Strahlen sind mit dem Schwingungsprofil des durchstrahlten Objekts moduliert (sog. Formresonanz) und reichen – falls sich kein Hindernis im Strahlengang befindet – theoretisch unendlich weit. Hyperschallstrahlen enthalten immer weißes Rauschen, das die Radialkräfte ständig dem globalen Feld entnehmen. Dadurch nimmt ein Strahl die Spektren sämtlicher durchlaufener Objekte auf. Hyperschallstrahlen verhalten sich mit der ihnen eigenen Struktur im globalen Hyperschallfeld wie feste Körper (sog. Feinstofflichkeit).

Zwischen je zwei stofflich gleichen Objekten entstehen exklusive Hyperschall-Resonanzen und Kräfte, die zum Zusammenschluß größerer Einheiten führen, einem Grundprinzip der Natur. Flüssige und gasförmige Körper bilden Cluster und können so beliebige fremde Spektren durchleiten und bei Bestehen einer äußeren Anregung auch zeitlich unbegrenzt speichern.

Hyperschall hoher Amplitude führt durch Überschreitung der Dissoziationsenergie zum Zerreißen von atomaren Bindungen. Bei noch höheren Schwingungsamplituden wechselwirken Atome direkt miteinander. Die Folge sind atomare Transmutationen und die sog. kalte Fusion.

Die Kenntnis der gefundenen Gesetze des Hyperschalls ist notwendig für die Realisierung wichtiger aktueller Ziele, wie der Nutzung von Hyperschall zur Spaltung von chemischen Verbindungen für vielfältigste Anwendungen (Erhöhung landwirtschaftlicher Erträge, Wasseraufbereitung, Schadstoffbeseitigung, Erzeugung von Browns-Gas) und die Umwandlung sogenannter freier Energie in nutzbare Energieformen.

Die gegenwärtig wichtigste Aufgabe besteht darin, Quellen gesundheitsgefährdender Hyperschallfelder aufzuspüren und Maßnahmen zur Verringerung der Emission bzw. Immission zu ergreifen. Der Kampf gegen Erdstrahlen und Wasseradern ist so alt wie die Menschheit. Neu hinzugekommen ist der sogenannte Elektrosmog, der bereits alle Merkmale einer Epidemie erfüllt. Hier liefert das Hyperschallmodell nicht nur den physikalischen Hintergrund, sondern zeigt auch Wege zu seiner Beseitigung auf.[94]

Raumenergiegewinnung

nach Prof. Dr. Claus-W. Turtur

Wir lassen Prof. Turtur selbst zu Wort kommen, wenn er zunächst seine Ausgangssituation in Bezug auf die Erforschung der Raumenergie beschreibt:

> „Meine Arbeiten bewegen sich von Anfang bis Ende vollständig im Rahmen der allgemein anerkannten Standardmodelle der Schulphysik. Ich habe in meinem Werdegang die übliche Universitätsausbildung eines Physikers durchlaufen, deshalb schöpfte ich mein Wissen aus dem Repertoire des Studiums, der Doktorarbeit sowie der dort empfohlenen und verwendeten Fachliteratur. Da im Rahmen der offiziellen naturwissenschaftlichen Ausbildung an den Universitäten die Raumenergie grundsätzlich nicht erwähnt wird, war mir, wie fast allen meiner Fachkollegen, die Existenz der Raumenergie völlig unbekannt. So wurde ich, wie fast alle meiner Kollegen zum Professor berufen, noch ohne je von der Raumenergie gehört zu haben oder von deren Nutzbarkeit zu ahnen."

Über die Nutzung der unsichtbaren Energie des Universums als kostenlose und unerschöpfliche Energiequelle

von Claus W. Turtur, Wolfenbüttel

Noch vor wenigen Jahren hätte man das, was hier beschrieben wird, für unmöglich gehalten, wahrscheinlich sogar für eine Spinnerei. Vermutlich hätte man den hier vorgestellten Rotor als Perpetuum Mobile abgetan und schon alleine deshalb nicht ernst nehmen können, weil es eben ein Perpetuum Mobile nicht geben kann.

An der Situation, daß es ein Perpetuum Mobile nicht geben kann, hat sich bis heute nichts geändert, und es wird sich vermutlich wohl auch nie etwas daran ändern. Trotzdem wird in der vorliegenden Arbeit ein Rotor beschrieben, der endlos rotiert und Energie abgeben kann, ohne von einer bisher bekannten (sichtbaren) Energiequelle gespeist zu werden.

Das besondere daran ist, daß der Rotor von einer Energiequelle angetrieben wird, von deren Existenz die Menschheit noch vor wenigen Jahren noch nicht einmal die Spur einer Ahnung hatte. Beschrieben wird also in Wirklichkeit kein Perpetuum Mobile, sondern eine neuartige Energiequelle.

Wie sieht diese neuartige Energiequelle nun aus? Worum handelt es sich dabei?

Um diese Fragen zu beantworten, gehen wir auf die Entdeckung dieser Energiequelle zurück, die noch gar nicht all zu lange bekannt ist. In der Astrophysik hat man nämlich bemerkt, daß unser gesamtes Universums zu ca. zwei Dritteln aus einer unsichtbaren Energieform besteht, von der man heutzutage kaum mehr weiß, als daß sie existiert. Und weil wir eben so wenig darüber wissen und diese Energieform lange nicht sehen konnten, hat man ihr den Namen „dunkle Energie“ gegeben. Die Bezeichnung hat nichts mit „dunklen“ oder „übernatürlichen“ Kräften zu tun, sondern sie soll nur ausdrücken, daß man diese Energie eben nicht sehen kann – gerade so, wie man im Dunklen halt nichts sieht. Und es soll auch ausdrücken, daß die Art und Beschaffenheit dieser Energie noch sehr im Dunklen liegt. Um das Wörtchen „dunkel“ als Ursache möglicher Mißverständnisse zu vermeiden, sagt man auch manchmal „Raumenergie“ oder „Vakuumenergie“ dazu, weil sie im bloßen Raum vorhanden ist, sogar schon im Vakuum, völlig unabhängig davon, ob es dort außer dieser Energie noch sichtbare Materie gibt oder nicht. Nebenbei sei bemerkt, daß die Bezeichnung „Vakuumenergie“ nicht andeuten soll, daß man ein gutes Vakuum benötigt, um diese Energie erfahrbar machen zu können, oder gar, daß diese Energie nur im Vakuum vorkomme. Es gibt noch eine weitere Bezeichnung, mit der man zumindest einen Teil dieser Energie erfaßt, nämlich „quantenmechanische Nullpunktsenergie“. Mit diesem Namen versucht man, einen Bezug zur mutmaßlichen Natur des erwähnten Teils dieser Energie herzustellen, nämlich mit zu den sogenannten Nullpunktsschwingungen der Quantentheorie, die besagen, daß in der Quantentheorie eine Schwingung nie zur Ruhe kommen kann. Da es aber sein kann, daß außer diesen Nullpunktsschwingungen noch weitere Energie im bloßen Raum vorhanden ist, wollen wir deren Energie nur als einen Teil der gesamten Raumenergie betrachten – allerdings als denjenigen Teil, der in der vorliegenden Arbeit dominant betrachtet und auch experimentell nachgewiesen wird. Abfinden muß man sich mit der Tatsache, daß diese Schwingungen abstrakt und ohne wirkliche Anschauung sind, d.h. sie haben keine Erklärung in Rahmen der klassischen Physik, kein klassisches Pendant, sondern sie sind nur im Rahmen der Quantentheorie verständlich.

Das Besondere an der im vorliegenden Artikel vorgestellten Arbeit ist es, daß es dem Autor gelungen ist, diese abstrakte Energieform konkret und praktisch im Labor (also nicht im Universum) greifbar zu machen und sogar zu nutzen, um einen Rotor anzutreiben. Dieser vollführt als typischer Rotor eine Drehbewegung, mit anderen Worten, er erzeugt klassische mechanische Energie. Und dabei wird er von unsichtbarer Energie angetrieben, die im Universum in praktisch unbegrenzter Menge verfügbar ist und deren Nutzung keine Umweltbelastung verursacht. Würde man nichts über die Existenz dieser unsichtbaren Energie wissen, so liefe man wirklich Gefahr, den Rotor leichtfertig mit einem Perpetuum Mobile zu verwechseln. Im Sinne des zweiten Hauptsatzes der Thermodynamik wird übrigens als treibendes Potential (des Rotors) eine Änderung der Verkrümmung der relativistischen Raumzeit vermutet, sodaß die gewonnene mechanische Energie tatsächlich dem „Raum“ (genauer der „Raumzeit“) entzogen wird. Unerschöpflich ist die Energiequelle nur deshalb, weil der uns umgebende Raum (aus dem diese Energie auf uns einströmt) so groß ist wie das Universum selbst.

Der vorliegende Artikel beschreibt zunächst einen Einblick in die physikalische Theorie, die hinter diesem Raumenergie-Rotor steckt, danach aber vor allem auch die experimentell gelungene Umsetzung der unsichtbaren Energie in praktisch nutzbare mechanische Energie.

Historische Vergleiche und Rückblick

So wie im frühen Mittelalter noch kein Bewußtsein dafür vorhanden war, daß die Luft ein greifbares Medium ist, so war auch lange nach dem Ende des Mittelalters, ja bis hinein ins heraufziehende 20. Jahrhundert noch kein Bewußtsein dafür vorhanden, daß das Vakuum ein greifbares Medium ist.

Eigentlich hätte man bar jeglicher physikalischer Experimente bereits in grauer Vorzeit die Luft als erfahrbares Medium identifizieren können – wäre da nicht jene hohe geistige Schwelle, deren Überwindung immer wieder Jahrhunderte verzehrt. Wie anders als durch diese geistige Schwelle läßt sich verstehen, daß man nicht bereits im 8., 10. oder 12. Jahrhundert aus dem Flug der Vögel oder aus der Existenz des Windes auf die materiellen Eigenschaften der Luft hätte schließen können. Nun, die geistige Schwelle hat unsere Vorfahren eben an der Erkenntnis solcher Zusammenhänge gehindert, bis eines schönen Tages im Jahre 1643 ein Mann namens Evangelista Torricelli auf die Idee kam, die Luft aus einem Gefäß zu entfernen, um zu demonstrieren, daß beim Fehlen der Luft allerlei Abläufe sich völlig anders verhalten als in Luft. Obwohl nun die geistige Schwelle überwunden war, die Luft als Medium zu identifizieren, hat es noch weitere 14 Jahre gedauert, bis Otto von Guericke die Erkenntnisse des Herrn Torricelli in das Bewußtsein der Allgemeinheit rücken konnte, indem er seine berühmten Magdeburger Halbkugeln (anno 1657) aufeinandersetzte und demonstrierte, daß der außen herrschende Luftdruck so große Kräfte hervorruft, daß im evakuierten Zustand noch nicht einmal Zugpferde genug Kraft haben, die beiden Kugelhälften auseinanderzuziehen. Und damit erst war es allen klar: Die Luft ist ein echt erfahrbares Medium.

Die Parallelen zum Vakuum sind frappant. Mein Rotor zeigt die Existenz der Nullpunktsenergie im ansonsten „leeren Raum" und beweist, daß das Vakuum ein wirklich erfahrbares Medium ist. Torricelli und Otto von Guericke haben den Luftdruck benutzt, um zu demonstrieren, daß Luft ein erfahrbares Medium ist. Ich benutze elektrostatische (und magnetische) Kräfte, um zu demonstrieren, daß das Vakuum ein erfahrbares Medium ist. Bevor im Verlauf des vorliegenden Artikels gezeigt werden wird, wie diese Demonstration des Vakuums als erfahrbares Medium funktioniert, wollen wir die Frage stellen, ob es möglich ist, mit unserer alltäglichen Erfahrung die geistige Barriere zur Erkenntnis des Vakuums als Medium zu überwinden. Die Antwort ist ein simples „Ja" (auch wenn dies manche Leser überrascht), das wir z.B. wie folgt verstehen können:

Vielen von uns ist bereits aus der Kindheit bekannt, daß zwei Magnete sich auf Entfernung und ohne Berührung anziehen oder abstoßen können, ebenso wie z.B. Sonne, Erde und Mond berührungslos über Entfernungen Kräfte aufeinander ausüben und sich gegenseitig anziehen. Viele von uns waren als Kinder von den abstoßenden Kräften zwischen zwei Magneten fasziniert (die bei geeigneter Ausrichtung der Magnete auftreten). Aber wer oder was transportiert eigentlich diese Kräfte?

Es ist der bloße Raum, es ist das Material, das wir nicht erkannten, das Vakuum. (Ich gebrauche hier die Worte „Raum" und „Vakuum" als Synonyme.) Es transportiert die Wechselwirkungskräfte der elektromagnetischen Wechselwirkung ebenso wie die Wechselwirkungskräfte der Gravitation und vermutlich wohl auch die Wechselwirkungskräfte aller vier bekannten fundamentalen Wechselwirkungen der Physik. Wenn wir aber als Erwachsene erfahren, daß das Transportmedium dieser Kräfte, der bloße Raum, diese Kräfte mit einer endlichen Geschwindigkeit transportiert, nämlich mit Lichtgeschwindigkeit, dann sind wir schon viel zu abgestumpft und haben unsere kindliche Neugier verloren, als daß wir noch fragen würden, welche Materialeigenschaften des Vakuums zu diesem Transport der Wechselwirkungskräfte führen. Und da wir nicht mehr fragen, haben wir die Chance verpaßt, das Vakuum als Medium zu begreifen.

Für Fachleute sei angemerkt, daß in der Teilchenphysik die Austauschkräfte über Wechselwirkungsteilchen vermittelt werden, aber damit lassen sich (wegen des Impulsübertrags) nur abstoßende Kräfte übertragen, anziehende Kräfte benötigen einen Zusatzmechanismus (wie z.B. den aus der Geschichte der Physik bekannten LeSage-Mechanismus), der wiederum nur existieren kann, wenn wir ein Vakuum annehmen, das eben mit seinen Eigenschaften wieder mitspielt und eben diese Zusatzkräfte vermittelt.

Daß der Raum die Wechselwirkungskräfte übrigens genau mit Lichtgeschwindigkeit überträgt, ist eine der zentralen Aussagen der Relativitätstheorie. Dazu gehört eben auch die Aussage, daß sich elektrische (ebenso wie magnetische) Felder mit Lichtgeschwindigkeit ausbreiten.

Aber nun, da wir all das Gesagte erkennen, können wir die abgestumpfte Sichtweise ablegen und zur kindlichen Neugier zurückkehren. Wer dazu jetzt an dieser Stelle der Lektüre nicht in der Lage ist, dem möchte ich gerne eine ungewohnte Frage stellen: Wie kommt es eigentlich, daß das Vakuum den elektromagnetischen Wellen einen Wellenwiderstand von 376,6 Ohm entgegensetzt? Gibt es da nicht vielleicht doch irgendwelche Materialeigenschaften des Vakuums, die letztlich zu so einem krummen Zahlenwert führen? Mich persönlich hat diese Frage auf die Fährte gebracht, zu erkennen, daß das Vakuum ein Medium ist, eine Substanz, zu deren Materialeigenschaften eben auch der genannte Wellenwiderstand gehört. Und nachdem wir nun beginnen, einige Eigenschaften des Vakuums zu erkennen, werden wir auch bald herausfinden, wie man diese zur Energiegewinnung nutzen kann.

Aber um uns Menschen wirklich auf die geistige Fährte zu bringen, das Vakuum als Material anzuerkennen, genügt nicht so ein kleiner Hinweis, dessen geistige Bedeutung nicht größer ist als der Wind und die Vögel im Mittelalter. Handfeste Beweise kommen aus der Kosmologie, einem Fachgebiet der Physik, zu dessen Inhalten unter anderem auch die Expansion des Universums gehört. Und die Geschwindigkeit dieser Expansion paßt nicht zur althergebrachten Theorie, nach der das Vakuum ein „Nichts" war. Nur wenn man jedem Kubikmeter des Vakuums, also des bloßen Raums eine gewisse Energie zuschreibt, läßt sich das Expansionsverhalten des Universums schlüssig erklären. Und da nach Einsteins Masse-Energie-

Äquivalenz ($E = mc^2$) der Energie eine Masse entspricht, hat jeder Kubikmeter des Vakuums nicht nur eine bestimmt Energie, sondern auch eine bestimmte Masse. JA – jeder Kubikmeter des Vakuums hat eine endliche Masse. Und wenn man solchermaßen das Vakuum wiegen kann, dann versteht man, wo die zugehörige Gravitation herkommt. Und man fängt allmählich an zu akzeptieren, daß es sich dabei um ein materielles Medium handelt, das man sogar wiegen kann.

Aber wieviel wiegt denn nun das Vakuum?

Typischerweise gibt man an, wie viel 1 m^3 des Vakuums wiegt – also Kilogramm pro Kubikmeter. Unglücklicherweise gibt es auf diese Frage heutzutage noch viele verschiedene widersprüchliche Antworten. Die Wissenschaft ist sich da überhaupt nicht einig, das Vakuum ist noch zu wenig erforscht. Die Diskrepanzen sind immens. Da findet man Werte im Bereich von winzigsten Bruchteilen eines Mikrogramms (pro Kubikmeter) bis hin zu Abermillionen und Abermilliarden von Tonnen (pro Kubikmeter). Die Antwort auf die Frage nach dem Gewicht des Vakuums wird von vielen Kollegen als die größte Diskrepanz bezeichnet, die in der Physik je auftrat. Die Menschheit wird die Antwort finden, aber ich wage keine Prognose, in welchem Jahrhundert das passieren wird.

Auf jeden Fall hat sich bei einem großen Teil der Naturwissenschaftler eine Einigkeit darüber entwickelt, daß das Vakuum, der bloße Raum, eine ernstzunehmende Substanz mit einer tatsächlich vorhandenen Masse ist, und daß er somit eine gegebene Menge an Energie enthält. Und weil der bloße Raum das gesamte Universum ausfüllt, haben wir sehr viel davon, so viel, daß seine Energie über die sog. kosmologische Konstante bereits Einzug in die Allgemeine Relativitätstheorie halten konnte. (Sie hat das Formelsymbol „Λ“ bekommen). Als Einstein diese Größe aufgrund rein mathematischer Überlegungen in seine Theorie einführte, war ihm nicht bewußt, daß sie wirklich real existiert. Deshalb hat er die kosmologische Konstante als die größte Eselei seines Lebens bezeichnet. Zu seiner Zeit war es noch nicht möglich, die Energie des Vakuums zu erkennen, die letztlich die Ursache für die kosmologische Konstante bildet. Zwar hat er bereits versucht, über die Energie des Vakuums nachzutüfteln, aber eine schlüssige Lösung konnte er nicht finden. Tatsächlich nimmt die Physik erst seit dem Erkennen ihrer Ursache, der Energie des Vakuums, die kosmologische Konstante in der Allgemeinen Relativitätstheorie ernst.

Wenn uns aber ein gesamtes Universum mit seiner Raumenergie zur Verfügung steht, dann verstehe ich eines überhaupt nicht: Warum jammert die Menschheit über Energieprobleme?

Anstatt zu jammern und die Umwelt mit Energiekonsum nach altmodischen Technologien zu verpesten, wäre es doch viel besser, dem riesigen Universum einen ganz kleinen Teil seiner gewaltigen Raumenergie zu entziehen und damit unseren Hunger nach Energie zu sättigen. Die Wärmekraftmaschine des James Watt wurde 1769 patentiert und ist damit schon fast ein Viertel Jahrtausend alt. Trotzdem bewegt sie noch heute praktisch alle Automobile, Schiffe, Eisenbahnen, und muß als Dampfmaschine auch für den größten Teil der Stromproduktion herhalten. Dies ist um so unverständlicher, wenn man bedenkt, daß das Universum als Energie-Vorrat viel, viel größer ist, als alle klassischen Energie-Vorräte dieser Erde. Das Universum ist so riesig, daß wir Energie herausschöpfen können, so viel wir wollen, ohne daß es eine spürbare Abnahme der Energiemenge des Universums gäbe. Wenn ich im Urlaub ans Meer fahre und einen Schluck Wasser aus dem Ozean trinke, dann ist der Ozean wohl auch groß genug, daß niemand aufgrund meines Wasserverbrauchs ein Absinken des Meeresspiegels feststellen würde.

Im Übrigen sei erwähnt, daß das Universum zu zwei Dritteln aus Raumenergie besteht. Das ist mehr als alle sichtbare Materie zusammen, mehr als alle schwarzen Löcher, alle Sterne, alle Planeten mit all ihren Lebewesen und darüber hinaus alle zahlreichen Elementarteilchen. Die Prognose ist völlig klar: Von dort strömt viel mehr Energie auf uns ein, als die Menschheit bei all ihrem Energiehunger je verbrauchen kann.

Mit welcher Technologie man dem Raum des Universums den bewußten Schluck Energie entziehen kann, der für uns alle mehr als ausreicht, und der überdies keinerlei Belastung für unsere Umwelt darstellt, spielt eigentlich keine Rolle. Man muß dabei nur auf die chemische Umsetzung von Materie verzichten. Ein mögliches Verfahren habe ich entwickelt, und ich beschreibe es im vorliegenden Artikel. Gegenüber anderen bekannten

Verfahren hat es den Nachteil, bisher nur eine ziemlich geringe Maschinenleistung zu erbringen. Aber es ist das einzige mir bekannte Verfahren, welches aus einer für Fachleute verständlichen physikalischen Theorie heraus erklärbar ist.

Insofern ist der von mir entwickelte Vakuumenergie-Rotor ein Brückenschlag zwischen der alternativen Energietechnologie der Raumenergie-Nutzung und der klassischen allgemein anerkannten Grundlagenwissenschaft der Physik.

Der Verzicht auf das Umsetzen sichtbarer Materie ist natürlich die Bedingung dafür, daß eine Energieform umweltfreundlich verarbeitet werden kann. Nur eine Technologie, die Energie verarbeitet ohne sichtbare Materie zu verbrauchen, hinterläßt keine Abfälle und ist daher eine umweltverträgliche Energie-Technologie. Heizkraftwerke verbrennen sichtbare Materie. Kernkraftwerke spalten die Atomkerne sichtbarer Materie. Fusionskraftwerke verschmelzen Atomkerne, wenn sie denn funktionieren. Derartige Umsetzungen sichtbarer Materie hinterlassen Rückstände, die unsere Umwelt belasten. Außerdem haben sie den Nachteil, daß die Energiequellen versiegen, sobald die benötigte Materie verbraucht sein wird.

Sinnvolle Alternativen zur Raumenergie-Nutzung wären Windenergie, Solarenergie oder Gezeitenkraftwerke, Wasserkraft... Vorteil der Raumenergie-Nutzung ist allerdings die Tatsache, daß diese Energie als einzige der genannten Energiequellen nicht von Randbedingungen wie Wind oder Wetter oder Ähnlichem abhängt, sondern rund um die Uhr gleichförmig immer verfügbar ist. Sie ist geeignet, ohne Energiespeicherung eine Grundlast abzudecken.

Die Problematik hat bereits Nikola Tesla vor über hundert Jahren erkannt und zugleich die Hoffnung geäußert, die Menschen würden früher oder später lernen, Energie ohne den Verbrauch von Materie zu verarbeiten. An eine derartige Entwicklung war aber damals noch nicht zu denken. „Ohne sichtbare Materie“ – das bedeutet nur mit der unsichtbaren Materie des Vakuums zu arbeiten. Und dorthin war zur Zeit Teslas die geistige Schwelle noch viel zu hoch – oder war vielleicht Tesla der Erste, der Raumenergie tatsächlich schon nutzen konnte?

Es gibt dahingehende Aussagen, daß Tesla bereits ein Auto mit Raumenergie angetrieben haben soll. Aber die Beweise sind zu dürftig, als daß man mit Sicherheit behaupten könnte, dies sei der Fall gewesen. Es gibt auch Aussagen, daß bereits Ende der 1920er Jahre ein Erfinder namens Hans Coler eine Maschine zur Umsetzung von Raumenergie in elektrische Energie gebaut haben soll. Diese Aussagen sind sogar von verschiedenen Professoren an verschiedenen Universitäten (Berlin, München, Kopenhagen, Trondheim) überprüft und bestätigt worden. Trotzdem hat sich die Physik des Colerschen Energiekonverters nie eingehender angenommen – was angesichts der Bedeutung dieser Maschine für eine umweltfreundliche Energieversorgung reichlich unverständlich erscheint. Um so mehr müßte die Physik heute im Zeitalter der aus der Energieversorgung herrührenden Umweltschädigung bestrebt sein, Maschinen wie die Colersche zu verstehen und zu optimieren, zumal heute ein Verständnis für Raumenergie existiert. Trotzdem wendet sich die Physik der Raumenergie-Nutzung nur extrem zögerlich zu, und es gibt weltweit derzeit nur wenige hundert Forscherkollegen in diesem Feld, das für das weitere Überleben der Menschheit auf dieser Erde eine entscheidende Rolle spielt.

Heutige klassische Technologien

Die Erkenntnis, Materie nicht verbrauchen zu wollen, um Energie nutzbar zu machen, die ja bereits seit Tesla offen ausgesprochen war, setzt noch nicht zwingend die Nutzung von Vakuumenergie, also Raumenergie, voraus. Man könnte ja auch eine in der sichtbaren Materie vorhandene Energie nutzen, ohne diese Materie darüber hinaus gleich verändern zu müssen. Solche Formen der Nutzbarmachung von Energie bezeichnet man heute als „sustainable" (zu Deutsch: nachhaltig und umweltverträglich). Beispiele hierfür sind Windkraftwerke, Solarenergie, Gezeitenkraftwerke, Geothermie, nur um einige zu nennen. So nutzt man zum Beispiel beim Windkraftwerk lediglich die Bewegung der Luft, man verändert aber nicht die Luft selbst, auch nicht ihre Zusammensetzung. Das ist umweltverträglich und damit auch zukunftsweisend. Alle diese umweltfreundlichen Methoden sind gut und sollen auf jeden Fall weiter entwickelt und ausgebaut werden. So sind zum Beispiel Gezeitenkraftwerke oder Geothermie nicht überall verfügbar, aber dort wo sie vorhanden sind, leisten sie gute Dienste. Das heißt aber noch lange nicht, daß man aufgrund der Existenz derartiger Methoden die neu entstehende Entwicklung der Raumenergie-Nutzung blockieren, unterdrücken oder verhindern soll – zumal die Raumenergie eine gleichförmig kontinuierlich nutzbare Energiequelle an allen Orten der Erde verspricht. „Raum“ gibt es überall, er ist gleichmäßig und dauerhaft vorhanden. Er ist für jede menschliche Gesellschaft nutzbar. Kann man seine Energie nutzen, so hat man eine kontinuierliche und dauerhafte Energiequelle, solange der Raum des Universums an sich bestehen bleibt. Höchstens eine Kontraktion des Universums, sozusagen ein „Urknall rückwärts“ würde uns den Raum entziehen. Aber falls so etwas in vielen Milliarden Jahren passieren sollte, haben wir größere und dringendere Probleme als die Energieversorgung – falls die Menschheit in so vielen Milliarden Jahren überhaupt noch existiert.

Denken wir also über die Nutzung der Raumenergie als unbeschränkte, verträgliche und unerschöpfliche Energiequelle konkret nach. Bisher gibt es zwei Zugänge zu dieser Energieform:

(1.) den aus der Grundlagenphysik heraus entstandenen Ansatz meines Vakuumenergie-Rotors, dessen Theorie verstanden ist, der aber bisher nur eine sehr geringe Maschinenleistung erbringt, und
(2.) einige Verfahren, die von eigenständigen Erfindern entwickelt wurden und von der allgemeinen Physik noch nicht ernsthaft betrachtet oder untersucht wurden. Allerdings muß man anmerken, daß bei diesen Verfahren ein theoretisches Verständnis bislang noch fehlt.

Da eine gezielte großtechnische Weiterentwicklung (zum Beispiel in industriellem Maßstab) auf einer wohlverstandenen und funktionierenden Theorie basiert, möchte ich im weiteren Verlauf des vorliegenden Artikels auf den Zugang Nummer (1.) eingehen. Zwar muß eine solche großtechnische Realisation erst noch aufgebaut werden, aber da die Nutzung technisch ziemlich einfach ist, sollten diese Kraftwerke wesentlich kostengünstiger sein als alle bisherigen Kraftwerke. Das läßt erhoffen, daß wir bei wesentlich geringeren Anlage- und Betriebskosten ein Vielfaches mehr an Energie bekommen können als mit allen bisher bekannten konventionellen Methoden. Der daraus resultierende Komfortgewinn sowohl für die energieerzeugende Industrie als auch für die Energieverbraucher wäre immens. Damit dürften wir eigentlich auf einen beträchtlichen Wachstumsmarkt hoffen, der in gewisser Weise an die moderne Informationstechnologie erinnert: Obwohl die Medien immer billiger werden, steigen die Umsätze kontinuierlich, weil eine breite Begeisterung für die neue Technologie vorhanden ist. Um so mehr verwundert es, daß die Energieerzeuger die neue Technologie der Raumenergie-Nutzung nicht fördern. Sucht man bei Energiekonzernen nach einer derartigen Förderung im Sinne der in der Wissenschaft üblichen Drittmittelakquisition, so bekommt man Absagen mit der einhelligen Begründung: Eine Unterstützung solcher Forschungsprojekte kann nicht gewährt werden, weil die Amortisationszeiten zu lang sind. Im Klartext bedeutet das: Bis zur nächsten oder übernächsten Aktionärsversammlung sind damit noch keine Gewinne zu erzielen. Nun – wer die Umwelt (und damit letztlich das Überleben der Menschheit auf dieser Erde) retten will, muß etwas langfristiger denken. Vielleicht 10 oder 15 Jahre Entwicklungsarbeit wären schon nötig, um die Energieversorgung der Menschheit auf Umweltfreundlichkeit umzustellen. Wie schade, daß Industriekonzerne dazu nicht bereit sind. Könnte der Grund für eine derartige Blockade vielleicht darin liegen, daß die Manager, die die Forschung heute unterstützen könnten, aus dem sich daraus ergebenden gewaltigen Nutzen für sich selbst keine Bonuszahlungen mehr bekommen, nur weil der Nutzen erst nach deren Pensionierung zu erwarten ist? Vielleicht gibt es irgendwo auf der Welt auch Industrie-Topmanager mit einem besseren Verantwortungsgefühl, nur leider habe ich bisher noch keinen solchen finden können.

Wenden wir uns nun aber den sachlichen Inhalten der Grundlagenwissenschaft in Theorie und Experiment zu.

Die Theorie zur Wandlung von Raumenergie in klassisch nutzbare Energie

Wir beginnen mit dem Prinzip der erfolgreich getesteten Umwandlung von Raumenergie in klassische mechanische Energie. Der Aufbau der

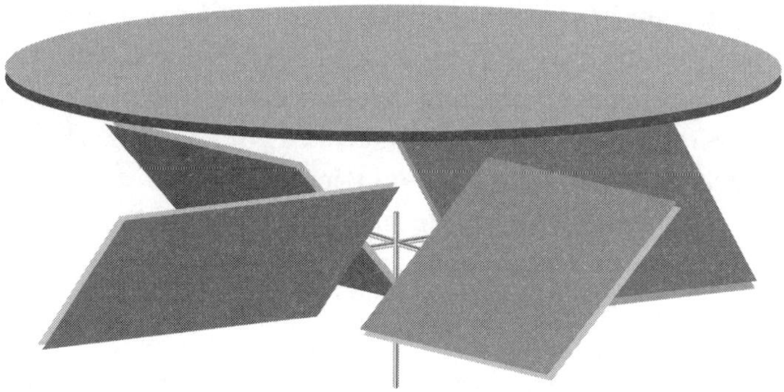

Prinzipskizze zu einer Maschine, die Raumenergie in klassische mechanische Energie wandelt. Die runde Scheibe oben ist elektrisch aufzuladen, der Rotor mit den schräg gestellten „Flügeln" darunter ist zu erden. Dadurch entsteht ein elektrisches Feld, das den Rotor antreibt

Apparatur ist denkbar einfach. Man sieht ihn in obiger Abbildung. Oben im Bild ist eine Scheibe , die wir als Feldquelle bezeichnen wollen, weil sie ein elektrisches Feld erzeugt. Darunter befindet sich ein Rotor, der sich um eine senkrecht stehende Achse dreht, sofern das elektrische Feld, welches die Feldquelle erzeugt, stark genug ist.

Das sieht ganz einfach aus, und es funktioniert so einfach, wie es aussieht. Man lädt die Feldquelle zu Beginn ein einziges Mal elektrostatisch auf. Dazu braucht man eine sehr geringe Menge an elektrischer Energie. Ist die Scheibe dann hinreichend aufgeladen, so beginnt der Rotor zu drehen – und dreht sich dann endlos weiter – im Idealfall ohne die Feldquelle zu entladen. Die bisher im Experiment erzeugten Energien reichen gerade eben aus, um die Reibung der Lager zu überwinden. Damit wurde tatsächlich beobachtet, wie sich der Rotor endlos dreht. Das wurde zu Experimentierzwecken mit kleinen Rotoren von wenigen Zentimetern Durchmesser durchgeführt und gelingt weitgehend unproblematisch, sofern man die Reibung des Lagers entsprechend minimieren kann.

Wollte man nun größere Energiemengen und größere Leistungen erzeugen, die eine großtechnische Nutzung sinnvoll und wirtschaftlich werden lassen, so sind wesentlich größere Rotoren und Feldquellen erforderlich. So läßt sich aufgrund theoretischer Berechnungen abschätzen, daß mehrere übereinander gestapelte Rotoren mit einem Gesamtdurchmesser von 100 Metern und einer Gesamthöhe von 20 Metern Leistungen im Bereich von 2-3 Megawatt erwarten lassen. Kritiker mögen vielleicht einwenden, daß konventionelle Kernkraftwerke bei gleichem Raumbedarf höhere Leistungen erbringen, aber das ist kein sinnvolles Gegenargument, wenn man bedenkt, daß der Rotor eben außer Raum nichts benötigt. Kernkraftwerke sind äußerst problematisch für unseren Lebensraum, ebenso wie Kohlendioxid erzeugende Wärmekraftwerke. Der Raumenergie-Rotor hingegen ist völlig unproblematisch. Darüber hinaus hat der Raumenergie-Rotor einen gewaltigen Vorteil: Er ist dezentral einsatzfähig. Mit anderen Worten: Man kann viele kleine Raumenergie-Rotoren überall dort aufstellen, wo die Energie direkt gebraucht wird. Das verringert nicht nur die Verluste des Energietransports, sondern es erlaubt auch ein Aufstellen der Rotoren ohne Beeinträchtigung der Landschaft. Ein Kernkraftwerk oder ein Wärmekraftwerk dient nicht gerade eben der Verschönerung der Landschaft. Ein Raumenergie-Rotor hingegen kann mit einem Durchmesser von 10 Metern im Keller unter einem Einfamilienhaus aufgestellt werden und liefert dann eine Leistung in der Größenordnung von vielleicht 10 ... 20 ... 30 Kilowatt. Und da er diese Leistung permanent, ganztägig und ganzjährig erbringt, ist die Leistung weit mehr, als man zur Versorgung des Hauses benötigen würde. Auf diese Weise ließe sich die Energieversorgung der Bevölkerung im Laufe der Jahre dezentral in Tiefkellerräumen unterbringen, was die Beeinträchtigung der Umwelt soweit reduzieren würde, daß man nicht einmal mehr eigene Gebäude für Kraftwerke bräuchte. Daß Industriebetriebe sich bei hohem Energieverbrauch eigene Gebäude als Kleinkraftwerke errichten könnten, wäre im übrigen auch kein Problem. Die Abmessungen und die Leistungen der Raumenergie-Rotoren sind nach Bedarf frei und beliebig skalierbar.

Immer wieder wurde mir die Frage gestellt: Warum wurde das Prinzip nicht längst schon entdeckt, wenn es denn so einfach ist?

Nun, das hat zwei Gründe. Zum Einen ist die Raumenergie als solche erst in jüngster Zeit identifiziert worden. Zum Anderen braucht man zum sinnvollen Verständnis auf wissenschaftlichem Niveau einiges an interdisziplinärer Theorie, unter anderem Mechanik, Elektrodynamik,

Relativitätstheorie, Quantenmechanik, Quantenelektrodynamik und auch noch Teile der Kosmologie. Das erfordert einiges an Interdisziplinarität zwischen den verschiedenen Fachgebieten der Physik, und der Überblick über die verschiedenen Fachgebiete gehört nicht gerade zu den Stärken der typischerweise hochentwickelten Spezialisten innerhalb der Physik. Das Hauptargument ist aber die bereits erwähnte Tatsache, daß die Entdeckung der Raumenergie in der Kosmologie noch eine sehr junge Forschung ist, die für das theoretische Verständnis des Raumenergie-Rotors unerläßlich ist. Im historischen Vergleich kann man sagen:

- Unweit der Jahrhundertwende des 18. ins 19. Jahrhundert wurde (durch Benjamin Thompson) die Wärme als Energieform entdeckt.
- Unweit der Jahrhundertwende des 19. ins 20. Jahrhundert wurde die Masse als Energieform entdeckt (in der Theorie durch Albert Einstein und im Experiment durch Marie Curie).
- Unweit der Jahrhundertwende des 20. ins 21. Jahrhundert wird nun der Raum als Energieform entdeckt.

Wenden wir uns nun der Theorie der Raumenergie zu und kommen dabei des weiteren auf die Frage zu sprechen, wie man diese Raumenergie experimentell in klassische mechanische Energie umwandeln kann:

Eine Besonderheit ist die Feststellung, daß sich nicht nur elektromagnetische Wellen mit Lichtgeschwindigkeit ausbreiten (diese Erkenntnis ist altbekannt), sondern auch elektrische Gleichfelder und magnetische Gleichfelder (diese Erkenntnis ist als eine der Aussagen der Relativitätstheorie bekannt). Obwohl von elektrischen und magnetischen Feldern die Rede ist, geht diese Erkenntnis doch über die klassische Maxwellsche Elektrodynamik hinaus.

Damit werden elektrische Ladungen zu Quellen elektrischen Feldes, die permanent Energie abstrahlen. Aber woher nehmen sie diese Energie? Da die Ladungen diese Energie auch im leeren Raum (also im Vakuum) abstrahlen, stehen sie dort mit nichts weiter als nur mit dem bloßen Raum in Verbindung, also kann nur er der Lieferant dieser Energie sein.

Daß trotzdem der Raum nicht „energieleer“ gepumpt wird, liegt daran, daß er sich aus den sich ausbreitenden Feldern seinerseits wieder

Energie zurückholt. Diese Erkenntnis findet man alleine aufgrund theoretischer Berechnungen der Elektrodynamik. Und sie hat eine wichtige Konsequenz: Sie offenbart, daß ein ständiger Energiekreislauf zwischen der Feldenergie elektrischer Felder und der Raumenergie des Vakuums besteht. Dabei gibt einerseits das sich ausbreitende Feld Energie an den Raum ab (was einer Umwandlung von Feldenergien in Raumenergie entspricht), und andererseits versorgt der Raum die Ladung als Feldquelle mit eben dieser Energie (was einer Umwandlung von Raumenergie in Feldenergie entspricht, die am Ort der Ladung vonstatten geht). Einen exakten mathematischen Nachweis dieser Umwandlung habe ich übrigens in wissenschaftlichen Fachpublikationen mathematisch vorgerechnet.

Damit entsteht natürlich die Idee, daß man mit Hilfe elektrischer Felder der Raumenergie habhaft werden könnte. Dazu müßte man nur eine Möglichkeit finden, dem aufgezeigten Energiekreislauf einen Teil seiner Energie zu entziehen. Und ebendies tut unser elektrostatischer Raumenergie-Rotor. Wir betrachten nun, wie er das macht.

Der entscheidende Einstieg dazu ist der:

Die Rotorblätter bestehen aus metallischen Oberflächen. Alle metallischen Flächen schirmen elektrische Felder ab. Von der einen Seite trifft das Feld auf die metallische Fläche, auf der anderen Seite der Fläche hingegen ist das Feld nicht wirksam, wegen der Abschirmung. Aus der Sicht der Feldenergie bedeutet das: Von der einen Seite läuft die Feldenergie auf die metallische Fläche, auf der anderen Seite der Fläche hingegen kommt sie nicht an. Dann ist jedem, der wie ich an die Energieerhaltung glaubt, klar, daß die elektrische Feldenergie von der metallischen Fläche aufgenommen werden muß. Sie hat ja sonst keinen anderen Weg. Auf diese Weise greift jede metallische Platte in den Energiekreislauf zwischen dem leeren Raum und dem elektrischen Feld ein, so daß wir unseren Energiekreislauf wie folgt sehen:

Eine elektrische Ladung als Feldquelle entzieht dem Raum Energie (einen Teil seiner Raumenergie) und wandelt diese in elektrische Feldenergie um. Diese elektrische Feldenergie breitet sich dann im Raum aus und wird während der Ausbreitung auf ihrem Weg, Meter für Meter, wieder vom Raum in Raumenergie zurückgewandelt. Steht aber nun irgendwo eine Metallplatte im Weg, so kann sich das Feld und mit ihm die Feldenergie nicht weiter ausbreiten und wird daher in der Metallplatte schlagartig komplett in mechanische Energie umgewandelt.

Und in welcher Form macht sich diese Energie dann in der Metallplatte bemerkbar?

Sie übt eine direkte mechanische Kraft auf die Metallplatte aus. Diese Kraft berechnet man in der Elektrodynamik mit der sogenannten Spiegelladungsmethode. Das ist ein altbekanntes Verfahren, so daß diese Energie in der Metallplatte und die damit verbundenen Kräfte niemanden überraschen.

Ist die Metallplatte beweglich angebracht, so wird diese Kraft in der Tat die Metallplatte in Bewegung versetzen. Wir kennen das, denn jeder Gegenstand der eine Kraft erfährt, setzt sich in Bewegung, sofern man ihn nicht durch Festhalten daran hindert. Speziell die elektrostatischen Kräfte auf Flächen kennen wir wieder mal aus der Kindheit, wenn wir uns daran erinnern, wie ein durch Reiben elektrostatisch aufgeladenes Lineal oder ein Luftballon kleine Papierschnipsel aus der Entfernung anzieht. Das elektrische Feld des Lineals oder des Ballons übt Kräfte auf die Papierschnipsel aus, und weil das Feld nicht durch die Schnipsel ungestört hindurch kann, sondern weil es von den Schnipseln absorbiert wird, läßt es seine Energie in den Schnipseln, indem es diese zum Lineal hin hochhebt.

In unserer Kindheit hat man uns das vorgeführt und ausprobieren lassen, damit wir eine Vorstellung von elektrostatischen Kräften entwickeln konnten. In meiner Kindheit hat man mir sogar die elektrostatischen Kräfte als solche mit ihrem Namen benannt.

Und dieses Prinzip übertragen wir nun auf den elektrostatischen Rotor zur Wandlung von Raumenergie *(siehe Abbildung auf S. 216)*: Ist die Feldquelle elektrostatisch aufgeladen, so übt sie elektrostatische Anziehungskräfte auf den Rotor aus, die bei geeigneter Anordnung der Rotorblätter zu einer Drehung des Rotors führen. Das geht übrigens sogar, wenn man als Feldquelle einen simplen Luftballon nimmt und ihn reibt, damit er sich auflädt. Auch das ist experimentell untersucht und nachgewiesen.

Der Trick zur geeigneten Anordnung des Rotors ist nun der: Man muß den Rotor derart aufhängen, daß er in einem konstanten Abstand zur Feldquelle bleibt, solange er sich bewegt. Das ist bei einer Drehbewegung der Fall. Dann werden die elektrostatischen Feldkräfte ihn immer weiter in Bewegung setzen, ohne aufzuhören, weil er immer angezogen wird, und doch seinen Abstand zur Feldquelle nicht verliert. Das ist eigentlich eine ganz simple Angelegenheit, die der Fachmann leicht durch eine Komponentenzerlegung der Kraft in Zylinderkoordinaten versteht, und zwar wie folgt. Die Feldquelle übt auf den Rotor folgende drei Kraftkomponenten aus:

- eine axiale Komponente, die die Rotorachse aufnimmt
- eine radiale Komponente, die den Rotor seitlich verschieben kann
- eine tangentiale Komponente, die zur Drehung des Rotors führt

Obwohl die Sache sehr einfach ist, ist nur deshalb früher niemand auf die Idee gekommen, weil man den Ursprung der Energie nicht sah, die den Rotor antreibt. An dieser Stelle war die geistige Schwelle zu hoch. Hat man nun verstanden, daß die antreibende Energie dem immerwährenden Kreislauf der Raumenergie und Feldenergie entstammt, dann ist die Sache kein Problem mehr. Deshalb hat früher niemand versucht, so einen Rotor zu bauen, weil niemand eine Drehung erwartet hat. In 2008 wurde die geistige Barriere überwunden.

Interessenten am Nachbau des Experiments sollte übrigens auf den Weg gegeben sein, daß das Gelingen außer einer wirklich geringen Reibung noch eine sehr gute laterale Feldhomogenität (des elektrischen Feldes) erfordert. Außerdem ist das Experiment bisher nur mit einer hydrostatischen Lagerung des Rotors gelungen, die einen lateralen Selbstjustiermechanismus des Rotors im Potentialminimum des elektrostatischen Feldes ermöglicht.

Der erfolgreiche experimentelle Nachweis der Wandlung von Raumenergie

Selbstverständlich bekommt eine neue theoretische Sichtweise erst dann Sinn und Bedeutung, wenn sie praktisch nachgewiesen ist. Theorien wurden viele ersonnen. Das Maß aller Dinge ist die experimentelle Verifikation. Durch sie unterscheidet sich die echte Physik von der geistigen Spielerei. Also wurden mehrmals Rotoren zur Wandlung von Raumenergie gebaut. Jeder davon wurde unter einer Feldquelle geeigneter Größe drehbar gelagert. Dann wurde die Feldquelle mit elektrischer Spannung aufgeladen – und siehe da: Sobald die Ladungsmenge hinreichend groß ist und alle Experimentierparameter ordentlich eingestellt sind (das sind ziemlich viele technische Bedingungen, so daß diese Einstellung eine reichlich knifflige Angelegenheit ist), beginnt der Rotor zu drehen.

Die ersten Versuche waren im ganz normalen Zimmer ausgeführt worden, wo natürlich auch Luft existiert. Diese Luft führte zu Einwänden und kritischen Argumenten von Fachkollegen, die Luftmoleküle könnten durch die elektrische Spannung zwischen Feldquelle und Rotor ionisiert worden sein, und die dabei entstandenen Ionen könnten dann von derselben Spannung beschleunigt worden sein, die zur Ionisierung geführt hätte, und die Beschleunigung der Ionen in Richtung der Feldlinien würde Rückstoßkräfte auf den Rotor ausüben, die den Antrieb des Rotors bewirken könnten. Ein derartiger Mechanismus ist von sogenannten „elektrostatischen Liftern" bekannt, wurde vor etlichen Jahrzehnten (zwei Patente: 1928 und 1965) von Biefeld und Brown patentiert und hat überhaupt gar nichts mit Raumenergie zu tun, denn es wird lediglich Luft mittels klassischer elektrischer Energie ionisiert und bewegt.

Damit ist klar: Beim wahren Verifikationsexperiment zur Wandlung von Raumenergie mußte die Luft entfernt werden, es fand im Vakuum statt. Nachdem auch das erfolgreich durchgeführt wurde, sind die kollegialen Zweifel an meinem Prinzip zur Wandlung von Raumenergie verstummt.

Der Vollständigkeit halber sei angemerkt, daß sich der Rotor im Vakuum deutlich langsamer dreht als an Luft und höhere Feldstärken benötigt. Dadurch wird klar, daß die Luft doch einen gewissen Anteil zum Antrieb des Rotors beitragen kann, sofern denn Luft vorhanden ist – aber das Entscheidende des Vakuum-Experiments ist: Der Rotor dreht eben auch ohne Luft, nämlich aufgrund der Wandlung von Raumenergie. Das Experiment wurde übrigens mit verschiedenen Rotoren in zweierlei Vakuumkammern reproduziert.

Somit hat das erfolgreiche Experiment des Raumenergie-Rotors im Vakuum zwei Konsequenzen: Erstens bestätigt es die Wandlung von Raumenergie, und zweitens wird klar, daß zur gewinnbringenden technischen Nutzung der Betrieb im Vakuum erforderlich ist, damit nicht

Isolationsverluste aufgrund von beweglichen Ionen der Luft die elektrischen Ladungen von der Feldquelle abfließen lassen. Die Bedeutung von Isolationsverlusten wurde übrigens mit einer tatsächlichen Leistungsmessung überprüft, die weiter unten im vorliegenden Artikel berichtet wird.

Übrigens wurde ein dem elektrostatischen Rotor analoger magnetischer Rotor auch theoretisch ersonnen und konstruiert, bisher aber (aus Kostengründen) noch nicht praktisch realisiert. Die Physik des magnetischen Rotors ist der Physik des elektrostatischen Rotors außerordentlich ähnlich, wenn man den Rotor nicht aus metallisch leitenden Flächen baut, sondern aus Supraleitern. Supraleiter sind nämlich ideale Diamagnete, sie schirmen magnetische Felder ab. So wie die Metallflächen des elektrostatischen Rotors die Ausbreitung elektrischer Felder unterbrechen, so unterbrechen die Oberflächen eines Supraleiters die Ausbreitung magnetischer Felder. Dabei entstehen allerdings nicht anziehende Kräfte wie im elektrostatischen Falle (siehe Anziehen der Papierschnipsel), sondern abstoßende Kräfte. Im Prinzip hat das nur zur Folge, daß der magnetische Rotor zur Wandlung von Raumenergie aus magnetischen Feldern sich andersherum dreht als der elektrische Rotor zur Wandlung von Raumenergie aus elektrischen Feldern. In der technischen Durchführung sind damit aber einige praktische Schwierigkeiten verbunden, z.B. mit der Lagerung der Rotorachse. Infolgedessen bestehen für magnetische Rotoren zur Wandlung von Raumenergie komplizierte Ansprüche an die Homogenität des magnetischen Feldes, die im Falle des elektrostatischen Rotors gar nicht beachtet zu werden brauchen. Diese technische Verkomplizierung hat zu Folge, daß sich der magnetische Rotor zurzeit noch in der Entwicklungsphase befindet und noch nicht wie der elektrostatische Rotor praktisch zur Verfügung steht (wobei die Entwicklungsarbeiten aus den oben erwähnten Kostengründen sehr langsam voranschreiten).

Angemerkt sei, daß die bisher funktionierenden elektrostatischen Rotoren nur Leistungen im Bereich einzelner Mikrowatt (oder einzelner Mikrowatt-Bruchteile) erzeugten. Das ist aus konkreten Leistungsmessungen im Experiment bekannt und es bestätigt die theoretischen Vorhersagen für kleine Rotoren mit Durchmessern weniger Zentimeter. Damit ist klar: Das Prinzip des elektrostatischen Rotors zur Wandlung von Raumenergie ist erfolgreich nachgewiesen. Die Sache steht nun zur

Optimierung und Weiterentwicklung der technischen Nutzung bereit. Die Zeit wäre nun reif (sofern sich die dafür nötigen Drittmittel akquirieren lassen) die Raumenergie-Rotoren zu einer Erzeugung von Leistungen in Kilowatt- oder Megawatt- Bereich weiterzuentwickeln. Im übrigen möchte ich darauf hinweisen, daß ich meine gesamten Ergebnisse publiziert (und nichts patentiert) habe, damit alle Menschen sie kostenfrei nutzen können. Nur so habe ich die Hoffnung, daß die Sache wirklich zur Rettung unserer Umwelt führen kann.

Die Messung der tatsächlichen Leistung widerlegt übrigens weitere zuweilen geäußerte Bedenken: Von Fachkollegen hatte ich mehrfach das Argument gehört, es könnte ja irgend einen bislang unbekannten Weg geben, auf dem die elektrische Leistung aus der Feldquelle sich den Weg zum Rotor suchen würde und diesen antriebe. Wäre dies der Fall, dann würde der Rotor nicht von Raumenergie angetrieben werden, sondern von irgendeiner klassischen Energie, die der Feldquelle entnommen würde.

In einem Punkt sind sich alle Zweifler einig: Ausschließen könne man derartige Bedenken nur dann mit letzter Sicherheit, wenn man die Isolation soweit optimiert, daß die elektrische Leistung, die zum Aufrechterhalten der Ladung auf der Feldquelle entgegen Isolationsverlusten nötig ist, geringer wäre als die mechanische Leistung, die der Rotor freisetzt. Mit anderen Worten: Es muß mehr mechanische Leistung herauskommen, als man aufgrund von elektrischen Leistungsverlusten hineinstecken muß. Das Argument entspricht fundamentaler Logik, so daß man ihm nicht widerstehen kann. Also habe ich das Argument akzeptiert und den geforderten Beweis erbracht: Ich habe einen Rotor gebaut, der bei einem elektrischen Leistungsverlust von 2.9 Nanowatt eine mechanische Leistung von 150 Nanowatt erzeugt. Weil das nur ein Grundlagenexperiment war, genügte der Nachweis anhand derart kleiner Leistungen, aber das Hochskalieren zu wesentlich größeren Leistungen ist kein prinzipielles Problem, und ich habe auch in etlichen wissenschaftlichen Fachpublikationen genau erläutert, wie das funktionieren muß. (Meine Begrenzung ist lediglich diejenige, daß ich nicht das Geld zum Bau größerer Rotoren habe.) Auf jeden Fall ist die Konsequenz des Raumenergie-Wandlungs-Experimentes mit meßtechnischer Leistungskontrolle klar und ermutigend: Die Tauglichkeit des

Rotors zur Wandlung von Raumenergie wurde damit endgültig bewiesen und seither nicht mehr von Fachkollegen angezweifelt.

Richtig physikalisch berechnen kann man die Energien und Leistungen des Raumenergie-Rotors übrigens erst mit Hilfe der Quantenelektrodynamik. Die historisch ersten Literaturreferenzen, bei denen allerdings noch niemand an Zusammenhänge zur praktischen Nutzung von Raumenergie denken konnte, gehen zurück auf den großen Werner Heisenberg (einer der Väter der Quantenmechanik), der bereits im Jahr 1935 zusammen mit Hans Heinrich Euler theoretisch herausgefunden hat, daß sich elektromagnetische Wellen nur im feldfreien Raum (also ohne elektrisches und ohne magnetisches Feld) mit Vakuum-Lichtgeschwindigkeit ausbreiten. Sobald aber ein elektrisches oder ein magnetisches Feld herrscht, wird die Ausbreitungsgeschwindigkeit elektromagnetischer Wellen geringer sein als die Vakuum-Lichtgeschwindigkeit, wie wir sie aus der Relativitätstheorie kennen. Dies läßt sich nun anhand tiefgreifender und eingehender physikalischer Überlegungen auf die sog. elektromagnetischen Nullpunktsoszillationen der Quantentheorie übertragen und auf deren Basis dann schließlich auf die Ausbreitungsgeschwindigkeit elektrischer und magnetischer Gleichfelder. Und wenn man dann mit verschiedenen Formeln höherer Physik hantiert, Renormierungstheorie und außerdem das Feynman-Kalkül beherrscht, findet man schließlich sogar die Energiedichte der elektromagnetischen Wellen des Vakuums als deren Anteil an der Raumenergie heraus. Und diese Energiedichte ist unerwartet groß, sie liegt bei ca. 10^{29} Joule pro Kubikmeter, das sind fast 30.000.000.000.000.000.000.000 Kilowattstunden in einem einzigen Kubikmeter leeren Raums. Auch wenn man praktisch nur einen verschwindend geringen Anteil davon nutzen kann (wie man nach Betrachtung des Lagrange-Operators des Herrn Heisenberg anno 1935 erkennt), so macht diese Zahl doch immerhin plausibel, warum das Universum größtenteils aus Raumenergie besteht. Und in Anbetracht der Größe des Universums erkennt man auch, welch immense Mengen an Energie uns zur kostenlosen Nutzung zur Verfügung stehen – auch wenn wir nur einen verschwindend geringen Anteil davon greifen können.

Vielleicht finden sich eines glücklichen Tages intelligente Kollegen, die die erzeugte Leistungsdichte des Raumenergie-Rotors soweit erhöhen können, daß sich dieser technisch nutzen läßt. In einer mittelfristigen Planung (zum Beispiel in 10 oder 15 Jahren) kann solch eine Hoffnung jedenfalls nur dann Realität werden, wenn eine finanzielle Unterstützung zu gewinnen ist, mit der sich nicht nur Sachmittel, sondern auch Mitarbeiter wie Assistenten, Diplomanden und Doktoranden bezahlen lassen.

Teil 4

Neue Technologien im Einsatz

Wir kommen zum Abschnitt dieses Buches, in dem es um praktische Technologien geht, die noch weitestgehend unbekannt sind, sich dabei noch im Entwicklungsstadium befinden oder bereits erste Anwendungen gefunden haben. Was hier zur Diskussion steht und eingehend betrachtet werden soll, ist die Gewinnung von Energie durch bisher nicht angewandte Methoden. Zusätzlich soll es auch um Erfindungen gehen, die technische Methoden und Verfahren zeigen, in denen es nicht nur um Energiegewinnung geht, sondern ganz allgemein um die Nutzung naturgegebener Kräfte. Diese werden sich durch die erzielten Ergebnisse früher oder später als echte Alternativen zu den bisher gepriesenen „alternativen Platzhaltern" erweisen, die keine grundlegenden Alternativen darstellen.

Zu letzteren zählen wir etwa auch die sogenannte Kohlendioxidspeicherung CCS (**C**arbon Dioxide **C**apture and **S**torage = Einfangen und Speichern von CO_2). Hier soll das für uns alle lebensnotwendige Kohlendioxid, das aus den Atmungs- und Verbrennungsprozessen der belebten Natur stammt, unsinnigerweise in unterirdische Hohlräume verbracht werden, um es dort dem natürlichen Kreislauf zu entziehen. Wie absurd, denn das Ganze baut auf der Fehleinschätzung auf, CO_2 wäre ein umweltschädliches Gas. Diese Behauptung ist wissenschaftlich zwar längst widerlegt[95], wird aber inzwischen als Verkaufsschlager altgewohnter Wirtschaftsmethoden vermarktet, denn mit der Angst vor einer CO_2-Katastrophe lassen sich ungeahnte neue Geldströme erschließen, die man unter dem Namen „Verschmutzungsrechte" verkauft.

Wenn man zusätzliches Kohlendioxid vermeiden will, dann wäre das eher und logischer dadurch nachzuvollziehen, indem man fossile Brennstoffe einspart, was sicherlich im Sinne der Ressourcenerhaltung sinnvoll ist. Wenn man einmal betrachtet, welcher Aufwand nötig ist, um Kohle, Öl und Gas in elektrische Energie umzuwandeln und welch schwache Wirkungsgrade man dabei erzielt, dann wäre dieser Ansatz sicherlich zu rechtfertigen.

In diesem Zusammenhang führt der Diplomphysiker Jürgen Axmann näher aus:

> Der Aussage von sogenannten „Experten", daß „die CCS-Technologie im Kampf gegen den Klimawandel die einzige Möglichkeit sei, den

CO_2-Ausstoß zu reduzieren", muß natürlich widersprochen werden. Es führen immer viele Wege nach Rom, sprich zu einem Ziel, niemals nur einer! In diesem Fall ist schon der weitgehende Umstieg auf erneuerbare, nachhaltige Technologien/Energien in Verbindung mit Effizienzsteigerungen und Energiesparen der Hauptweg, um CO_2 zu reduzieren. Indem man immer weniger bis gar keine fossilen Brennstoffe, insbesondere Kohle zu CO_2 verbrennt, hat man dieses auch nicht mehr als zu entsorgendes Problem.

Selbst mit der „Entsorgung" verursacht man ja nur weitere Sorgen für zukünftige Generationen, analog der sogenannten Endlagerung des radioaktiven Mülls, die nach wie vor ungelöst ist.

Die bisherigen Ergebnisse der „CO_2-Entsorgung" am Testfall in Ketzin (Havelland) sind allerdings mit 30.000 Tonnen CO_2 in 2 Jahren sehr bescheiden, wenn man weiß, daß ein modernes Kohlekraftwerk 6 Mio. bis 10 Mio. Tonnen CO_2 pro Jahr ausstößt !...

Wenn man also der Ideologie der CO_2-Vermeidung schon folgt, so gäbe es bessere Möglichkeiten, Kohlendioxid „unschädlich" zu machen. Wie, das soll in diesem Kapitel unter anderem gezeigt werden.

EGM International

Die Firma EGM-international GmbH aus Papenburg hat in beispielloser Weise gezeigt, wie man an echte Innovationen herangeht. So gewann sie von über 2200 Bewerbern im Jahre 2010 den ersten Preis im Wettbewerb „Deutschland, Land der Ideen".

...

Dabei soll nicht unerwähnt bleiben, daß der halbstaatliche malaysische Ölkonzern Petronas mit ins Boot geholt wurde, woraus sich leicht die Dimensionen dieser neuen industriellen Entwicklungen erkennen lassen.
Zur Zeit wird bei EGM eine Anzahl weiterer technologischer Prozesse vorbereitet, die auf dem Gebiet neuartiger Energiegewinnung und dem der Transmutation radioaktiver Stoffe liegen.

Bevor wir auf die einzelnen Verfahren dieser deutschen Firma eingehen, wollen wir zunächst einen Blick darauf werfen, was es mit ihr auf sich hat, denn EGM ist derzeit hierzulande sozusagen die einzige innovative Erfinderwerkstatt, die ihre Ergebnisse einer breiten Öffentlichkeit präsentieren kann, ohne daß es zu größeren Problemen in technischen Abläufen kommt, wie das nicht selten bei der Präsentation neu entwikkelter Geräte der Fall ist. Dies schafft vor allem Glaubwürdigkeit und zeigt, daß eine Firma bei richtigem Management durchaus in der Lage ist, bisher beispiellose neue Technologie zu einem industriell verwendbaren Status aus eigener Kraft hochzuentwickeln. Daß sich solche Ergebnisse herumsprechen, ist kein Wunder.

Dazu zitieren wir aus einem Bericht der „Neue Osnabrücker Zeitung" (NOZ) vom 03.12.2010.

Unter der Überschrift „Araber investieren Millionenbetrag in neues Forschungszentrum in Papenburg"[96] erfahren wir:

Nach gut zwei Jahren mit Gesprächen und Versuchsreihen ist der Vertrag unterzeichnet. Das „Emirates Investment House“ (Abu Dhabi) steigt mit einer millionenschweren Investition in das Papenburger Unternehmen egm-international ein. Zweck der Kooperation: 2011 entsteht ein Forschungszentrum in Papenburg, das von EGM entwickelte Technologien rund um die Wasseraufbereitung und Energieerzeugung zur industriellen Marktreife entwickeln soll.

Der Einstieg in das egm-Forschungsprojekt in Papenburg ist besiegelt: Im Beisein von Papenburgs stellvertretendem Bürgermeister Hans-Michael Goldmann (FDP) erläuterten der wissenschaftliche Berater der Regierung der Vereinigten Arabische Emirate, Abdullah Mangoosh und Dr. Wan Hasni, Chef des Emirates Investment House, die Gründe für die Zusammenarbeit mit egm-Gründer und Geschäftsführer Wolfgang Gesen.

Neben den Ansätzen für eine energetische Weiternutzung von Kohlendioxid hat egm inzwischen Verfahren im Bereich der Wasseraufbereitung, der Korrosionsumwandlung und der Brenn- und Kraftstoffgewinnung aus Pflanzenöl, Wasser und Kohlendioxid entwickelt. EGM-Geschäftsführer Wolfgang Gesen: „Wir haben aktuell in Zusammenarbeit mit deutschen und ausländischen Professoren mehr als 20 Patente entwickelt, die zur Serienreife gebracht werden sollen.“

Bei der Unterzeichnung des Joint Ventures sagte Dr. Wan Hasni, Chef des Emirates Investment House: „Auch wenn es noch keine wissenschaftliche Erklärung für die Technologien gibt: Uns überzeugen die Ergebnisse. Gelingt es, die Systeme zur Marktreife zu bringen, sehen wir neben der Lösung von ökologischen Herausforderungen in unserem Land weltweit große Absatzpotentiale.“ Derzeit läuft die Standortsuche für das Zentrum, 2011 sollen für mehrere Millionen Euro Laborgeräte angeschafft werden. Im ersten Schritt wird ein gutes Dutzend Fachleute angestellt, langfristig wird an bis zu 50 Mitarbeiter gedacht.

In einem weiteren Artikel „Erforschung der Wirbelwandler-Technologie in Papenburg – Niederlassungen in Dubai und Kuala Lumpur“ der NOZ liest man:

Gesens Firma hatte vor mehr als einem Jahr für Aufsehen gesorgt, als erstmals ein Verfahren vorgestellt wurde, mit dem es offenbar gelingt, ohne nennenswerten Energieaufwand eine wirtschaftliche und ökologische Nutzung des Klimakillers Kohlendioxid zu erreichen. Mittlerweile sind um diese Technik herum weitere Einsatzgebiete und zahlreiche Patente entwickelt worden. Kern der Patente ist nach Firmendarstellung ein nach mathematischen Berechnungen aufgebauter Kubus, der aufgrund seines bisher einzigartigen Aufbaus „resonante höchstdrehende und beschleunigende Wirbel als stehende Wellen ermöglicht, die Teilchengeschwindigkeiten auf molekularer und atomarer Ebene erzeugen und so Stoffumwandlungen ermöglichen". Die Ansätze reichen dabei mittlerweile von der energetischen Weiterverwertung von Kohlendioxid, der Wasseranreicherung bis hin zur Korrosions-Umwandlung. In Deutschland seien die Versuchsreihen und Entwicklungen bei Wissenschaftlern zumeist auf Ablehnung gestoßen, so Gesen. Fördergelder für die Weiterentwicklung habe es nicht gegeben, einzig die Aufnahme als Ort im „Land der Ideen", einem von der Bundesregierung und dem Bundesverband der Deutschen Industrie ausgeschriebenen Wettbewerb habe Anerkennung gebracht. „Deshalb habe ich seit zwei Jahren meine bestehenden Geschäftskontakte nach Abu Dhabi genutzt, um dort für die Technologie zu werben." Dort seien die Entwicklungen akribisch überprüft worden – und nun wurde entschieden, bei egm einzusteigen. Abdullah Mangoosh, wissenschaftlicher Berater der Regierung der Vereinigten Arabischen Emirate, war mehrfach in Papenburg, ermöglichte die Präsentation der Technologien in dem Wüstenstaat und stellte so die Weichen für die Kooperation. Bei der Vertragsunterzeichnung machte er deutlich, daß für die Emirate „diese neue Technologie das Potential hat, uns bei zentralen Zukunftsaufgaben weiterzuhelfen." Das Emirates Investment House, für das Dr. Wan Hasni die Verträge unterzeichnete, steige mit 40 Prozent bei egm ein (...)

Bei den Forschungen wird es dann auch um ein neues Heizsystem gehen, das in Wohnhäusern zum Einsatz kommen könnte. Gesen: „Mit dieser Technik, die wir intern als Volksheizung bezeichnen, kann es möglich werden, den Energieaufwand um bis zu 50 Prozent zu klassischen Heizsystemen zu reduzieren – und das ohne Kohlendioxid-

Ausstoß." Es sei aber noch ein längerer Weg, „bis wir vielleicht mit dem Produkt marktfähig sind". Inzwischen sind ein Energieversorger und ein bekannter Heizungshersteller nach Papenburg gekommen, um sich ein Bild von dem Heizungssystem zu machen.

Gesen ist überzeugt, daß sich der Wirbelwandler mit seinen vielfältigen Einsatzmöglichkeiten trotz noch fehlender wissenschaftlicher Erklärung durchsetzen werde. Die neuen Energieerzeugungsformen seien die richtige Antwort auf den Klimawandel.

„Fehlende wissenschaftliche Erklärung" bedeutet natürlich nicht, daß diese Prozesse nicht erklärt werden könnten. Es müßte besser heißen: Bisher fehlende...

Was hier im molekularen und atomaren Bereich abläuft, sind ja Vorgänge, derer sich die konforme Wissenschaft bisher lediglich nicht annahm.

Inzwischen – 15. 3. 2012 – liegt ein wissenschaftliches Gutachten von Prof. Dr. Karl Kautz und Harald Kautz-Vella vor: „Gutachten zur „Herstellung des Ecofuel®-Heizöl, Ecofuel®-Jetfuel und Ecofuel®-Diesel nach der EGM-Wirbelwandler-Technologie"

Das Wirbelwandler-Verfahren

Um hinter das Geheimnis des Wirbelwandler-Verfahrens zu kommen, müssen wir uns auf die Entdeckungen und Erkenntnisse Viktor Schaubergers zurückbesinnen. Er hatte festgestellt, daß es eine zykloide Raumkraft gibt, mitunter auch als Ätherwirbel oder auch Vortex bezeichnet, die sich darin zeigt, daß sich in wirbelnden Flüssigkeiten eine naturimmanente Energie manifestiert, die man nur zu nutzen habe. Die im Bereich technischer Innovationen tätige Firma EGM international hat sich diese Kraft auf bestimmte Art und Weise zu Nutze gemacht.

Der Diplom-Physiker Jürgen Axmann schreibt darüber:

Technische CO_2-Assimilation – eine neue Umwelttechnik

Das sogenannte Treibhausgas CO_2 ist kein Klimakiller, sondern ein essentieller Stoff im natürlichen Kohlenstoffkreislauf. Der Begriff CO_2-Assimilation beschreibt die biologischen Mechanismen und Regularien, mit denen in der Natur der im CO_2 gebundene Kohlenstoff wieder in die feste Form rückgeführt wird.

In der Natur gibt es redundante* Regelprozesse mit eingespielten Zeitkonstanten, die dafür gesorgt haben, daß der CO_2-Gehalt in der Atmosphäre über Millionen Jahre relativ konstant geblieben ist. Z.B. erhöht sich das Pflanzenwachstum und damit die assimilierende Biomasse, wenn der CO_2-Gehalt steigt und umgekehrt. Diese Regelung funktioniert um so weniger, je schneller (kürzere Zeitkonstanten) technische CO_2-Quellen, wie z.B. Kohlekraftwerke, entstehen und natürliche CO_2-Senken, wie die großen Regenwälder, vernichtet werden.

D.h., es müßte umwelttechnisch nicht nur an der Minderung der CO_2-Quellen gearbeitet werden, sondern durch Schaffung adäquater starker technischer CO_2-Senken die Quellen-Senken-Balance stabilisiert werden, was der Forderung geschlossener technischer Kohlenstoffkreisläufe entspricht! Gibt es in der Natur bisher unbeachtete Vorgänge/Prozesse, die als geeignete Vorbilder für starke umwelttechnische CO_2-Senken dienen könnten?

Ein Kandidat sind Wirbelvorgänge, die weit verbreitet sind und z.B. in Form von Hoch- und Tiefdruckgebieten das Wettergeschehen entscheidend beeinflussen. Bekannt sind vor allem Extremtiefdruckwirbel (Wirbelstürme oder Tornados) als relativ stabile und energiereiche Gebilde, die möglicherweise natürliche Stoffwandelfunktionen besitzen.

Tatsächlich konnte jetzt von der EGM-International GmbH in langjähriger Forschungs- und Entwicklungsarbeit eine Pilotanlage fertiggestellt werden, die – bisher einzigartig – künstlich die Eigenschaften eines resonanten, selbst stabilisierenden Wirbels benutzt, um auf universelle

* auf Überschuß zielende – *d. V.*

EGM-Wirbelwandler-Versuchsaufbau

Weise Stoffe in Wasser, einzubinden, abzutrennen und neue Qualitäten zu generieren, wie z.B. aus Anorganik (CO_2, H_2O) Kohlenwasserstoffe (Öle), herzustellen bzw. diese aufzuwerten oder zu strecken. Die vielseitigen Eigenschaften der „EGM – Wirbelwandler – Technologie“ eröffnen den kommerziellen Einstieg in eine vollkommen neue, nachhaltige Kreislaufwirtschaft im Produktions-, Umwelt- und Energiebereich!

Es wird erstmals ein technologisch geschlossener Kreislauf zwischen Energieerzeugung/Verbrennung und kompletter Abgasnutzung hergestellt. Darüber hinaus ist im großen Stil eine CO_2-Entsorgung (CO_2-Senke) angesammelter bzw. gespeicherter CO_2-Gase möglich, die – entsprechend machbare Größenordnungen vorausgesetzt – wirtschaftlich interessante Nutzungen im CO_2-Zertifikatehandel bietet. Die Grundprinzipien und Anwendungen der „EGM – Wirbelwandler – Technologie“ wurden von der EGM international GmbH 2008 zum Patent angemeldet.

Der „EGM – Wirbelwandler“ (*s. Schema Abbildung S. 244*) besteht aus einem hyperbolischen Kegel mit Zylindermanschette und tangentialem Antrieb. Bevorzugt wird Wasser mit CO_2-haltigen Abgasen verwirbelt und der Kohlenstoff nachhaltig fixiert. Bei längerer Verwirbelung entsteht allmählich ein ölhaltiger Film auf der Wasseroberfläche, der nach entsprechender spektroskopischer Untersuchung Ähnlichkeiten mit Pflanzenöl hat und brennbar ist (bestätigt durch Gutachten der BTU-Cottbus und Institut Fresenius).

Diese C-Fixierung kann in drei Stufen gesteuert und dosiert werden.

In der 1. Stufe entsteht C-angereichertes Wasser, das nachweislich mehr C enthält, als es die physikalische Löslichkeit erlaubt. Für diese C-Anreicherung könnte z.B. Kühlwasser von Kraftwerken genutzt werden, das bis unterhalb einer Eutrophierungsschwelle* beladen wird.

In der 2. Stufe kann mit C höherangereichertes Wasser als Düngeralternative erzeugt werden (TC=340mg/l, TOC=40mg/l). Dieses so angereicherte Wasser besitzt äußerst pflanzen- und zellfreundliche Eigenschaften, die bereits unabhängig an mehreren Universitäten getestet wurden.

Die 3. Stufe stellt die höchste C-Dichtequalität dar und bedeutet organisches Öl von C-18 Qualität (Kohlenwasserstoffe). Dies ist eine absolute Neuheit und von mehreren Universitäten und Instituten, incl. Fresenius-Institut und BTU-Cottbus, nachgewiesen."

Axmann weiter:
„Das auf diese Weise mit C und N angereicherte Wasser *(2. Stufe)* bewirkt eine enorme Wachstumssteigerung von Pflanzen (30% bis 50%).
Durch weiteres Verwirbeln *(3. Stufe)* von Ölen mit CO_2 kann die Qualität (Heizwert) der Ausgangsöle und Brennstoffe erheblich gesteigert werden.

Ein „Strecken" von Ölen mit Wasser und CO_2 um 100 % ist mit dem „EGM – Wirbelwandler" sowohl mit Heizöl, Kerosin als auch mit Pflanzenölen möglich.

Das Fixieren von Stoffen in Wasser mit dem „EGM – Wirbelwandler" ermöglicht die Haltbarmachung/Sterilisation von Trinkwasser, Brauchwasser oder Badewasser mit geringstem Aufwand und geringsten Dosierungen.

Durch Modifizierung des Wirbelwandlers in ein symmetrisch aufgebautes Doppelsystem ist eine Meerwasserentsalzung in mehreren Kaskaden realisierbar."

* Eutrophierung = Überdüngung – *d. V.*

Aus einer Presseerklärung der Firma EGM entnehmen wir:

> Zum Zwecke der Förderung technologischer Innovationen und marktgerechter Lösungen wurde in den Vereinigten Arabischen Emiraten (UAE) die Gesellschaft „Emirates International Environmental Solutions House LLC (EIESH) gegründet, die eine der größeren Anteilseigner von EGM sind...

Indem CO_2 in normalem Wasser dauerhaft gebunden wird, hat EGM den entscheidenden Schritt zur Lösung des CCS-Problems geleistet, wobei zusätzlich noch der Gehalt an gesamtorganischem Kohlenstoff (TOC = Total Organic Carbon) im Wasser ansteigt, was die Qualität des Wassers verbessert. Dieser hohe TOC-Anteil kann dann für die Verbesserung des Trinkwassers, für die Landwirtschaft und noch für andere Zwecke verwendet werden, wo es um die Harmonisierung natürlicher Prozesse geht. All dies wird durch die innovative EGM-Technologie erreicht, die im Vergleich zu anderen Verfahren mit einem viel niedrigeren Energieaufwand auskommt. Die beim Deutschen Patentamt (DPA) registrierte Technik (Patent Nr. 102008 046889.4/43 (DPA) soll nach dem Geschäftsplan auch in anderen Ländern patentiert werden.

Die schon angedeutete Streckung von Ölen durch die Wirbelwandlertechnik führt zur Herstellung neuer, ökologisch ausgerichteter Kraftstoffe („Ecofuel"). In einem Verhältnis von 1:1 gestreckt, ergibt sich eine Mindesteinsparung von 45% bei der Kraftstoffproduktion. Die sogenannte weltweite Energiekrise und der Einsatz dieser Technik in Entwicklungsländern sind schlagende Argumente für die Produktion solcher Kraftstoffe.

Einer der ersten Schritte war die Gründung eines Joint-venture-Unternehmens mit einem malaysischen Partner, das eine Pilotanlage zur Streckung von Dieselkraftstoff 1:1 mit Wasser einrichtet. Dieser Schritt ist bereits getan. Das Projekt ECOBOUND hat damit eine neue Dieselsorte mit dem Namen ECODISAL in den Markt eingeführt. Dafür hat auch die malaysische Regierung ihre Unterstützung zugesagt. Die Anlage stellt den neuen Diesel zunächst für den Betrieb von Kraftwerken zur Verfügung. Danach ist geplant, diesen als allgemein verwendbaren Kraftstoff für die Industrie und für den öffentlichen Verkehr zuzulassen. Da die Produktionskosten um ca. 45% gesenkt werden können, werden dadurch Gelder frei, die man zuvor in die Kraftstoffsubvention gesteckt hat und die nun der Volkswirtschaft anderweitig zugute kommen können.

Die Staaten Abu Dhabi und Malaysia haben damit u.E. eine Pionierrolle auf dem Sektor neuer Energietechnologien übernommen, die ihresgleichen auf der Welt sucht.

Deutschland und Europa wären gut beraten, an dieser technologischen Erneuerung teilzunehmen, statt immer neue, den Bürger belastende Steuern zu erfinden, mit denen die Schäden veralteter Technologien repariert werden sollen.

Wir verweisen hier nur auf die Sinnlosigkeit der Katalysatortechnik, die ein altes Problem (unverbrannte Kohlenwasserstoffe) lösen sollte und dafür ein neues, noch gefährlicheres (gesundheitsschädliche Platin-, Rhodium- und Palladiumemissionen sowie umweltschädliche Stickstoffemissionen, die zur Ammoniakbildung führen) erzeugt hat.

Dazu mehr in unserem Buch »Browns Gas – die unerschöpfliche Energiequelle«[97].

Lassen wir nun die Firma EGM selbst zu Wort kommen. In dem folgenden Abschnitt wird genau erläutert, wie der Wirbelwandler-Prozeß abläuft und welche Anwendungsmöglichkeiten sich daraus ergeben.

1. Die „egm-Wirbelwandler-Technologie"[98]

1.1. Einführung

In langjähriger Forschungs- und Entwicklungsarbeit konnte eine Pilotanlage als ausgereifte Apparatur fertig gestellt werden, die, bisher einzigartig, künstlich die Eigenschaften eines resonanten, selbst stabilisierenden Wasserwirbels (Tornadoprinzip) benutzt, um auf universelle Weise Stoffe in Wasser einzubinden, abzutrennen und neue Qualitäten zu generieren, wie z.B., aus anorganischen Stoffen organische Kohlenwasserstoffe, z.B. Öle, herzustellen bzw. diese aufzuwerten.

Die vielseitigen Eigenschaften der „egm-Wirbelwandler-Technologie“ eröffnet den kommerziellen Einstieg in eine vollkommen neue, nachhaltige Kreislauf-Wirtschaft im Produktions-, Umwelt- und Energiebereich.

Es wird erstmals technologisch ein geschlossener Kreislauf zwischen Energie-Erzeugung/Verbrennung und kompletter Abgasnutzung/Recycling hergestellt. Darüber hinaus ist in großem Stil eine CO_2-Entsorgung/CO_2-Senke angesammelter bzw. gespeicherter CO_2-Gase möglich, die – entsprechende Größenordnung vorausgesetzt – wirtschaftlich interessante Nutzungen im beginnenden CO_2-Zertifikate-Handel bietet.

1.2. Anwendungsbereiche

Mittels der „egm-Wirbelwandler-Technologie“[99], die aus einer Kombination aus hyperbolischem Kegel und Zylindermanschette besteht, wird bevorzugt Wasser mit verschiedenen Stoffen, z.B. CO_2-haltigen Abgasen, verwirbelt.

Diese Stoffe/Elemente/Gase werden mit dem „egm-Wirbelwandler“ dadurch dauerhaft in Wasser eingebunden, indem sie der Umgebung entzogen werden. Im Meßbeispiel der BTU-Cottbus[100] wurden die Abgase eines Automotors in den Wirbel eingetragen und das CO_2 damit vollständig der Atmosphäre entzogen! Dies kann man sehen, messen und im Wasser nachweisen.

Darüber hinaus entsteht bei längerer Verwirbelung allmählich ein ölhaltiger Film auf der Wasseroberfläche, der nach entsprechender spektroskopischer Untersuchung

Ähnlichkeiten mit Pflanzenöl bzw. Biodiesel hat und brennbar ist: Gutachten der BTU-Cottbus [101], Prof. Freese [102] und Institut Fresenius[103]

Das auf diese Weise mit C und N angereicherte Wasser bewirkt eine enormeWachstumssteigerung von Pflanzen bzw. deren Wurzelmasse (+30% bis +50%).

Durch weiteres Verwirbeln von Ölen mit CO_2 kann der „egm-Wirbelwandler“ die Qualität (Heizwert) der Ausgangsöle und Kerosin erheblich steigern.

Ein „Strecken“ von Ölen mit Wasser und CO_2 bis zu 100 % ist mit dem „egm-Wirbelwandler“ sowohl mit Heizöl als auch mit Pflanzenöl möglich.[104]

Durch Modifizierung des Wirbelwandlers in ein symmetrisch aufgebautes Doppelsystem ist eine Meerwasserentsalzung in mehreren Kaskaden realisierbar!

Das Eintragen oder Emulgieren von Stoffen, Gasen bzw. Elementen mit dem „egm-Wirbelwandler" über das übliche Maß hinaus ermöglicht z.B. die Haltbarmachung/Sterilisation von Trinkwasser, Brauchwasser oder Badewasser mit geringstem Aufwand und Dosierungen.

1.3. Kritik des Standes der Technik/Patente

In der Literatur sind zahlreiche Verwirbelungsgeräte und Patente bekannt, insbesondere nach den von Viktor und Walter Schauberger vorgeschlagenen Prinzipien. (www.pks.de)[105, 106, 107, 108]

Ihnen gemeinsam sind Ziele und Ansprüche, die sich auf Verbesserungen der Wasserqualitäten, so genannte Energetisierungen, Sauerstoffeinträge in Wasser und Beseitigung von Euthrophierungen oder verbessertes Mischen und Emulgieren von Stoffen in Wasser beziehen. [Herkömmliche] naturwissenschaftliche Nachweise von derartigen Energetisierungen oder Qualitätssteigerungen, die über die üblichen Sauerstoffeinträge in Wasser (physikalische Löslichkeit von Gasen) hinausgehen, sind nicht bekannt!

Insbesondere sind bisher keine wissenschaftlichen Nachweise vorhanden, die derartige Qualitätssprünge belegen wie die Ölbildung aus eingewirbeltem Kohlendioxidgas in Wasser oder die dauerhafte Kohlenstoff- bzw. organische Kohlenstoffanreicherung im Wasser über ein Mehrfaches des physikalisch lösbaren Maßes hinaus.

1.4. Besonderheiten der „egm – Wirbelwandler – Technologie"

1.4.1. Konstruktiver Aufbau

Das Besondere und Einzigartige an der „egm-Wirbelwandler-Technik" sind zunächst die unter Punkt 1.2 beschriebenen Eigenschaften bzw. Anwendungsbereiche, die das Potential besitzen, Basis einer vollkommen neuen Technologie zu werden.

Zugrunde liegen neuartige Konstruktions-, Berechnungs- und Fertigungsprinzipien incl. Materialauswahl für den Aufbau des hyperbolischen

Kegelkörpers und die Art und Weise der Stoffeinträge in den künstlich erzeugten Wirbel (Vortex).

In die geometrische Konstruktionsvorschrift für den „egm-Wirbelwandler" fließen die drei Naturkonstanten Kreiszahl π, Eulersche Zahl *e* sowie die Erdbeschleunigung *g* ein.

Aufgrund dieses besonderen Aufbaues bilden sich im „egm-Wirbelwandler" resonante höchstdrehende und beschleunigende Wirbel als stehende Wellen, die solche Teilchengeschwindigkeiten auf molekularer und atomarer Ebene erzeugen, die die oben beschriebenen Stoffumwandlungen induzieren.

1.4.2. Klassische Wirbeltheorien

Wasser und Wirbel gehorchen den Gesetzen der Hydrodynamik. Das von der Hydrodynamik am besten erforschte System, das der Geometrie und den Randbedingungen der Wirbel-Wandler-Technolgie ähnelt, ist das Taylor-Couette-System.[109]

Nach den Untersuchungen im Taylor-Couette-System bilden sich innerhalb der spiralförmig fließenden Wasserstruktur Turbulenzen aus, und zwar welche, in denen sich im Kleinen wieder ähnliche Turbulenzen ausbilden, und so weiter, und so fort – eine fraktale Struktur.

Die Größe der kleinsten sich ausbildenden Turbulenz nennt man die Taylorsche Mikroskala. Das Taylor-Couette-System bildet je nach Rahmenbedingung viele unterschiedliche stabile Wirbelformen aus. Für die Rahmenbedingungen des „egm-Wirbelwandlers" ist eine bestimmte Wirbelform zu erwarten.[110, 111]

Makroskopisch sieht sie so aus, als sei unter der Wasseroberfläche ein transparentes, x-fach gewendeltes Seil spiralförmig in den Wirbler gewickelt.

1.4.3. Alternative Wirbeltheorien

Wirbel können nach einer Theorie von Wilhelm M. Bauer[112] ab einer bestimmten Phase Ordnung generieren (antidissipative Prozesse).

Zunächst kommt es zur Ausbildung eines Potentialwirbels, der in seiner Beschreibung der klassischen Wirbelphysik (Taylor-Couette-Forschung) entspricht. In der zweiten Phase reduziert sich der innere Fließwiderstand des Wirbels gegen Null, d.h., die Wirbelverluste gehen gegen Null. Diese zweite Phase entsteht vorzugsweise unter Sogbedingungen (in der Natur vorherrschend!). Entstehende inverse Kaskaden können zu einer ersten leichten Selbstbeschleunigung des Wirbels führen.

In der dritten Phase kommt es zur Ausbildung einer inneren Wirbelschicht, der Vazsonyi-Schicht. Sie sieht wie ein gewendeltes Walzenlager aus und soll nach W. Bauer bei einsetzender Selbstverstärkung aus Drehimpulserhaltungsgründen entstehen. Die Materie in dieser Schicht kühlt stark ab, die transformierte thermische Energie liegt als kinetische Energie vor.

Der Energiehaushalt eines Wirbels soll nach W. Bauer über Oszillationen funktionieren. Teile des Wirbels erzeugen Schwingungen, die abgestrahlt werden, andere Teile nehmen durch Resonanzphänomene diese Energie wieder auf.

Den Wirbeln wird nach W. Bauer eine Wirbelenergie zugeordnet, eine aller Materie anhaftende Art „potentieller“ Energie, die bei Erreichen der idealen Wirbelform durch die Materie freigesetzt wird.
Dieses Wirbelmodell nach W. Bauer wird durch die folgenden Thesen von Viktor Schauberger gestützt:

- die Viskosität eines Mediums ist keine – wie in der Hydrodynamik angenommen – konstante materialabhängige Größe, sondern von ihrem momentanen Bewegungszustand, der Druckverteilung und der Form des Wirbelgeschehens abhängig.
- Potentialwirbel weisen ab einer bestimmten Größe und Geschwindigkeit Selbstverstärkung auf, also in den bestehenden mathematischen Modellen gerechnet, eine negative Viskosität. Entsprechende Versuche von Schauberger mit Wirbelrohren bestätigen dies (siehe auch www.pks.de).[113]

Aufnahmen aus dem Innern von Tornados zeigen deutlich die Form der fast senkrecht stehenden, um den Kern des Tornados gewendelten „Walzen“ (Vazsonyi-Schicht), deren luftleere Achsen wie Perlenschnüre im Kreis herumwirbeln.

2. Beschreibung der möglichen Zielprodukte/Technologien

Aus der aufgeführten Vielfalt der möglichen, relativ kurzfristig zur Marktreife zu entwickelnden Produkte der „egm-Wirbelwandler-Technologie" sollen folgende, nach Entwicklungsstand und Marktnachfrage geordnete Produktlinien forciert entwickelt werden:

2.1. Nachhaltige Ölgewinnung und Aufwertung vorhandener Öle für Energiewirtschaft und Verkehrswesen, verbunden mit CO_2-Abgassenkung bzw. CO2-Zertifikatekauf

- Produktziel

Ziel und Zweck dieses Produktes ist die Generierung pflanzenölähnlicher brennbarer Öle zur Energiegewinnung aus den anorganischen Stoffen Wasser und CO_2 bei gleichzeitiger CO_2-Nutzung aus Abgasen oder Zertifikatehandel in einem geschlossenen Kreislauf.

- Ökonomischer Nutzen

1. Verkauf der generierten Öle
2. Erlöse aus „entsorgtem" CO_2 bzw. Zertifikatehandel
3. Nutzung bzw. Verkauf pflanzendüngerähnlichen Wassers, das mit C, N, O – angereichert als Abwasser anfällt.

- Grundlegender Aufbau (siehe Abbildung auf S. 244)

Das Kernstück ist der eigentliche „egm-Wirbelwandler" (6), bestehend aus dem hyperbolischen Kegel mit Zylinderaufsatz und daran befindlichen Ein- und Auslaßstutzen für Flüssigkeiten und Gase.

Als Medium für den Trägerwirbel zur Ölgewinnung kommen Flüssigkeiten, bevorzugt Wasser zum Einsatz, das in den unteren Wasserbehälter (2) eingefüllt wird.

Von dort wird es mit einer Tauchpumpe (3) oder einer extern angeschlossenen Pumpe in den oberen Wasserbehälter (4) gepumpt. Der Wirbelaufbau in (6) erfolgt nun durch den mit Schwerkraft angetriebenen

Schema Wirbelwandler zur CO_2-Fixierung und Ölbildung

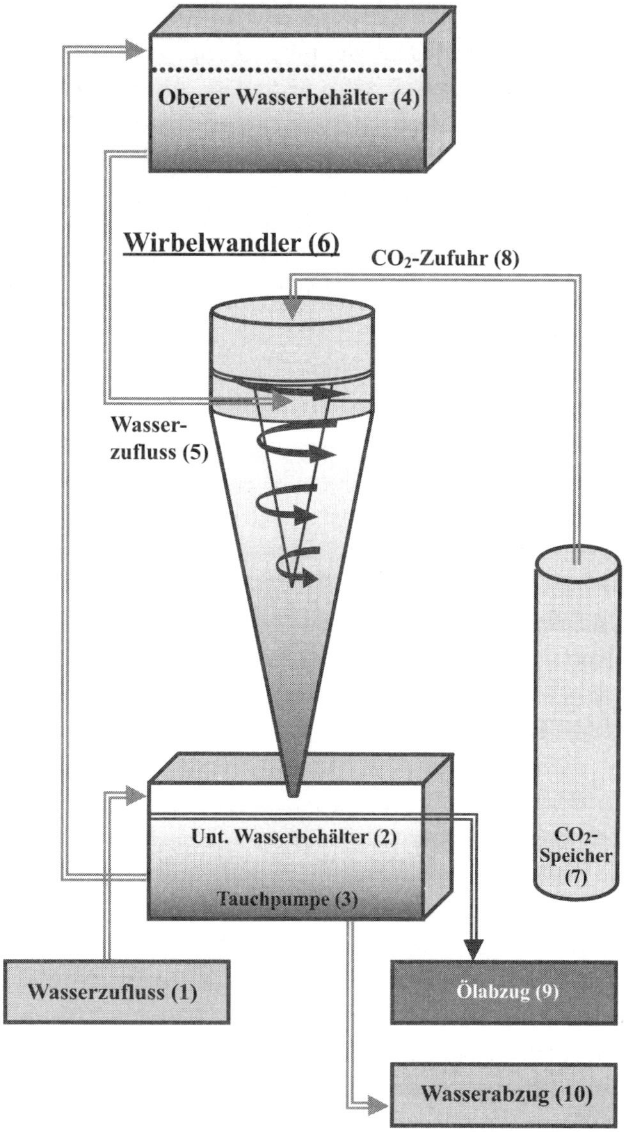

tangentialen Wassereinstrom (5) in den Zylinderaufsatz des Wirbelwandlers.

Der optimale Betriebszustand des Wirbels (stehende Wellen) wird über Steuerung des Ein- und Auslaufstromes und des Druckes im Zylinder eingeregelt und aufrechterhalten. Es bildet sich die typische Vazsonyi-Schicht.

Danach wird das zu fixierende CO_2-Gas oder CO_2-haltige Abgas/Rauchgas in einerfestgelegten proportionalen Dosierung bzw. Flußrate aus dem Druckspeicher (7) über (8) in den „egm-Wirbelwandler" eingewirbelt.

Nach einer definierten Zeit von z.B. 2-3 h, abhängig von Gasqualität und Gasrate, bildet sich ein kontinuierlich wachsender ölhaltiger Film auf der Wasseroberfläche des unteren Behälters (2), der über (9) diskontinuierlich abgezogen werden kann.

Zusätzlich vom Wirbel gebildete Gase (H_2, O_2, CH_4, ...) sowie das überschüssige CO_2 können aus dem geschlossenen Behälter über optionale Verbindung zu (8) dem Wirbel wieder zugeführt werden.

Das vom Wirbelwandler gebildete Öl ist brennbar und besitzt Eigenschaften, die Pflanzenöl entsprechen. Die Ölbildung wurde in mehreren Institutionen demonstriert und das Öl in verschiedenen Labors analysiert.

- Abschätzung der Ölbildung im geschlossenen Kreislauf

Bei vollständiger, 100%-iger stöchiometrischer Umsetzung des in den Wirbel eingebrachten CO_2 -Gases können theoretisch aus einer Masseeinheit CO_2 z.B. 1 Tonne CO_2, 0,35 Masseeinheiten Öl (Ölsäure=Oleinsäure), z.B. 350 kg Öl als Ölsäure gebildet werden!

Bei vollständiger, idealer Verbrennung dieser Ölmasse zu CO_2 (1 l Heizöl verbrennt zu 2,65 kg CO_2) entstehen daraus wieder ca. 0,93 t CO_2 ! D.h. für eine konstante, kontinuierliche Ölproduktion von 350 kg müssen ca. 100 kg CO_2 pro 350 kg Öl zusätzlich nachgeliefert werden, entsprechend ca. 10 % der Startmenge CO_2. Oder anders ausgedrückt: Im Falle eines Öl-, Gas- oder Kohlebrenners müßten z.B. ca. 10% des Ölbrennstoffes nachgeführt werden, um konstant die gleiche Heizleistung zu erzielen.

- Upscaling für Industrieanwendungen

Die Geräteentwicklung des „egm-Wirbelwandlers" ist in den Stufen 16 cm und 32 cm ausgereift und abgeschlossen. Eine Vergrößerung des „egm-

Wirbelwandlers“ ist nur in bestimmter, streng mathematisch proportionaler Weise möglich, die die Naturkonstanten *π*, *e* und *g* berücksichtigt.

Bei vorgegebenem Zylinderdurchmesser d (Vielfaches von π) berechnet sich das effektive Wirbel(wasser)-Volumen zu VW = π x d3 / 6 x *e* (*e* = Eulersche Zahl=2,7183) Im proportionalen Verhältnis zu diesem Volumen (innere Wirbelschichten) steigt auch die verwirbelbare Gasmenge. So ergibt nach obiger Formel ein Zylinderdurchmesser von d = 16 cm ein Wirbelvolumen Vw von ca. 0,76 l. Diesem entspricht ein praktisch ermittelter Gaseintrag von ca. 5 l / min.

Eine Verdopplung des Durchmessers d auf 32 cm ergibt ein effektives Wirbelvolumen von ca. 6 l, d.h., um den Faktor 8, entsprechend 8 x 5 l/min = 40 l/min Gaseintrag usw. Ein Zylinderdurchmesser von 1,26 m entspräche schon einem Gaseintrag von 2,56 cbm/min, entsprechend 2000 t/Jahr. Bei 5,6 m Durchmesser ergibt sich ein theoretischer CO_2-Eintrag von 0,17 Mio. t/Jahr, der bereits in der Nähe des CO_2- Ausstoßes von Steinkohlekraftwerken liegt, der bei 4-8 Mio. t CO_2 im Jahr liegt.

...

In einer durchgeführten Kalkulation wird hochgerechnet, daß für das erwähnte Beispiel Kohlekraftwerk mit ca. 4 Mio. t CO_2-Ausstoß im Jahr und 360 Vollarbeitstagen ca. 5 Stück Wirbelwandler mit 8,48 m Zylinderdurchmesser benötigt würden.

2.2. CO_2-Abgassenkung, verbunden mit Kohlenstoffanreicherung in Wasser für Energiewirtschaft, Umweltschutz, Landwirtschaft, Aquakultur, Biotechnologie

- Produktziel

Ziel und Zweck dieses Produktes ist primär die Entsorgung bzw. Minderung von CO_2 (CO_2-Senke) aus direkt erzeugtem oder gespeichertem CO_2 von Großanlagen (Kraftwerke, Brenner aller Art) bzw. Zertifikatehandel und die Generierung pflanzenölähnlicher brennbarer Öle zur Energiegewinnung in einem geschlossenen Kreislauf. Des weiteren fällt CO_2-Gas bei vielen weiteren industriellen Prozessen an, z.B. Brauereien, Brennereien, Bioäthanolanlagen, Biogasanlagen, ...

- Ökonomischer Nutzen

1. Erlöse aus „entsorgtem“ CO_2 bzw. Zertifikatehandel
2. Verkauf der generierten Öle
3. Nutzung bzw. Verkauf pflanzendüngerähnlichen Wassers, das mit C, N, O – angereichert als Abwasser anfällt (Kunstdüngerersatz).

- Grundlegender Aufbau

Der grundlegende Aufbau dieses „egm-Wirbelwandlers“ entspricht Punkt 2.1, ebenso Ölbildung und Upscaling. Die Geräteentwicklung des „egm-Wirbelwandlers“ für dieses Produkt ist in den Stufen 16 cm und 32 cm ausgereift und abgeschlossen.

2.3. Strecken von Ölen mit Wasser und Abgasen bzw. CO_2

- Produktziel

Ziel und Zweck dieses Produktes ist es, die Effizienzen und Ausbeuten der Ölnutzung wesentlich, d.h., mind. um 100 % zu steigern. Dabei bleiben Heizwerte und Brennwerte der mit Wasser dauerhaft verwirbelten Öle mindestens auf dem Niveau der Originalöle, gleichzeitig werden CO_2-haltige Abgase fixiert und recycelt.

- Ökonomischer Nutzen

1. Verdoppelung der Ölmengen / Ausbeuten und Gewinne.
2. Erlöse aus „entsorgten“ CO_2-Abgasen bzw. Zertifikatehandel.

- Grundlegender Aufbau

Zusätzlich zum bisherigen Aufbau wird in den Wassereintrag ein steuerbarer Öleintrag über eine Ölpumpe realisiert.

2.4. Effektivierung und Leistungssteigerung biotechnologischer Verfahren bzw. Spurenelementeersatz, insbesondere bei Aquakulturen (Algenfarmen, Fisch- und Shrimpszucht)

- Produktziel

Ziel und Zweck dieses Produktes ist es, die Effizienz und Leistung biotechnologischer Verfahren zu steigern. Des weiteren können Spurenelemente und Vitalstoffe ersetzt werden, Gesundheit und Vitalität der Kulturen verbessert und die Standzeiten erhöht werden. Des weiteren wären probiotische Eigenschaften zu erwarten und zu prüfen.

- Ökonomischer Nutzen

1. Erhöhung der Anlagenleistungen bzw. Ausbeuten.
2. Betriebskosteneinsparungen durch verringerte Zusätze und Medikamente.
3. Erhöhung der Standzeiten.

- Grundlegender Aufbau

Der grundlegende Aufbau dieses „egm-Wirbelwandler" entspricht Punkt 2.1, ebenso Ölbildung und Upscaling. Die Geräteentwicklung des „egm-Wirbelwandler" für diese Anwendung ist ausgereift und abgeschlossen. In einer ersten Studie der BTU-Cottbus konnte das Pflanzenwachstum z.B. um ca. 30% gesteigert werden. In Versuchsreihen mit einer arabischen Universität wurden Steigerungen des Pflanzenwachstums um 50 % festgestellt.

Eine aktuelle Untersuchung an der TU-Berlin mit CO_2-verwirbeltem Wasser an 2 Algenstämmen ergab Verdoppelungen des Wachstums der Versuchsalgen im Vergleich zu den Kontrollalgen![114]

Eine aktuelle Analyse der „Potsdamer Wasser- und Umweltlabor GmbH" von fünf Monate lang gelagertem, CO_2-verwirbeltem Wasser ergab eine stark erhöhte Oxidierbarkeit von 1,3 mg O_2/l auf 12,4 mg O_2/l sowie einen stark erhöhten TOC (organischen Kohlenstoffgehalt) von 2-3 mg C/l auf 35,9 mg C/l![115] Das bedeutet eine hohe biologische Verfügbarkeit des Kohlenstoffes. Der erhöhte TOC hat aber nicht zu einer Überschreitung der zulässigen mikrobiologischen Parameter geführt. Im Gegensatz dazu führte heliumverwirbeltes Wasser zu starkem Überschreiten der Koloniezahlen, aber nicht zum Auftreten von Escherichia coli, coliformen Bakterien oder Enterokokken.[116]

2.5. Wasserentkeimung und Konservierung für Industrie, Landwirtschaft, Trinkwasser, Schifffahrt, Bäder

Subjektive Beobachtungen führten zu der Vermutung, daß CO_2-verwirbeltes Wasserlängere Zeit keimfrei bleibt.

Durch eine Laboranalyse konnte jetzt objektiv nachgewiesen werden, daß 5 Monateoffen gelagertes, CO_2-verwirbeltes Wasser die gesetzlich vorgeschriebenenmikrobiologischen Parameter einhält.

2.6. Meerwasserentsalzung für Wasserversorgung und Landwirtschaft

In ersten eigenen Versuchsreihen mit einem modifizierten „egm-Wirbelwandler"(symmetrischer Aufbau) konnte prinzipiell eine erhebliche Entsalzungsleistung sowohl optisch als auch über Leitfähigkeitsmessungen nachgewiesen werden. Für eine Entsalzung auf Trinkwasserqualität werden mehrere Kaskaden mit jeweiligem „egm-Wirbelwandler" notwendig sein. Eine Verfahrensoptimierung und Upscaling für Großanlagen ist noch erforderlich.

2.7. Stoffumwandlungen für Pharmakologie, Chemieindustrie, Wasser- und Abwassertechnik und Lebensmittelindustrie

Es besteht die starke Vermutung, daß sich durch die „egm-Wirbelwandler-Technologie" schwer emulgierbare bzw. mischbare Substanzen dauerhaft verbinden oder einbinden lassen.

Im Folgenden eine technisch aussagekräftige Berechnung des beschriebenen Verfahrens für den an Details interessierten Leser:

Abschätzung

Massenbilanzen CO_2 → Pflanzenöl bei TS-Wirbelwandler-Prozeß

1. Prozeß CO → Alkane (Paraffine):

Bei angenommener 100 % Konversion bedeutet: 1 mol $C_{10}H_{22}$ = 10 mol CO_2

Molmasse Alkan (M $C_{10}H_{22}$):

1 mol $C_{10}H_{22}$ = 10 mol C + 22 mol H_2 — C = 12,0107 g/mol
1 mol $C_{10}H_{22}$ = 120,107 g/mol + 22,17468 — H = 1,00794 g/mol

1 mol $C_{10}H_{22}$ = 142,28 g

Molmasse CO_2:

10 mol CO_2 = 224 l CO_2 (bei 0 °C) — 1 mol Gas = 22,4 l
Masse von 10 mol CO_2 = 224 l x 1,98 g/ Nl = 443,5 — (bei 0 °C)

10 mol CO_2 = 443,5 g

Konversionsverhältnis: 142,28/443,5 = 0,3208 Masse Alkane zu Masse CO_2

(bei 100 % stöchiometrischer Umsetzung, ohne Gasbildung)

Bei **3l CO_2/min** = 180 l CO_2/ h = 180 l x 1,98 g/ Nl
= 356,4 g CO_2/ h
= 356,4 g x 0,3208 = 114,3 g Alkane/h
= 1,143 kWh

Pflanzenöl = 10 kWh/ kg
Erdgas (L) = 11,3 kWh/ kg
Erdgas (H) = 13 kWh/ kg

Bei **10 l CO_2/min** = 600 l CO_2/ h = 600 g x 1,98 g / Nl
= 1188 g CO_2/ h
= 1188 g x 0,3208 = 381,1 g Alkane/ h
= 3,811 kWh

Demgegenüber: Energieverbrauch der Wasserpumpe: 0,3 kW x 1h = **0,3 kWh**

Ergebnis: 1,1 kWh bzw. 3,8 kWh >> 0,3 kWh → Positive Bilanz!

2. Prozeß CO → Ölsäuren (Oleinsäure = cis 9-Octadecensäure):

Bei angenommer 100 % Konversion bedeutet: 1 mol $C_{18} H_{34} O_2$ = 18 mol CO_2

Molmasse Oleinsäure (M $C_{18} H_{34} O_2$):

z.B. Sonnenblumenöl = 80 % - 93 %
Olivenöl = 55 % - 80 %
Palmöl, Rapsöl = 68 %

1 mol $C_{18} H_{34} O_2$ = 18 mol C + 34 mol H_2 + 2 mol O_2 — C = 12,0107 g/mol
1 mol $C_{18} H_{34} O_2$= 216,193 g/mol + 34,27 g/mol + 31,988 g/mol — H = 1,00794 g/mol
O = 15,994 g/mol

1 mol $C_{18} H_{34} O_2$ = 282,45 g

Molmasse CO_2:

18 mol CO_2 = 403,2 l CO_2 (bei 0°C) — 1 mol Gas = 22,4 l
Masse von 18 mol CO_2 = 403,2 l x 1,98 g/ Nl = 798,3 g — (bei 0 °C)

18 mol CO_2 = 798,3 g

Konversionsverhältnis : 282,45 / 798,3 = 0,3538 Masse Ölsäuren zu Masse CO_2
(bei 100 % stöchiometrischer Umsetzung, ohne Gasbildung)

Bei 3l CO_2/min = 180 l CO_2/ h = 180 l x 1,98 g/ Nl
= 356,4 g CO_2/ h
= 356,4 g x 0,3538 = 126,09 g Ölsäuren/ h
= 1,261 kWh

Pflanzenöl = 10 kWh/ kg
Erdgas (L) = 11,3 kWh/ kg
Erdgas (H) = 13 kWh/ kg

Bei 10l CO_2/min = 600 l CO_2/ h = 600 g x 1,98 g/ Nl
= 1188 g CO_2/ h
= 1188 g x 0,3538 = 420,31 g Ölsäuren/ h
= 4,203 kWh

Demgegenüber: Energieverbrauch der Wasserpumpe: 0,3 kW x 1h = **0,3 kWh**

Ergebnis: 1,3 kWh bzw. 4,2 kWh >> 0,3 kWh ⤳ Positive Bilanz!![117]

An dieser Stelle erläutern wir, wie die zuvor genannten Verfahren der CO_2-Einbindung in Wasser, der Kohlenstoffanreicherung und der Streckung von Öl chemisch-physikalisch funktionieren.

Die EGM-Bindungssysteme

Die EGM-Bindungssysteme (EBS) leiten sich aus patentierten Erfindungen her, die man auf der Grundlage der Gravitations-Quantendynamik „Ultraschall-Vortex-Kavitation" nennt. Kavitation bedeutet die Bildung oder Auflösung von Hohlräumen, ein Vortex ist ein Flüssigkeitswirbel.

Technische Grundlage

Hier müssen wir zunächst kurz auf die Verfahren der Rohölbehandlung eingehen. Behandelt man flüssige Kohlenwasserstoffe wie z.B. Rohöl, Diesel und andere mit Ultraschall, so vermindert man deren Viskosität (*Flüssigkeitsgrad*) und erhöht den Ertrag an leichteren Bestandteilen durch anschließendes Raffinieren oder katalytisches „Cracken" (*Aufbrechen*). Diesen chemischen Prozeß nennt man up-gradation (*Hochstufung*). Diese Hochstufung auf Grund von Ultraschallbehandlung wird ökonomisch interessant, wenn man die Effizienz des Prozesses dadurch verstärken kann, daß man eine höhere Ultraschall-Energiedichte in die zu behandelnde Flüssigkeit pumpt und dadurch auch einer Rekombinierung der aufgespalteten Moleküle vorbeugt. Dies wird durch die spezielle EGM-Technologie erreicht.

Kavitation* nennt man den Vorgang, bei dem sich Blasen in Flüssigkeiten bilden, wenn man letztere unterschiedlichem Druck aussetzt.

* Kavitation wird im »Brockhaus der Naturwissenschaften und der Technik«, Ausg. 2003, so definiert: „Hohlraumbildungen in Flüssigkeiten durch spontane Verdampfung, wenn der momentane örltiche Druck den Dampfdruck der Flüssigkeit unterschreitet. Sinkt bei Beschleunigung einer strömenden Flüssigkeit der Druck unter den Dampfdruck der Flüssigkeit ab, so bilden sich in der Flüssigkeit Dampfbläschen; bei nachfolgender Verzögerung steigt der DRucm wieder an, was zur Kondensation der Dampfblasen führt. Dieser Vorgang ist infolge der plötzlichen Volumenänderung mit sehr starken Druckstößen (bis 1000 Millipascal) verbunden, die zu starker Schallabstrahlung und zu allmählicher Zerstörung benachbarter fester Körper führen (Kavitationserosion)... Kavitation tritt an Teilen auf, die mit hohen Geschwindigkeiten umströmt werden (Laufräder von Wasserturbinen, Kreiselpumpen...)"

Kavitation tritt immer dann auf, wenn der Flüssigkeitsdruck unter den Dampfdruck der Flüssigkeit absinkt und wenn hohe Temperatur (typisch: 104° C, 105° C und höher) und hoher Druck (10 bis 100 MPa, *MPa = Megapascal*) innerhalb der durch Kavitation erzeugten, kollabierenden Blasen herrscht. Kavitation bildet eine Grundlage für Sonolumineszenz*, wenn kavitationsbedingte Blasen sichtbares Licht abstrahlen und Sonochemie, der Disziplin, bei der man durch Ultraschall-Kavitation hervorgerufene chemische Reaktionen untersucht.

Die Physik und Chemie ultraschallinduzierter anorganischer Reaktionen ruft eine Aktivierung hervor, die auf die örtlich angestiegene Temperatur, den Druck und die molekulare Zerlegung auf Grund von Bindungsbruch durch kollabierende Blasen zurückgeht. Ganz egal, welche Art von Flüssigkeit (oder einer Mischung mehrerer) man benutzt, sind dies die am häufigsten auftretenden Wirkungen der Kavitation:

- Homogenisierung von Flüssigkeiten
- Aufbrechen von festen Partikeln
- Zerlegung von Molekülen
- Reaktionsbeschleunigung

Soweit die Petrochemie betroffen ist, sind als wichtigste Effekte die Depolymerisation von Kohlenwasserstoffen und das Cracken von Kohlenwasserstoffen zu nennen, die direkt nach der Ultraschall-Kavitation ablaufen. Fossile Brennstoffe zeichnen sich nicht nur durch ein Gemisch von Kohlenwasserstoffen aus, sondern sind auch durch die Van-der-Waals-Interaktion der Moleküle gekennzeichnet, die dem Brennstoff eine elastische, polymerartige Struktur verleiht, die sich negativ auf die Viskosität auswirkt. Deshalb ist die Anwendung der Ultraschall-Kavitation bei der Depolymerisation von Erdölprodukten wie Diesel und Schweröl wichtig, welche die Van-der-Waals-Molekülkräfte aufbricht.

* Sonolumineszenz (lat. sonare „tönen", luminescere „leuchten")ist ein physikalisches Phänomen, bei dem eine Flüssigkeit unter starken Druckschwankungen sehr kurze, hochenergetische Lichtblitze aussendet.)

Depolymerisation, Cracken und Molekül-Einbindung bei Dieselkraftstoffen

Was passiert nun, wenn man das EBM-Verfahren anwendet?

1. Langkettige Kohlenwasserstoffmoleküle werden in kürzere, mittelkettige zerlegt
2. Die so entstandenen Moleküle haben eine homogenere Struktur (Molekülketten von ungefähr von 13 bis 19 Molekülen pro Kette).
3. Das darin enthaltene Wasser wird zerlegt und seine Elemente durch permanente kovalente Bindung an diese Ketten gebunden.

Das Endprodukt hat dann folgende Eigenschaften:

1. Die neu gebildeten Ketten zeigen überwiegend homogenere Kohlenstoffketten mit einer abweichenden Bindungsstruktur. Diese sieht so aus: $C_xH_y(OH)_z$. Chemisch gehören sie damit zur Hydroxylgruppe. Das ist das Ergebnis der Wasserzerlegung in H und OH-Radikale, die sich nach und nach an die Kohlenstoffketten anlagern.
2. Danach werden die längeren in kürzere Ketten zerbrochen, die dadurch eine homogenere Struktur des Brennstoffes erzeugen.
3. Es bleiben keine freien Radikale* und auch kein H_2O zurück.
4. Die aromatischen Komponenten (Naphtaline und Alkylbenzole) des ursprünglichen Diesels werden reduziert.
5. Schadstoffe wie Asche und Schwefel werden anteilsmäßig reduziert.
6. Schließlich, und das ist das Wichtigste, kommt dieser neue Dieselkraftstoff dem bekannten Diesel in Eigenart und Spezifikation gleich, indem er fast vollständig den Anforderungen der ASTM- und EN-Standards entspricht
   (ASTM = American Society for Testing and Materials; EN = European Union)

* Radikale = Atome bzw. Moleküle, die nicht allein bestehen können – *d. V.*

Auch für den erdöltechnischen Laien ist damit wohl ersichtlich geworden, welche Innovation dieses neue Verfahren darstellt. Auf noch eingehendere fachliche Details wollen wir hier verzichten, da diese dem durchschnittlichen Leser keinen zusätzlichen Erkenntnisgewinn brächten, sondern nur dem Interesse von Fachleuten dienen.

Effiziente Antikorrosionstechnik

Um das Verständnis für die Notwendigkeit dieser Verfahren zu wecken, müssen wir vorweg einige grundlegende Erklärungen geben, die das Problem und seine bisherige technische Lösung beschreiben.
Jeder kennt den Spruch: „Wer rastet, der rostet." Rost wurde gleichsam zum Synonym für Stillstand, für Verfall und im Bereich der Technik für Materialzerstörung.

Seit Beginn der Eisenzeit, als man begann, Eisenerz aus Mutter Erdes Schoß zu reißen, das Erz zu schmelzen und das Eisen vom umgebenden Gestein zu trennen, um daraus Werkzeuge und Waffen herzustellen, gibt es Rost, chemisch: Eisenoxid. Natürlich gab es im Erdreich schon immer Eisenoxid, das die Menschheit jedoch nicht aus der Fassung brachte, weil man noch kein Rostproblem kannte. Erst mit der Entwicklung von Gerätschaften und Maschinen, die ganz oder teilweise aus Eisen bestehen, tritt Eisenoxid – Rost genannt – als Problem auf. Reines Eisen oder auch seine chemischen Verbindungen mit Kohlenstoff (Stahl) sind an der Luft und auch im Wasser nicht beständig, da sie sich sehr gern mit Sauerstoff verbinden und Oxide bilden. Erst die Entwicklung hochwertig legierter Edelstähle (V2A, V4A usw.) hat diesen Prozeß sehr verlangsamen, wenn auch nicht gänzlich unterbinden können. Solche Legierungen sind aber nicht für alle Verwendungszwecke einsetzbar, sei es aus physikalischen oder aber aus Kostengründen.

Rost richtet jährlich volkswirtschaftliche Schäden in Milliardenhöhe an und hat zur Folge, daß alte Produkte ständig durch neue Produkte ersetzt werden müssen. Um diese Kosten einigermaßen erträglich zu halten, wurden auch eine Reihe von chemischen Schutzmaßnahmen entwickelt, die wir alle kennen: Schutzanstriche, Galvanisierung, Eloxierung, chemische Rostumwandler u.ä.

Brücken, Eisenbahnschienen, Öl- und Gaspipelines, Wasser- und Abwasserrohre sowie Betonarmierungen von Gebäuden, Antennentürme, Schilder, Geländer etc., also alle dem Wetter und dem Wasser ausgesetzten Konstruktionen sind dabei besonders gefährdet, ganz besonders natürlich alle aus Eisen bestehenden Unterwasserkonstruktionen, wie Bojen, Brückenfundamente, Schiffsrümpfe, die dem Süßwasser oder schlimmer noch, dem chemisch aggressiven Salzwasser ausgesetzt sind. Metallteile, die diesen Einflüssen ausgesetzt sind, korrodieren, wie man technisch dazu sagt, ungemein schnell.

Aus diesem Grunde hat man sich schon vor langer Zeit Gedanken darüber gemacht, ob nicht auch andere Verfahren zur Herstellung von Korrosionssicherheit bzw. zur Korrosionsverminderung in Frage kämen. Schiffsrümpfe wurden aus diesem Grunde nicht nur mit Schutzanstrichen versehen, sondern es wurden für die der Korrosion ausgesetzten Teile sogenannte Opferanoden entwickelt, Stücke aus unedlen Metallen *(Metalle, die mit dem Luftsauerstoff reagieren)*, die zum Korrosionsschutz auf anderen, weniger unedlen Metallen (meist Eisen und Stahl, aber auch Messing) eingesetzt werden und dort befestigt werden.

Dabei muß das Opfermetall in der elektrochemischen Spannungsreihe noch negativer, also unedler sein als das Eisen (- 0,04 V). Meist verwendet man dafür Zink (-0.76 V), aber auch Aluminium, Blei sowie Magnesium und seine Legierungen kommen in Frage.

Ein Schiffsrumpf wird dabei mit der Opferanode elektrisch leitend verbunden. Es entsteht ein sogenanntes Primärelement, bei dem der Rumpf als Kathode und das unedlere von den beiden Metallen als Anode arbeitet. Dabei fließt ein Strom in Richtung des zu schützenden Stahlrumpfes. Nicht der Rumpf, sondern das Opferanoden-Metall gibt nun seine Elektronen an den Sauerstoff ab, nimmt den Sauerstoff damit auf und geht anschließend in Lösung. Das Wasser spielt dabei die Rolle des Elektrolyten (elektrisch leitende Flüssigkeit), der die geladenen Teilchen (Ionen) transportiert und damit einen Stromkreis schließt. Durch diesen elektro-chemischen Prozeß wird die Opferanode mit der Zeit verbraucht und muß erneuert werden, damit der Korrosionsschutz erhalten bleibt.

Ein anderes Verfahren ist die sogenannte Fremdstromanode.

Auch sie ist eine Methode zur Vorbeugung der Korrosion an Behältern aus Eisen bzw. Stahl. Durch das Anlegen einer elektrischen Spannung zwischen dem zu schützenden Material und der Fremdstromanode, die dem elektrischen Korrosionspotential entgegengesetzt ist, kann der zersetzende Prozeß und damit die Materialzerstörung wirksam unterbunden werden. Dabei findet an der Anode jedoch kein Materialabtrag statt.

Fremdstromanoden werden mit Gleichspannung betrieben, die zur Verfügung gestellt werden muß. Dabei verbindet man den negativen Pol der Stromquelle mit dem zu schützenden Schiffsrumpf und den positiven Pol mit der Fremdstromanode. Die Gleichspannungsversorgung ist dabei so konstruiert, daß sie die Spannung, die den Schutzstrom zwischen Fremdstromanode und Schiffsrumpf aufbaut, manuell oder automatisch regelt. Fremdstromanoden benötigen im Gegensatz zu Opferanoden kein negatives Potential gegenüber dem zu schützenden Material. Durch den kathodischen Schutzstrom wird das Potential an der Grenzfläche zwischen Anode und Rumpf in negativer Richtung verschoben.

Das EGM-Antikorrosionsverfahren

EGM hat nun ein Fremdstromverfahren Verfahren entwickelt, das sie „Zero-Potential-Verfahren" genannt. Was bedeutet das?

Nichts weiter, als daß die Korrosion auf null oder fast null gebracht wird. Damit wird das korrosive Potential von Metallen auf vernachlässigbare Werte heruntergefahren. Dies war bei den bisher bekannten Verfahren nicht möglich. Diese unterlagen immer einer mehr oder weniger großen Fehlwirkung, so daß die Korrosion damit nur verlangsamt wurde. Das Besondere ist, daß EGM weltweit die erste Firma ist, die ein solches Verfahren auf den Markt bringt, obwohl die zu Grunde liegenden elektrochemischen Zusammenhänge bereits seit mehr als 20 Jahren bekannt sind. Kenner der herrschenden Wirtschaftsphilosophie werden unschwer erkennen, warum eine solche fortschrittliche Technik nicht längst verwirklicht worden ist.

Die beiden für EGM arbeitenden Wissenschaftler Prof. Dr. Kosov und Prof. Dr. Klauser hatten schon seit 30 Jahren an einer fortschrittlichen

Antikorrosionstechnik geforscht und darüber zahlreiche russisch- und englischsprachige Abhandlungen veröffentlicht.

Zur Wirkungsweise

„Zero Potential" geht zurück auf „Zero Charge Potential", denn „charge potential" bezeichnet in der Elektrochemie die Größe einer elektrischen Ladung in einem Objekt. In unserem Fall sind das die Metalle, die geschützt werden müssen. Die naturbedingte Anwesenheit der elektrischen Ladung in den Metallen und deren Umgebung sind für deren Korrosion verantwortlich.

Zusätzlich haben Metalle noch in unterschiedlichen Umgebungen eine unterschiedlich große Oberflächenladung, was das Messen und die Kontrolle dieser Ladung erschwert. Die Umgebung verändert sich durch geographische, atmosphärische und ortsbedingte Faktoren, was die elektrische Ladung in den korrosiven Elementen beeinflußt, d.h. sie ist dynamisch.

Zum Beispiel hat ein stählerner Schiffsrumpf im Salzwasser eine andere Ladung als im Süßwasser, ebenso eine andere Ladung bei 5 Knoten im Gegensatz zu 12 Knoten Geschwindigkeit und eine andere bei warmen im Gegensatz zu kalten Wassertemperaturen. Eine genaue Bestimmung der Ladungsgröße wird dadurch zu einem sehr komplizierten Vorgang.

Prof. Kosov und sein Team haben den wissenschaftlichen Beweis erbracht, daß es eine Methode gibt, solche Ladungen zu messen. Darüber hinaus wurde aber nicht nur die Richtigkeit der Methode bewiesen, sondern die Firma EGM hat mit ihren Experten auch die passenden Instrumente entwickelt, um die gefundenen Möglichkeiten zu praktisch umsetzbaren Antikorrosionsverfahren zu machen. Es werden hierbei gegensinnig gepolte elektrische Impulse eingesetzt, die die vorhandenen schädlichen Ladungen fast auf null reduzieren, und das Ganze erfolgt in einem dynamischen System, welches sich den jeweils gegebenen Umweltfaktoren anpaßt. Die künstlich zugeführten Spannungsimpulse sind also immer so groß, wie es der jeweilige Ladungszustand des Metalls erfordert. Wird die Metall-Ladung größer, wird auch der Gegenimpuls größer, wird sie kleiner, wird auch der Gegenimpuls kleiner. Mit dieser

Erfindung ist es gelungen, einen wirklichen Durchbruch auf dem Gebiet der Antikorrosionstechnik zu schaffen, indem nicht nur bei Eisen und Stahl, sondern auch bei allen möglichen anderen Metallen Nullpotential-Ladung hergestellt werden kann.

Es stellte sich im Zuge der Forschung bei EGM heraus, daß man mit der üblichen verwendeten Spannung von ±300 mV keinen Korrosionsschutz erzielt, im Gegenteil, in manchen Fällen wird dadurch die Korrosion noch beschleunigt. Die Firma EGM hat deswegen erstmalig genau definierte Messungen vorgenommen und dabei herausbekommen, daß man mit Spannungen von ±2mV arbeiten muß, um optimalen Schutz zu erreichen. Hierin liegt der Kern des Problems.

In ihrer Publikation zeigt die Firma EGM, daß hinsichtlich der Methoden, Korrosion zu verhüten oder zu vermindern, ein Paradigmenwechsel ansteht. Unter der Mehrzahl ihrer Einsatzbedingungen müssen Metalle gegen Korrosion geschützt werden. Aus diesem Grunde hat sich seit hundert Jahren ein ganzer Industriesektor darauf spezialisiert. Während sich jedoch nur 0.8% der gesamten Antikorrosionsindustrie mit kathodischer und anodischer Korrosionsverhütung beschäftigt, sind es gigantische 88%, die sich auf Schutzanstriche und Beschichtungen spezialisiert haben. Das liegt einfach daran, daß Beschichtung und Anstreichen die preisgünstigsten Methoden sind. Dies begünstigt einen ganzen Industriesektor.

Da tut sich die Frage auf, ob das neue egm-Verfahren die Preise der Beschichtungs- und Anstrichverfahren nicht unterbieten könnte. EGM geht davon aus, daß es nur eine Frage der Zeit sei, bis von ihr kompakte, kleine, aber dennoch effektiv arbeitende Systeme auf den Markt gebracht werden, die unter minimalen Installations- und Wartungskosten für eine große Palette von Antikorrosionsanwendungen zur Verfügung stehen. Für diese sei garantiert, daß sie in den nächsten 25 Jahren (!) nur wenig Wartung benötigen.

Da es ein großes Potential dafür gibt, sei der Tag nicht fern, wo weniger chemische Substanzen für den Korrosionsschutz aufgewendet werden müßten als bisher. Zusammenfassend bleibt zu sagen, daß vor allem der Effekt für die Umwelt nicht zu unterschätzen sei, da man auf diese Weise die Natur mit ihren eigenen Mitteln (dem elektrischen Strom) arbeiten läßt.

Vergleicht man die neue Methode mit den bereits bekannten der kathodischen und der anodischen Korrosionsverhütung, so wird klar, daß das EGM-Zero-Potential-Verfahren gegenüber den bekannten Verfahren ganz klar drei Vorteile hat, den die herkömmlichen Verfahren nicht haben, denn diese

- müssen regelmäßig gewartet werden
- müssen regelmäßig alle 5 bis 10 Jahre ausgetauscht werden
- sehen keinen 100%igen Schutz vor (dieser variiert gewöhnlich)

Das egm-Verfahren hat diese Unzulänglichkeiten nicht. Es ergibt sich daraus sogar die Frage, ob all die teuren Schutzanstriche weiterhin nötig wären, wenn sie durch die neue Technik ersetzt werden könnten. Daraus gefolgert, fragt man sich, ob dann auch Galvanisierung oder Legierung (wie bei Edelstahl) überhaupt noch nötig wären.

Konkret ergeben sich für das Zero-Potential-Verfahren folgende technische Vorzüge:

- Es verbessert den herkömmlichen Schutz von ca. 50% auf 96%.
- Der Energieverbrauch wird auf ein Viertel reduziert.
- Die Lebensdauer der inneren Metallstruktur wird mehr als verdoppelt.
- Das Aufbringen gesundheits- und umweltschädlicher, bleihaltiger Substanzen zur Vorbeugung gegen Bewuchs im Unterwasserbereich (sogenanntes anti-fowling) wird überflüssig. Eine Einsatzunterbrechung wegen Wartung entfällt.
- Durch die bessere Erfassung der gesamten Oberfläche kann das neue System jeweils drei bis fünf alte ersetzen.
- Es erfolgt eine Reduzierung des elektrischen Feldes und des Magnetfeldes der Umgebung um mehr als das Doppelte.
- Die Herstellungskosten werden mehr als halbiert.

Zum Schluß sei angemerkt, daß der Stromverbrauch des neuen EGM-Verfahrens nur 0.5 Ampere/m^2 gegenüber 10 Ampere/m^2 für die kathodische Methode und stolze 100 Ampere/m^2 für die anodische Methode beträgt.

Des weiteren kann das neue Verfahren nach einer Anfangsphase (eine Art Formierung) von 100 bis 240 Stunden sogar reduziert oder, aus irgendeinem Notfall heraus, vorübergehend von der Stromspeisung abgetrennt sein, ohne daß sich Nachteile ergeben. Bis zu 240 Stunden ist das System auch ohne Stromzufuhr wirksam. Eine zusätzlich erforderliche Materialverstärkung, wie sie bei der kathodischen Methode angewendet wird, ist ebenfalls nicht nötig. Die Oberfläche braucht auch nicht gereinigt zu werden. Unterwasserbewuchs schadet nicht, nimmt aber bei Einsatz des neuen Verfahrens auch nicht zu.

Die Lebensdauer des neuen Verfahrens beträgt 25 Jahre, also fast ein ganzes Materialleben lang. An der Oberfläche kann sich eine Schutzschicht ausbilden, die als Baumaterial für einen dielektrischen Schutz fungiert. Dies ist bei den bisherigen Verfahren nicht möglich. Zusätzliche Schutzanstriche, wie bei den anderen Verfahren üblich, sind nicht nötig.

Weitere neue Verfahren zur Energiewandlung und -nutzung

Hydrostatische Energiekonverter

Bis heute gibt es keine serienmäßig umgesetzte Technologie, die auf dem nun dargestellten, ebenso einfachen wie genialen Prinzip beruht. Warum, das erschließt sich aus dem, was eingangs des Buches bereits angesprochen wurde.

Was steckt hinter der Nutzung des hydrostatischen Druckes? Schlagen wir in klassischen physikalischen Werken nach, so stoßen wir auf ein Phänomen, das dort als „Hydrostatisches Paradoxon" bezeichnet wird:

Der Wasserdruck verursacht auf jeder Fläche eine bestimmte Kraft. Die Größe dieser Kraft ist dabei nur von der Höhe des Wasserdrucks, d.h. von der senkrechten Höhe der Wassersäule und von der Flächengröße abhängig, auf die dieser Druck wirkt.

Nicht abhängig ist er von der Form und dem Volumen des Gefäßes!

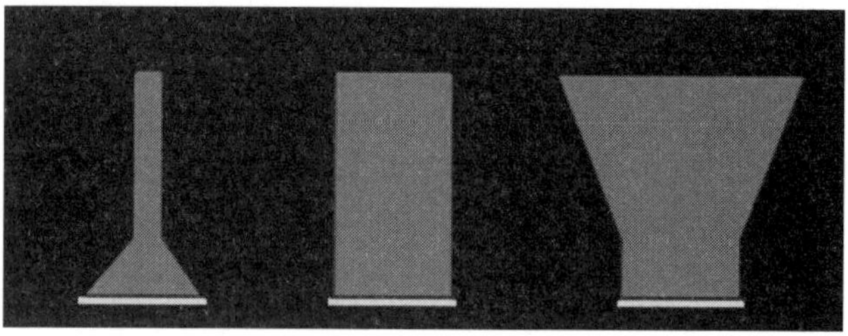

Das bedeutet, daß der Wasserdruck bzw. der Gegendruck der Grundfläche paradoxerweise in allen drei Gefäßen gleich groß ist, obwohl man doch erwarten sollte, daß er angesichts der Wassermenge im linken Gefäß am geringsten sein müßte. Man spricht von einer von der Gefäßgrundfläche ausgeübten Gegenkraft, die sich nicht nach dem darüber stehenden Wasservolumen richtet, sondern nur nach der Höhe der Wassersäule. Damit wird eine an die jeweilige Wassermenge angepaßte Gegenkraft erzeugt, die zu einem gleich hohen Flüssigkeitsstand führt.

Auf diesem Paradoxon beruht auch das Prinzip der kommunizierenden Röhren, in denen der Wasserstand überall gleich hoch ist. Er gleicht sich beim Befüllen in allen angeschlossenen Gefäßen von selbst aus, und folglich steht in ihnen die Flüssigkeit gleich hoch. In der alle kommunizierenden Gefäße verbindenden, unten befindlichen Röhre treffen wir auf die für alle Gefäße gleiche Rohrquerschnittsfläche. Jedes dort von oben einmündende Rohr bzw. Gefäß sieht sich also dem gleichen Rohrquerschnitt des gemeinsamen Sammelrohres gegenüber. Damit ist die Regel von der gleichen Grundfläche erfüllt. Das Paradoxon besteht hier nun ebenfalls darin, daß die gleich große Grundfläche auf unterschiedliche Volumenkörper und damit auf verschiedene Wassergewichte mit einer genau angepaßten Gegenkraft reagiert, die zu einer gleich hohen Wassersäule führt. (actio = reactio).

Grüter-Blasius-Konverter

Dieses Prinzip machte schon vor Jahrzehnten ein Erfinder zur Grundlage seiner privaten Forschungsarbeit: Karl Grüter-Blasius. Sein Grundgedanke dabei war, die Schwerkraft in eine nutzbare Energieform zu konvertieren. Als studierter Architekt zeichnete er, was das Zeug hielt, dachte nach, verwarf wieder, zeichnete neu, korrigierte wieder, verbesserte weiter und kam endlich zu einer praktischen Konstruktion, die seinem Gedankenmodell von der Schwerkraftnutzung entsprach und die nach seiner Auffassung auch funktionieren mußte. Grüter-Blasius fürchtete sich auch nicht vor den Vertretern der Wissenschaft, lud sie ein und diskutierte mit ihnen. Als sie 1984/85 das erste fertige Modell sahen, waren sie sprachlos. Unfaßbar erschien ihnen, was hier vor ihnen stand. So etwas hatten sie noch nicht gesehen. Die Differenz zwischen der Druckkraft einer Wassersäule und der Hubkraft eines schwimmenden bzw. tauchenden Körpers war der Betrag, der als überschüssige Energie dabei herauskam und damit allen möglichen praktischen Anwendungen hätte zur Verfügung stehen können. Von der Familie durch eigene Arbeit erworbenes Geld wurde investiert, um weitere, verbesserte Modelle zu bauen. Wie es so oft ist bei solchen Arbeiten, ruht der Teufel aber im Detail und wartet, bis etwas Anfaßbares daraus geworden ist. Bei Problemen ging die Tüftelei also von Neuem los. Was innerhalb des Gesamtkonzepts nicht taugte, wurde entfernt und durch etwas Besseres ersetzt. Unaufhörlich wurde das Modell weiter optimiert, bis schließlich ein Endmodell dabei herauskam.

Befreundete Handwerker und Maschinenspezialisten halfen unentgeltlich mit, weil inzwischen auch auf sie der Erfinderbazillus übergesprungen war.

So war ein über drei Meter hohes Gerät entstanden, das am 13. Januar 1995 fertiggestellt wurde. Über 40 Aktenordner füllen die Regale von Grüter-Blasius, unzählige Schreiben wurden verfaßt, unzählige Zeichnungen abgeheftet. Das Lebenswerk von Karl Grüter-Blasius war vollendet. Nun konnte, nein mußte die Sache perfekt gemacht werden.

Diese letzte Bauversion, die in der Werkstatt des Pius-Heimes im Orte Baiern bei Glonn in mühevoller Handarbeit hergestellt worden war, wartete nun auf ihren Einsatz. Zunächst galt es, die Idee bekannt zu machen. Dazu sollte der hydrostatische Energiekonverter aus der Werkstatt an einen anderen Ort gebracht werden.

Wie das so ist – solche geheimnisvollen Dinge wie dieser Konverter sprechen sich herum. Kurz vor dem Tag des Abtransportes wurde in die Werkstatt eingebrochen. Eine große Glasscheibe wurde eingeschlagen, aber der Dieb bzw. die Diebe konnten den Apparat wohl nicht aus dem Haus herausbekommen oder waren überrascht worden und schnell davongelaufen. Grüter-Blasius entschloß sich, seine Maschine nach München bringen zu lassen, um sie dort in der Halle einer Fabrik unterzubringen.

Grüter-Blasius-Konverter

(Foto: Rückamp)

Das geschah auch, nur leider mußte die Fabrik zweimal gewechselt werden, da es wieder zu unbeabsichtigten Vorgängen gekommen war.

Jedesmal, wenn der Konverter aus der Halle hinaus auf den Hof gefahren wurde, um dort von einer interessierten Zuschauermenge begutachtet und in voller Funktion gesehen zu werden, gab es Ärger mit dem Fabrikbesitzer. Die Leute liefen, weil sie im Glauben waren, daß die Maschine aus der Herstellung der betreffenden Fabrik stammte, ins Fabrikgebäude hinein, um mehr darüber zu erfahren. Das aber gefiel den jeweiligen Fabrikeigentümern gar nicht, denn sie mochten nicht mit so einem Wunderding in Zusammenhang gebracht werden.

Der gute Ruf hätte ja darunter leiden können...

So groß waren die Vorurteile, die man gegen das Vernünftigste von der Welt aufgebaut hatte, nämlich die Nutzung der Naturkräfte zum Nulltarif, so wie wir auch die Energie der Sonne kostenlos nutzen.

Weitere Probleme ergaben sich natürlich mit dem deutschen Patentamt, denn die Patentgesetze schreiben vor, daß ein solcher Apparat nicht patentfähig ist.

Der Paragraph 1 des Patentgesetzes schließt derartige Geräte von der Patentierung von vornherein aus. Eingehende Gespräche mit dem damaligen Leiter dieser Behörde, zu denen man Grüter-Blasius eingeladen hatte, bestätigten das Wundervolle seiner Idee ohne jeden Zweifel, machten aber deutlich: Ein Patent bekommst du darauf nicht.

Ja, liebe Leser, jetzt machen Sie sich bitte Ihr eigenes Bild davon. Wundern Sie sich darüber, warum solche Erfindungen nicht „staatlich genehmigt" werden? Was würde denn aus unseren großen Energieversorgern, wo kämen wir denn da hin, wenn eines Tages jeder die Energie für sein Haus selber herstellen könnte, ohne Stromzähler, ohne Gasuhr und ohne Heizöltanks. Das wäre ja noch schöner. Alle diese Mengen Geld – sie gehen in die Billionen – wären nicht mehr abgreifbar. Wir müßten weniger arbeiten, weil wir weniger Geld bräuchten.

Aber dann würde der Staat sicher ganz schnell eine neue Energiekonvertersteuer einführen.

Lehnert-Konverter

Grüter-Blasius fand Nachahmer. Einer von ihnen hieß Manfred Lehnert. Er hatte mit Grüter-Blasius Kontakt aufgenommen, um noch bestehende technische Unzulänglichkeiten unter Anwendung neuer Ideen zu lösen.

Nach dem Vorbild von Grüter-Blasius baute er seinen eigenen Konverter, wie Grüter-Blasius uns sagte, mehr ein Demonstrationsmodell, um die Funktionsfähigkeit dieses Prinzips nochmals unter Beweis zu stellen. Solche erfolgreichen Nachbauten erfüllen durchaus die Funktion eines unabhängigen Kontrollversuchs, wie er in der Wissenschaft üblich ist. Man spricht daher von Duplizierbarkeit. Ist eine Sache nicht duplizierbar, ist sie zumindest fragwürdig.

Er nannte seinen Apparat „Hydro-Gravitations-Drehmomenter". Leider ist auch das schon länger her, und auch dafür hat sich seitdem kein Investor

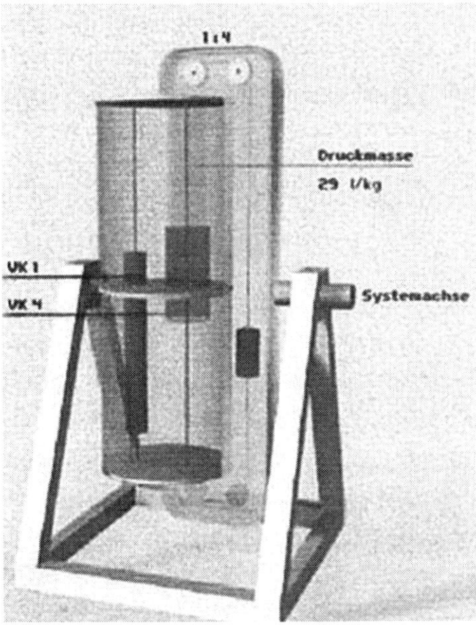

Lehnert-Konverter

(grafisches Modell)

gefunden, der in die Sache eingestiegen wäre. Wie uns Lehnert mitteilte, befindet sich sein Energiekonverter in einer Scheune und ist auf Grund von Materialalterung leider nicht mehr funktionsfähig. Die Abbildung zeigt ein grafisches Modell.

Lehnert schreibt dazu:

> Beim Hydro-Gravitations-Drehmomenter handelt es sich um eine Zweikammer-Doppelhebel-Apparatur in symmetrischer Bauweise. Auf der Basis des hydrostatischen Paradoxons sind die beiden kommunizierenden, unterschiedlich großen Volumeneinheiten VK1 und VK4 in der Lage, sich gegenläufig durch eine Trennabschottung im Systemachsbereich hindurchzubewegen.

Der Kippvorgang wird mit Hilfe eines „Aktionsgewichtes" erreicht. Über einen Seilzug wird es, wenn der Volumenkörper VK1 aufsteigt, beim gleichzeitigen Absteigen des Volumenkörpers VK4 nach oben gezogen. Lehnert schreibt, die vertikale paradoxe Absenkkraft AKTIO, die auf VK4 wirke, werde zur REAKTIO und damit zur Hubarbeit durch das Aktionsgewicht. Damit werde das Aktionsgewicht (28 kg) zu einem labilen Drehmomentgewicht, das eine potentielle Arbeitsleistung in sich berge.

In der von selbst ablaufenden Drehung des gesamten Systems um 180 Grad werde das Arbeitspotential zu einem nutzbaren Drehmoment, das kostenlose Arbeit verrichten könne.

Lehnert weist darauf hin, daß durch den kombinierten Einsatz mehrerer Systeme, die winkelversetzt montiert sind, eine fortlaufende Drehbewegung an der Systemachse erzeugt werden kann. Damit sei der Weg offen, mit der zur Verfügung stehenden Energie mechanische Arbeit oder einen elektrischen Generator in Gang zu setzen. Die Arbeitsleistung dieser Modellanlage gibt er mit 2,8 mkg an (1 mkg ≙ 1/424 kal.).

Auch der studierte Naturwissenschaftler Werner Rückamp und sein Freund Friedrich Howar aus Münster hatten Grüter-Blasius aufgesucht und bauten daraufhin zwei solcher Konverter in verschiedenen Größen nach. Auch hier stimmte das Prinzip, und die Geräte funktionierten. Es fehlte lediglich an der erforderlichen technischen Perfektion, um die Reibungsverluste der Seilführungen so gering halten zu können, daß ein verwertbarer Energieertrag übrigbleibt. Einen dieser Konverter zeigt die Abbildung.

Auf ihrer Webseite www.nuetec-forschung.de lesen wir (leicht abgewandelt):

Der verkleinerte Nachbau einer Grüter-Blasius-Maschine von F. Howar hat eine Gesamthöhe von etwa 2 m.

Es gibt eine Vorläufer-Maschine mit ähnlichen Ausmaßen, von Werner Rückamp und einigen jungen Leuten als Studienobjekt gebaut. Deren Materialien waren schwerer. Die Getriebeübersetzung war zwischen 2 und 4 austauschbar. Die Funktionen des Absenkens und der Drehung ließen sich bei diesem Gerät auch separat wählen und ausführen.

Die abgebildete Maschine ist sehr leicht gebaut. Bis auf die Kunststoff-Zylinder sind alle Materialien aus Aluminium. Die Leichtgängigkeit aller

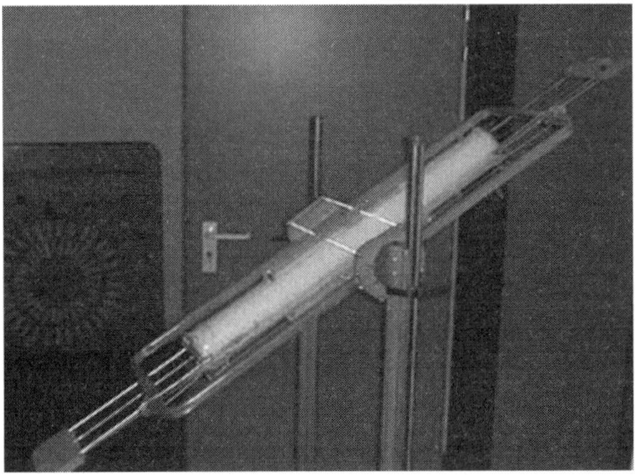

Nachbau eines Konverters nach dem Grüter-Blasius-Prinzip von Rückamp/Howar

(Foto: www.nuetec-forschung.de)

beweglichen Teile wurde optimiert. Die Schnüre werden über Kleinst-Kugellager geführt. Die Schnurspannung ist sehr gering, damit die Reibung minimiert wird. Die Getrieberollen sind kugelgelagert. Die Übersetzung des Getriebes liegt zwischen 2 und 4. Zwischen den Rollen und dem Rahmen sind zur Befestigung kleine hölzerne Scheiben eingefügt.

Wenn der Zylinder sich in der waagrechten Position befindet, wird er von Kugellagern gehalten, damit er sich nicht durchbiegt, aber auch die Absenkbewegung nicht gebremst wird.

Diese Maschine wurde am 3.5.2000 vor einem kleinen Publikum in Funktion vorgeführt.

Der Zylinder wurde mit Wasser gefüllt, senkrecht gehalten, dann ohne einen Anstoß losgelassen. Er führte eine rasche, beschleunigte Halbdrehung (nach links) durch. Danach zog sich die Maschine langsam von allein auf: Der innere luftgefüllte Zylinder senkte sich, verdrängte so das Wasser nach oben. Der Schwerpunkt lag nun wieder oberhalb der Achse. Die Maschine vollführte nun von allein eine zweite Halbdrehung (auch nach links) und kam in ihre Ausgangsstellung zurück.

Damit hat die Maschine nur mit Hilfe der Schwerkraft alle Zustände einmal durchlaufen. Das Prinzip war damit für uns erwiesen.

Joe Spiteri Sargent

Ein weiteres Gerät ähnlicher Bauart hat der Malteser Ingenieur Joe Spiteri Sargent entwickelt, das er „Spiteri Water Pump" nennt. Auf dieses Gerät wurden Patente für Europa und international erteilt. Eine englische Erläuterung findet man unter www.joespiterisargent.com.

Wir nehmen Bezug auf eine Firmenpräsentation, in der das Funktionsprinzip dieser Maschine erläutert wird. Sie besteht aus zwei Teilen, einem Behälter mit dem Auftriebskörper und einem parallel dazu angeordneten zweiten Behälter (Hilfsbehälter). Beide sind jeweils in der Vertikalen verschiebbar auf einem Rohr angeordnet.
Zunächst steigt der luftgefüllte Behälter, der sich in dem ersten Wasserbehälter befindet, auf Grund des natürlichen Auftriebs nach oben, genau wie ein U-Boot beim Aufsteigen, wenn die Tanks mit Preßluft angeblasen werden. In einer festgelegten Höhe stößt er an. Gleichzeitig zieht er über einen Seilzug ein Gewicht mit nach oben. Mit dem Wasserbehälter ist nun mechanisch der zweite Wasserbehälter gekoppelt, in dem ebenfalls ein luftgefüllter Behälter nach oben steigt, dabei aber die über ihm lagernde Wassermenge aufwärts drückt.

Für dieses Wasser ist aber ein zusätzlicher Raum nötig, in den es einströmen kann, und der wird mit Hilfe eines elastischen Balges bereitgestellt. Nun, wo sich durch die nach oben gedrückte Wassermenge im zweiten Behälter der Schwerpunkt aufwärts verlagert hat, kann das gesamte, leicht schräg stehende Aggregat überkippen, und der Vorgang beginnt wie bei einem Reckturner, der eine Rolle vorwärts macht, erneut.

Damit die Sache fortlaufend funktionieren kann, sind für den zweiten Behälter zwei Bälge, gegenüberstehend an seinen beiden Enden, montiert, die abwechselnd zum Einsatz kommen.

Auf den beiden nebenstehenden Abbildungen ist dies zu sehen. Das Wechselspiel von Auftrieb und Schwerkraft erzeugt einen Energieüberschuß, der genutzt werden kann. Das Ganze benötigt außer dem einmaligen (oder nach Wartungsarbeiten auch wiederholten) Start keine äußere Energie. Wie eher geringfügigere entwerferische Herausforderungen wirkten beim Prototyp, der bei dem Erfinder auf Malta steht, nur die

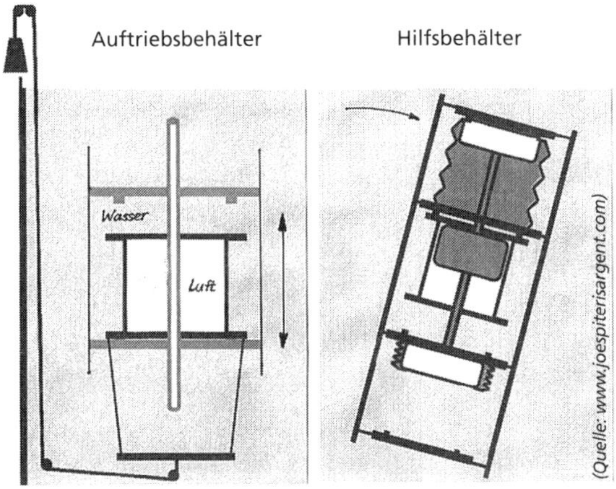

Spiteri-Water-Pump

notwendigen Dichtungen und das Material der Bälge. Hier herrscht Optimierungsbedarf.

Der Erfinder sieht sinnvollerweise die Anordnung einer Gruppe von mehreren dieser Geräte vor, nebeneinander und in Koppelung eine gemeinsame Achse antreibend – wie bei den zuvor genannten Geräten auch – um die Energieausbeute auf bis zu 355 kW pro Einheit signifikant zu steigern. Die Abmessungen eines Einzelaggregates („Faß") betragen 3 m Höhe x 4 m Durchmesser.

Fachleuten, die wir darauf ansprachen, empfehlen diese Energiegewinnungsmethode für die armen Länder der Erde weiterzuentwickeln, damit diese sich selbst helfen können, anstatt von internationalen Konzernen mit Atomkraftwerken und dergleichen sowie den dazugehörigen Megakrediten der Geldverkäufer beglückt zu werden.

Zur Zeit suchen der Erfinder und sein Partner Investoren. Wir wünschen Ihnen viel Erfolg damit!

Die Gründungsfirma schreibt dazu:

Das patentierte Alleinstellungsmerkmal der Spiteri-Wasserpumpe – die Nutzung von Gravitation und Auftriebskraft – erweitert und erleichtert überall und jederzeit die Anwendung etwa der Wasserkraft, ohne daß weitere Energie benötigt würde.

Hydrodynamischer Konverter von „Hidro+"

Der australische Ingenieur James Kwok hat eine Reihe Patente angemeldet, die zeigen, daß er sich schon mit unterschiedlichen Gebieten der Energiewandlung auseinandergesetzt hat. Unter anderem hält er Patente an Vortexturbinen (wind- oder wasserbetrieben) und weitere an Kohlevergasungs- und Kohleverflüssigungsverfahren, zu finden unter www.jameskwok.com

Der im Folgenden beschriebene Hydrodynamische Konverter ist ein beredtes Beispiel für den Ideenreichtum dieses findigen Ingenieurs. Diesen findet man auf www.hidroonline.com.

Die Firma beschreibt ihren „HidroLinear"-Generator als Null-Brennstoff und Null-Emissions-Technik, als eine Möglichkeit, Energie bereitzustellen, die mit äußerst geringen Kosten verbunden ist, und sie hebt ihr Verfahren außerdem noch als die einzige neue Technologie hervor, die laut Webseite zur Präsentation bei den von den Vereinten Nationen ausgerichteten Klimaschutzmeetings UNFCCC „COP 15" (Kopenhagen 2009) und „COP 17" (Durban 2011) ausgewählt wurde.

Was da generell abläuft, kennen wir im Prinzip schon aus den vorherigen Beschreibungen. Wir gehen also nur kurz auf ausführungstechnische Besonderheiten ein.

Zu den physikalischen Grundlagen schreibt Hidroonline:

Hidro+ generiert Strom aus dem hydrostatischen Druck in Wassersäulen. In einer Wassersäule besteht pro Meter Tiefe ein natürliches Druckgefälle von 0.1 bar ATM (10 kN/m^2). Da die Natur Druckunterschiede im Wasser auszugleichen bestrebt ist und die Veränderungen der Wasserdruckzustände von statischem zu dynamischem Druck, die vom Hidro-Wasserturm erzeugt werden, eine Druckkraft produzieren, kann man diese als kinetische Energie nutzen, um steigende Schwimmkörper zu bewegen, die ihrerseits einen Linearmotor-Antrieb in Gang

> setzen. Auf diese Weise wird die erregte Energie in potentielle Energie im elektrischen Lineargenerator umgewandelt, von dem dann diese Energie in Form von elektrischem Strom zur weiteren Verwendung abgegeben werden kann.
>
> Im Hidro-Wasserturm werden verschiedene Phänomene genutzt, die mit Flüssigkeitsströmung und Systemmechanik zu tun haben, unter anderem Auftriebskraft (10 kN/m^2) und Wasserverdrängung. Die gleichen Phänomene sind beim Betrieb von U-Booten zu berücksichtigen, wenn man Ab- und Auftauchmanöver mit ihnen durchführen will.
>
> Die patentierte „Umgekehrte Auftriebsdruck-Ausgleichskammer" (RETPEC) und ihre Einsatzmöglichkeiten im HidroLinear-System sind der Schlüssel zur kommerziellen Anwendung dieser Ingenieurstechnik.

Hier ist offenbar, im Gegensatz zu den bisher gezeigten Systemen, bereits ein linearelektrisch arbeitender Generator integriert, der die Energie in Form von Strom abgeben kann.

Hidro+ ist demnach eine hydrodynamische Kreislauftechnologie mit dem Ziel der Energiegewinnung und beruht auf Tiefwasserdruckgefälle und Auftriebskraft. Diese Gesetzmäßigkeiten wurden in einem System kombiniert, das die Fallgeschwindigkeit zur ununterbrochenen Auf- und Abbewegung eines großen Gewichtskörpers nutzt. Der Tiefwasserdruck (*Grüter-Blasius spricht von der Druckkraft, d. V.*) wird durch hohe Wassertürme und dem aus ihnen hervorgehenden Kräftezyklus herbeigeführt.

Um daraus elektrische Energie zu machen, ließe sich die potentielle Energie aus dem absinkenden Gewicht auf verschiedene Weise wandeln:

1. per Lineargenerator durch Anwendung der Gewichtskraft des Rotors/Übertragers, der entlang einer Statorbank absteigt
2. mit Hilfe eines Zahnstangengetriebes, um damit die Energie auf Schwungräder zu übertragen, die einen elektrischen Generator antreiben
3. durch Übertragung auf pneumatisch-hydraulische Zylinder
4. oder als Kombination eines Lineargenerators mit pneumatisch-hydraulischen Zylindern.

Mit dem Testen dieser Anlagen begann man schon in den 90er Jahren, als ein Demonstrationsgerät von 4.5 Meter Turmhöhe zum Einsatz kam. Wie aus ihrer Webseite hervorgeht, ist die Hidro+Gruppe derzeit damit beschäftigt, ihr allererstes vollständiges Hidro-Kraftwerk zu bauen. Die Fertigstellung soll 2013 erfolgen.[118]

Auffällig bei diesem Projekt ist, daß nirgends der Begriff „hydrostatisches Paradox“ erwähnt wird. Leider bekamen wir keine Erlaubnis, Bildmaterial von der Hidroonline-Webseite zur Verdeutlichung des Prinzips zu verwenden.

Potapov-Turbulenzdampf-Generator

Diese Technologie stammt von Yurij Potapov aus Rußland. Der Schweizer Elektrotechniker Christian Liechti hat sich mit diesem Vortex-Dampf-Generator eingehend beschäftigt. Deswegen beziehen wir uns in erster Linie auf seine Ergebnisse. Detailliertere Information dazu findet man auf www.talky-chain.ch.

Liechti schreibt in seinem Aufsatz Der Heatgenerator von Popatov: *(stellenweise ergänzt und aktualisiert d. V.)*

> Der Russe Ivan Filimonenko experimentierte seit 1957 mit einem Elektrolyse-Versuchsaufbau, wo er an mit Palladium legierten Metallrohren und schwerem Wasser experimentell kalte Fusion nachweisen konnte. Da dies im Bereich der Waffenindustrie erfolgte, wurde das Projekt sicherheitstechnisch hoch eingestuft und fiel am 23.7.1960 unter die Geheimhaltung.
>
> Mit diesem Rohr gewann er Energie, verbrauchte dabei aber keine Masse. Ob sich dabei die Substanzen in Rotation befanden, ist nicht mehr bekannt, da zu dieser Zeit die Experimente unter militärischer Geheimhaltung standen. Es ist jedoch ziemlich sicher, daß jener Reaktor

dem Heatgenerator technisch nahe stand. 1968 wurde Filimonenko aus dem Bereich der russischen Nuklearwaffen-Entwicklung entfernt.

1989 wurde das Projekt von Filimonenko neu gestartet, wobei drei 12.5 kW – „thermo-emission hydrolytic power units“ gebaut wurden, die bis 1990 in Tests liefen.

Es zeigte sich, daß das Palladium durch eine Titanlegierung ersetzt werden konnte. Ende 1991, als die Serienproduktion bereits beschlossen war, wurde das Projekt jäh unterbrochen. ...

Wenn ... ausgewiesene Wissenschaftler, wie Hr. Dr. Yurij Semenovich Potapov aus Moldawien fast ihr ganzes Leben ein in der Praxis beobachtbares Phänomen physikalisch zu klären versuchen, und über mehrere Jahre und mehrere Entwicklungsstufen Geräte entwickeln, die diese Phänomene nutzen, dann kann diese Erfindung nicht nur das Hirngespinst eines Irren sein. Vor allem dann, wenn mehrere Firmen beginnen, diese Geräte in Lizenz zu produzieren und zu verkaufen. In diesem Fall sind die Gründe des Scheiterns klar, sie liegen aber kaum im technischen Bereich, denn sie wurden in den GUS-Staaten stark beschränkt und teilweise verboten.

Immerhin wurde Potapov für seine Verdienste von Bill Clinton mit der „Torch of Birmingham Award“ ausgezeichnet. Die zu beantwortende Frage ist nun auch, warum diese Technologie in Amerika nicht längst bekannt ist.

Potapov bekam 1988 von einem Institut den Auftrag, eine Klimaanlage für Tauchanzüge zu bauen, die platzsparend und leicht sein sollte. Er griff dabei auf eine Erfindung des französischen Ingenieurs Georges J. Ranque aus dem Jahre 1931 auf, die man auch als „Ranque-Hilsch-Röhre“[119] bezeichnet. Sie bildet die Grundlage der heutigen Zyklonstaubsauger, indem sie im Zentrum des Luftstroms die Luft abkühlt, während diese im äußeren Zyklonbereich erwärmt wird. Wärme wird damit also transportiert.
Diese Röhre wurde in den USA 1934 patentiert[120]. Der überstrichene Temperaturbereich geht von – 40 bis +80 °C.

Potapov benutzte Aluminium und Kunststoff, um diese Röhre herzustellen. Dabei kam er auf ein Gewicht von ganzen 200 g. Fortan wurde dieser „Vortex Climatyzer“ nicht nur für Taucheranzüge, sondern auch für

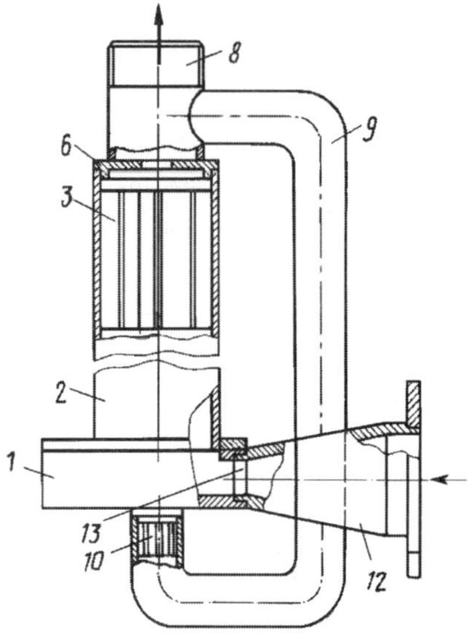

Abbildung aus der Patentschrift Potapovs, RU 2045715 C1

die Schutzanzüge der Feuerwehr und die Raumanzüge der Kosmonauten eingesetzt. Ein weiterer Einsatzbereich dieses Gerätes war die Kühlung oder Erwärmung von Wasser. Und damit begann es richtig spannend zu werden.

Liechti weiter:

> Als die „Vortex pipe" für Flüssigkeiten eingesetzt wurde, machte Potapov eine überraschende Entdeckung. In der Pipe (*Röhre*) entstanden nicht nur zwei Flüsse mit verschiedenen Temperaturen, er stellte anhand von kalorimetrischen Messungen auch fest, daß die Energie, die sich aus den Temperaturdifferenzen der beiden Strömungen ergab, einem höherem Energiewert entsprach, als die investierte Energie der Elektropumpe, mit der er die „Vortex pipe" betrieb. Mit dieser Entdeckung war der „Vortex Heatgenerator" (VHG) von Potapov erfunden.

Von der Firma „Yusmar“ wurden bislang, so Liechti, mehrere Hundert Exemplare pro Jahr produziert. Mit dem patentierten Generator ließ sich ein Wirkungsgrad von über 100% erzielen. Im Laufe der Jahre ging die Entwicklung weiter und man kam durch den Wechsel von einem zylindrischen Typ, der schon bei 120% lag, zu einem scheibenförmigen Typ auf Ergebnisse von mehreren Hundert Prozent (!).

Diese unglaubliche Steigerung mußte ihre Ursache in physikalischen Gegebenheiten haben, die sich jenseits geschlossener Systeme befinden und damit klassisch-thermodynamisch nicht erklärbar sind.

Funktion

In einem zylindrischen Gefäß wird normales Wasser – auch andere Flüssigkeiten sind denkbar – in heftige Rotation versetzt, wobei dieser Wirbel die Flüssigkeit so stark verdichtet, daß nicht nur normale molekulare Reibungswärme entsteht, sondern zusätzlich sogenannte Sonolumineszenz.* Es tritt hier eine Schall- und Lichtentwicklung auf (siehe auch EGM-Wirbelsysteme), wobei zusätzliche Wärme entsteht. Dieser Energiezugewinn ist theoretisch unbegrenzt und wird nur durch die Eigenschaften des Gerätes, der verwendeten Materialien und dessen Bauform begrenzt. Der entscheidende Faktor ist die Eigenschaft des hervorgerufenen Lichtes.

Ein weiterer Energiezugewinn, die Rotationsenergie, ist durch den bekannten Massenverlust schnell rotierender Kreisel erklärbar, bei denen während des Drehens ein Teil der Masse abnimmt und sich in Energie verwandelt. Das hatte schon der russische Wissenschaftler Nikolai Kosyrev in einem Experiment zeigen können.

* Sonolumineszenz ist ein Vorgang, bei dem Wasser zu leuchten beginnt, wenn es stark verwirbelt wird. Dabei treten auch Ultraschallschwingungen auf. Beide Effekte wirken zusammen. Entdeckt wurde das Phänomen, als man hinter einer Schiffsschraube bei Dunkelheit ein schwaches Leuchten im Wasser wahrnahm. Ursprünglich als das Leuchten von Mikroorganismen gedeutet, bekam es dann nach Untersuchungen durch die deutschen Wissenschaftler Frenzel und Schultes eine physikalische Erklärung, die sogenannte Kavitation (*s.o. – Fußnoten auf S. 252 f*) Leider wurde dieses Phänomen in der Wissenschaft so gut wie nicht beachtet. Die durch Kavitation gewonnene Energie ist höher als diejenige der Schall-Leistung, die dabei entsteht. Das widerspricht einmal mehr der Regel des zweiten thermodynamischen Hauptsatzes, wenn man ihn, wie so oft, falsch anwendet.)

Liechti schreibt, dieser Massenverlust sei 1975 in London auch experimentell bestätigt worden. Die bei der Rotation unerklärlicherweise entschwundene Masse müsse also der Grund für die Entstehung der Lichtstrahlung sein, wobei dieser Energiebetrag sich bei abnehmender Drehzahl wieder in Masse zurückverwandeln muß, denn im Ruhezustand erreicht diese meßbar wieder den alten Wert.

In Potapovs Wärmegenerator wird dieser Effekt angewendet, denn dort wird kontinuierlich Masse in Form von Kavitationen beschleunigt. Potapov selbst halte sich, so Liechti, mit allgemeingültigen Erklärungen zurück, da hier weitere Erforschung der Zusammenhänge erforderlich sei und der Bereich von Einsteins Relativitätstheorie berührt werde.

Man verhält sich deshalb so vorsichtig, weil das ganze weiterhin eine heikle Angelegenheit bleibt. Hier scheint es notwendig zu werden, die Relativitätstheorie zumindest zu erweitern, wie auch schon im Zusammenhang mit russischer Waffenforschung erkennbar wurde. Für rotierende Massen stimmten nämlich die auf klassische Weise berechneten Werte nicht mehr mit den tatsächlich gemessenen überein. Mit Hilfe der russischen Forschung gelang es, den Massenverlust durch die „Rotationsenergie“ zu erklären.

Diese neue Theorie der Rotationsenergie wurde nicht für den Heat Generator entwickelt, sondern für andere Zwecke. Dennoch gilt der Generator weiter als einzige praktisch anwendbare Umsetzung dieser Theorie. Ihre Autoren sind Yurij S. Potapov und Leonid Pavlovich Fominskiy († 2012), und sie beschreiben in ihrer Abhandlung „Motion in Time“[121] (Bewegung in der Zeit) sowohl lineare als auch rotierende Bewegungen.

Liechti dazu:

> Die Autoren...beschreiben diesen Massenverlust unter Anwendung der Theorie „motion in time“ als totale relativistische Masse eines Körpers, relativ zur Geschwindigkeit im komplexen Raum – und nicht relativ zum vierdimensionalen Minkowski-Raum.* Je langsamer die Geschwin-

* Hermann Minkowski (1864-1909), Mathematiker und theoretischer Physiker. Mit Hilfe seines vierdimensionalen Raum-Zeit-Kontinuums gab er der Relativitätstheorie eine adäquate mathematische Formulierung.

digkeit in der Zeit ist, desto größer ist die relativistische Masse und somit die träge Masse des Körpers – desto größer ist die „Spannung" des Gravitationsfeldes, das durch ihn (den Körper) erzeugt wird. Die Masse des bewegten Körpers ist deshalb eine Wechselwirkung seiner Materie mit dem Raum. ... Die „gewonnene" oder „verlorene" Masse der rotierenden Körper im Raum ist somit eine Veränderung des *auf den jeweiligen Körper wirkenden** Gravitationsfeldes, das immer der Bewegung seiner Masse folgt.

Das Gesagte erinnert wieder stark an das Walter Russells Denkmodell, derzufolge sich alle Materie in einem Zustand der Spannung befinde, solange sie nicht am Ort ihrer Geburt (also dem Quantenraum) sei. Russell formulierte: „Das Gewicht von Materie und das Maß ihres elektrischen Potentials sind ein und dasselbe." Das bedeutet, daß jede materielle Masse sich jenseits ihres eigentlichen Entstehungsraumes (ihrer „Heimat") befindet und dadurch eine Spannung, ein Potential, erzeugt, die sich als eine auf sie selbst wirkende Schwere (Gravitation) auswirkt. Daraus folgern wir: Setzt man Massen in schnelle Rotation, so nähern sie sich dem Quantenraum an und geben dabei etwas von ihrer Masse ab. Dieser abgegebene Anteil wandelt sich in Strahlung (Strahlungsenergie) um, die sich mit dem Heat Generator nutzen läßt.

In einem Artikel mit der Überschrift „Mini Heat and Power Plants", der 2005 im Magazin *New Energy Technologies*[122] erschien, finden wir einige interessante Erläuterungen von Potapov *(aus dem Englischen übertragen):*

In neuen Vortex-Wärmegeneratoren (Vortex Heat Generator – VHG) werden einige Hundert Wirbelströmungen gleichzeitig erzeugt, um Wasser noch stärker zu erhitzen. Im Laborversuch hat die Temperatur einer speziellen Flüssigkeit 500° C erreicht, wodurch man mit geringem Energieaufwand Dampf erzeugen kann. Der VHG kann mit allen Arten von Flüssigkeiten einschließlich von Frostschutzmitteln betrieben werden. Dabei wird der Wirbelvorgang in der Flüssigkeit als Wärmequelle genutzt. Diese Wärme bildet sich zwischen einem schnell drehenden

* Ergänzungen durch den Verfasser *kursiv*

Vortex Heat Generator *(Foto: Christian Liechti)*

Rotor und einem Stator. Zwischen beiden wird die Flüssigkeit zusammengepreßt und anschließend wieder ausgedehnt. Um einen solchen Rotor in Gang zu setzen, lassen sich beliebige Motoren nutzen, etwa Diesel- oder Elektromotoren. Während der Rotation werden zwischen 500.000 und 1.500.000 Wirbel erzeugt, wobei sich hindurchströmendes Wasser während einer Umdrehung von 15 °C auf bis zu 100 °C erwärmt...

Während einer Laufzeit von drei Jahren ergaben sich durch den Betrieb eines VGH mit angeschlossenem Generator (75 kW) geringere Heizkosten pro m^3 als durch den Betrieb mit einem herkömmlichen elektrischen Warmwasserboiler...

Der Einsatz von VHGs stellt eine umweltfreundliche Alternative zu herkömmlicher Wärme-Energieerzeugung dar, denn sie sind sowohl einfach in der Konstruktion als auch hoch effektiv. Der Vortex Heat Generator nutzt Synergie-Effekte aus drei bekannten physikalischen Prozessen: Wasser wird erhitzt durch Reibungswärme, durch Kavitation und durch die Kombination von Wassermolekülen zu Clustern, die sich während der Rotation bilden. Jeder einzelne dieser Vorgänge für sich genommen erzielt hingegen nicht den gewünschten Effekt. Die Methode läßt sich auch als hochentwickelte Molekulartechnologie bezeichnen.

Die Patente sehen vor, daß Rußland dabei vorrangig behandelt wird. Anwendung finden kann der VHG bei Erzeugung von Wärme und Elektrizität, im medizinischen Bereich, in der Raumfahrt, in der Nahrungsmittelindustrie und zur Prozeßdampfherstellung.

Potapov führt eine Reihe von Patenten aus den Jahren 1995 bis 2002 an, die in der russischen Föderation und in der Ukraine angemeldet wurden.

Praktischer Einsatz

Liechti schreibt dazu:

Der Heat Generator (VHG) wäre ein idealer Ersatz für konventionelle Ölheizungen, indem der Wasserkreislauf direkt an den bestehenden Heizungsvorlauf angeschlossen werden kann. Er ist sehr einfach zu installieren, robust im Betrieb und kann auch ohne elektrische Steuerung betrieben werden. Das Wasser wird durch die Verwirbelung und die Sonolumineszenz hygienisiert, so daß keine Konservierungsmittel nötig sind. Der Aufbau der Heizung für ein Einfamilienhaus benötigt nur eine Fläche von 0,5 m^2 und eine Höhe von ca. 50 cm. Bei einem intelligenten Aufbau kann die Abwärme des Elektromotors mitbenutzt werden. Eine Heizanlage mit dem VHG macht auch keine Durchbrüche durch die Kellermauer für externe Aggregate. Der innere Wasserkreislauf durch den VGH benötigt einen Überdruck von ca. 3 bar, der die internen Prozesse unterstützt.

Weiter heißt es dort, daß für den Antrieb statt eines E-Motors auch andere Quellen herangezogen werden können, etwa ein Windrad. Die Antriebsleistung muß allerdings in etwa der Heizleistung entsprechen. Nach Potapovs Beschreibung funktioniert der VGH unabhängig von seiner Umgebung.

Leider stammen die letzten Aktualisierungen von Informationen auf den offiziell zugänglichen Plattformen aus dem Jahre 2009. Wodurch und warum diese höchst erfolgversprechende Technologie komplett ausgebremst wird, darüber können wir wieder einmal nur spekulieren.

Zotlöterer Gravitations-Wasserwirbel-Kraftwerk

Im Sinne einer möglichst kurzen Darstellung der Definition ihrer Wasserwirbelkraftwerke an natürlichen Flüssen halten wir uns an eine Präsentation der Firma Zotlöterer[123], die solche Kraftwerke konzipiert:

> Das Gravitations-Wasserwirbel-Kraftwerk erschließt als neuartiges Laufwasserkraftwerk für niedrige Fallhöhen derzeit noch ungenutzte Potentiale der Wasserkraft an unzähligen Bächen, Flüssen und Kanälen im Leistungsbereich von 0,5 bis etwa 160 kW.

Das Gerät entspricht dem technischen Stand des Jahres 2011.

Der Diplom-Ingenieur Franz Zotlöterer hatte schon lange darüber nachgedacht, wie man Schaubergersche Wirbeltechnik auf unkomplizierte Art und Weise in Wasserläufen nutzbar machen könnte.

Im Jahre 2003 war er soweit. Das Wirbelwasser-Kraftwerk war geboren. Direkt von der Erteilung des ersten Patentes 2004 an begann er, praktische Schritte einzuleiten und ein Unternehmen zu gründen.

Wie funktioniert das Ganze?

Durch ein niedriges Klappwehr (*ein Mechanismus zur Regulierung strömenden Wassers*) strömt die benötigte Wassermenge vom Rand des Gewässers her, passiert einen Rechen (*ein Sieb, das mitgeführte, störende Grobpartikel zurückhält*) und mündet dann in ein sogenanntes Rotationsbecken, den eigentlichen Kern der Anlage. Dieses Becken wird direkt in die Uferböschung eingebaut. Der in diesem Becken entstehende kräftige Wirbel, ein sogenannter Gravitations-Wasserwirbel, der sich um eine senkrechte Achse dreht, versorgt die in der Mitte dieses Beckens befindliche Turbine mit seiner Kraft. Die neuartige Zotlöterer-Turbine ist mit einem Generator verbunden, der elektrische Energie erzeugt.

Vergleichen wir das Ganze mit herkömmlichen Laufwasserkraftwerken, so wird gleich ersichtlich, daß diese keine Wirbelenergie nutzen, sondern lediglich von der horizontal verlaufenden Wasserströmung angetrieben werden. Beim Zotlöterer-Prinzip kommt der Begriff der Gravitation ins Spiel, mit deren Hilfe eine nach unten gerichtete Wirbelkraft erzeugt wird. Schauberger spricht hier von einer zykloiden Raumkraft, andere nennen es Vortex- oder Wirbelenergie.

Dieser Vortex erzeugt im atomaren Bereich in sich zusätzliche Energie, die man nutzbar machen kann und die auch bei Zotlöterer zur Anwendung kommt.

Im Jahre 2005 wurde die erste Pilotanlage gebaut, die bereits 7,5 kW elektrische Leistung erbrachte. Pro Jahr standen dadurch 43000 kWh zur Verfügung. Anfänglich noch mit einer herkömmlichen Turbine betrieben, entwickelte man auch noch eine spezielle Turbine, die 2009 in die alte Anlage integriert wurde. Außerdem baute man auch einen stärkeren Generator mit 10 kW ein.

In den Jahren von 2007 bis 2011 wurden Zotlöterer-Wirbelkraftwerke in Indonesien, in der Schweiz, in Irland, Österreich und in Deutschland in Betrieb genommen.

Daß diese neue Energiegewinnungstechnik Anklang findet, liegt auch an ihrer Konstruktionsweise.

Die Firma schreibt:

> Die Funktionsweise des Gravitations-Wasserwirbel-Kraftwerkes besticht durch seine Robustheit und Einfachheit. Es benötigt auch bei schwankenden Wasserdurchflußmengen keine verstellbaren Turbinenschaufeln bzw. keinen verstellbaren Leitapparat samt Regelsystem. Eine Restwasserabgabe vorbei an der Turbine ist ebenso nicht nötig, da das Wasser unmittelbar unterhalb der Klappwehr wieder in das Fließgewässer zurückströmt.

Die Firma Zotlöterer weist darauf hin, daß wir es hier nicht nur mit einem Kleinkraftwerk zu tun haben, sondern das Ganze einen regelrechten Bioreaktor darstellt. Durch die aufgrund des Wirbels ständig von der Was-

Zotlöterer-Gravitations-Wasserwirbel-Kraftwerk

seroberfläche ins Becken hineingezogene Frischluft siedeln sich komplette Lebensgemeinschaften darin an. Quellmoose und andere Wasserpflanzen bilden zusammen mit Kleintieren und Jungfischen einen vitalen Lebensraum, der hier ideale Bedingungen findet. Pro m^2 Quellmoos finden sich über 1000 Kleinlebewesen, die den in das Becken hineingelockten Fischen als Futter dienen. Da der Konstrukteur des Wirbelbeckens eine flache Eintrittsrampe vorgesehen hat, kann diese von den einwandernden Wassertieren aus den tieferen Schichten bis hinauf ins Oberwasser und auch wieder zurück genutzt werden.

Durch den Einbau mehrere solcher Gravitations-Wasserwirbel-Kraftwerke wird ein bereits reguliertes (begradigtes) Gewässer biologisch dadurch reaktiviert, daß die Zahl der vorhandenen Tier- und Pflanzenarten wieder steigt und die Gewässerqualität dadurch nicht etwa weiter sinkt, sondern im Gegenteil wesentlich verbessert wird – ein Novum in der technischen Wassernutzung.

Ein weiterer Vorteil ergibt sich für die strömungstechnisch verbesserten Verhältnisse in einem solchen Wasserlauf dadurch, daß dessen Abflußgeschwindigkeit verlangsamt wird, was in niederschlagsarmen Perioden der Gesundheit des Gesamtsystems des Gewässers entgegenkommt.

Ein in wenigen Monaten Bauzeit errichtetes Kraftwerk dieser Art liefert Ökostrom, wie er heute allseits propagiert wird, ohne dabei die witterungsbedingten Nachteile von Windrädern oder Solarkollektoren aufzuweisen.

Die Firma Zotlöterer schreibt, allein in Europa könnten rund 5 Mio. solcher Kraftwerke mit einer durchschnittlichen Leistung von 20 Kilowatt installiert werden. Dadurch ergäbe sich eine Gesamtleistung von ca. 100 Gigawatt, die bereits kurzfristig den Umstieg von aus atomaren und fossilen Quellen stammender auf naturverträglichen Energie möglich machten. Mit dieser Leistung könne man 40 Atomkraftwerke ersetzten.

Hier ist eine weitere bereits fertige und einsatzbereite Alternative, – allein der politische und wirtschaftlich-finanzielle Wille fehlt offenbar, um sie auch tatsächlich umzusetzen.

Magnetmotoren von Kohei Minato

Auf der Webseite www.rexresearch.com[124] finden wir die Beschreibung eines funktionierenden Magnetmotors nach der Konzeption des japanischen Erfinders Kohei Minato.

Der Autor John Dodd kommentiert: „Ein bahnbrechender Elektromotor eines Erfinder-Außenseiters, der Permanentmagnete zur Energieerzeugung nutzt".

Minato hatte etwas konstruiert, das offenbar Interesse bei einer japanischen Einzelhandelskette weckte, denn diese bestellte gleich 40.000 Stück seines auf revolutionäre Weise angetriebenen Ventilators. All das entstand in einer kleinen Hinterhofwerkstatt. Die Wände dort sind übersät mit angehefteten Zeichnungen, überall Elektromotoren, herumliegende Kabel, Meßinstrumente und Batterien. An den Wänden reihenweise Standbohrmaschinen, Regale mit Ersatzspulen und Plexiglasplatten.

Minato ist Autodidakt, was die Magnettechnik angeht. denn eigentlich kommt er aus dem Musikbranche. Wie ein Tüftler, so lesen wir dort, sehe der große Mann mit der kräftigen Stimme nicht aus, eher wie einer, der lieber mit seinem Cabrio die kalifornische Küste entlangkreuzt.

Wir sind mit einem Bankier mittleren Alters und dessen Finanzberater Yukio Funai gekommen, um uns Minatos Werkstatt anzusehen. Während der Banker eine überschlägige Investmentabschätzung vornimmt, wollen wir sehen, ob Minatos Magnetmotor wirklich funktioniert. Da entdecken wir auf einer Werkbank den Prototyp einer Klimaanlage. Der sieht aus, als passe er in einen Toyota Corolla. Frau Minato erklärt uns dann die Funktionsweisen und Aufgaben aller vorhandenen Maschinen. Sie beginnt mit einfachen Erklärungen der Magnetgesetze. Dann demonstriert sie uns das „Minato-Rad", indem sie einen mit Magneten bestückten Rotor mit Hilfe eines Stabmagneten in Gang setzt. Wenn man genau hinschaut, sieht man mehr als 16 Magnete, die dort schräg zueinander versetzt montiert sind. Offenbar sind Position und Winkel der Magnete für die Funktion ausschlaggebend. Nachdem sie das Rad in Bewegung versetzt hat, läuft es von allein weiter und zeigt damit zumindest, daß die Konstruktion keinen magnetischen Totpunkt aufweist.

Dann zeigt sie uns das nächste Gerät, eine schwere Maschine, die mit einer winzigen Batterie verbunden ist. Diese ist mit einem 35 kg schweren Rotor gekoppelt, der leicht in einer Waschmaschine Verwendung finden könnte. Als sie den Schalter betätigt, dreht sich dieser große Rotor mühelos und ruhig mit über 1500 UpM. Meßinstrumente zeigen, wieviel Energie hinein- und hinausgeht. Überraschenderweise treibt eine Energiequelle von etwa 16 Watt ein Gerät an, das mindestens 200 bis 300 Watt Leistung produziert.

Wir bekommen zu hören, daß dieses und auch alle anderen Geräte elektrische Energie nur für zwei elektromagnetische Statoren (feststehende Spulenwicklungen) benötigen, die auf beiden Seiten des Rotors sitzen und nur dazu benutzt werden, den Rotor über seinen Totpunkt hinweg zum nächsten Magneten zu bewegen. Offensichtlich sind Winkel und Abstand der Magnete so beschaffen, daß, sobald sich der Rotor einmal dreht, die Abstoßung zwischen den Statoren und den Rotor-

Minato-Magnetmotor
Bild: www.rexresearch.com

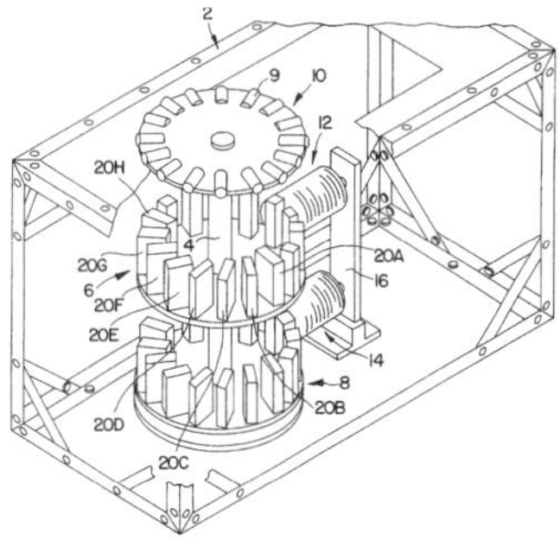

Minato-Patentzeichnung
US pat. 5594289

polen den Rotor in einer sanften Bewegung gegen den Uhrzeigersinn laufen läßt. Sehr beeindruckend das Ganze.

Danach sehen wir eine Einheit aus einem Motor und einem Generator. Meßinstrumente zeigen einen Input von annähernd 1,8 V bei 150 mA an den Stator-E-Magneten und einen Output aus dem Generator von 9,144 V bei 192 mA.

Rechnung:
1,8 V x 0.15 A x 2 (zwei Stator-E-Magnete!) = 0.54 Watt Input und
9.144 V x 0.192 A = 1.755 W Output.*

„Nach den Gesetzen der Physik kann man doch nicht mehr aus einem Gerät herausbekommen, als man hineingesteckt hat", provozieren wir Minato und werfen einen verstohlenen Blick unter die Werkbank, um sicher zu sein, daß sich dort keine versteckten Kabel befinden.

Minato versichert uns, er breche diese Gesetze keineswegs, die unerklärliche zusätzliche Kraft entstamme lediglich der Kraft der montierten Magnete. „Ich zapfe einfach eines der vier fundamentalen Naturgesetze an", behauptet er.

Dann führt uns Frau Minato zu zwei Geräten, die einen potentiellen Investor nun wirklich überzeugen müßten.

* das wäre ein Overunity-Faktor von 325% – *d. V.*

Zuerst zeigt sie uns den Ventilator-Prototyp, der gerade für eine Einzelhandelskette mit 14.000 Geschäften in Serie produziert wird. Der sieht fast so aus wie der handelsübliche Mitsubishi-Ventilator, der daneben steht. Der Luftstrom beider Geräte ist ungefähr gleich stark. Das andere Gerät ist ein Prototyp für Fahrzeug-Klimaanlagen. Er ist für die Firma Nippon Denso vorgesehen, Japans größten Hersteller von Auto-Klimaanlagen. Er ist bemerkenswert kompakt und hat das gleiche Aussehen wie ein herkömmliches Gerät. Man kann erkennen, wie Minato die Qualität seiner Produkte ständig verbessert.

Minato hat gute Gründe, sich über die soziale und kulturelle Einförmigkeit Japans zu beklagen. Jahrelang haben die Leute ihn als komischen Kauz angesehen, der sein Leben lang nichts anderes tut, als Klavier zu spielen. Bankiers und Investoren haben ihn gemieden – wegen seiner Behauptung, er habe einen technischen Durchbruch errungen, und das ohne jede regelrechte Vorbildung.

Jedenfalls steht unser Banker aus Osaka nach diesem Gespräch auf und verkündet, ehe er geht, daß er 100 Mio. aus einem Investmentpool bereitstellen werde. Da dreht sich Minato zu uns um und lächelt. Wir haben ihm anscheinend Glück gebracht. Es war in den letzten Wochen der dritte Investor, der Interesse bekundete.

Minato hatte Kontakte zu Interessenten aus den US und China, die jedoch zu nichts geführt hatten, so verrät er uns. Er sei sich der kritischen Lage bewußt, die immer am Anfang einer neuen Technologie herrsche, wo man schnell übers Ohr gehauen werden könne und sein Geld dann für Rechtsstreitigkeiten ausgebe. Es gebe noch eine Menge potentieller Partner in anderen Ländern, die an der Lizenznahme interessiert seien.

Auch hier wieder: All das liegt nun schon einige Jahre zurück. Wir haben uns bemüht, eigene Kontakte zu Minato herzustellen. Wie wir im Zuge dessen erfuhren, ist er inzwischen nicht mehr erreichbar. Seine Technologie wurde nicht vermarktet ... ein weiteres Beispiel für die bereits erwähnten Verhinderungsmechanismen?

Wer konnte daran interessiert sein, daß Minatos Magnetmotor nicht auf den Markt kommt?

Energie aus Zeolithen

Was sind Zeolithe? Die meisten werden diesen Begriff noch nie gehört haben. Schaut man bei Wikipedia nach, so findet man folgende Angaben:

> Der Name leitet sich aus dem altgriechischen ζέω = zeein für „sieden" und λίθος = lithos für „Stein" her, bedeutet also „siedender Stein". Er bezieht sich darauf, daß das Mineral beim Erhitzen lebhaft aufbraust (siedet), da gebundenes Wasser freigesetzt wird.

Dann erfahren wir noch, daß Zeolithe eine Sammelbezeichnung für kristalline „Alumosilikate" sind, die in verschiedenen Formen und Ausbildungen in der Natur vorkommen. Man kann sie jedoch auch künstlich herstellen. Während schon mehr als 140 verschiedene Zeolithtypen künstlich produziert worden sind, kommen in der Natur etwa 40 Zeolitharten vor.

Die allgemeine chemische Formel für Zeolithe lautet:
x [(M I, M II) AlO_2] y SiO_2 z H_2O mit Alkalimetall-Kation, z.B. Na+, K+,...(M I-Gruppe) oder mit Erdalkalimetall-Kation, z.B. Ca_2+, Mg_2+,... (M II-Gruppe)"

> Zeolithe bestehen aus einer mikroporösen Gerüststruktur aus $AlO4^-$- und SiO4-Tetraedern. Dabei sind die Aluminium- und Silizium-Atome untereinander durch Sauerstoffatome verbunden. Je nach Strukturtyp ergibt sich dadurch eine Struktur aus gleichförmigen Poren und/oder Kanälen, in denen Stoffe adsorbiert werden können. In der Natur ist dort in der Regel Wasser adsorbiert, das durch Erhitzen aus den Poren entfernt werden kann, ohne daß sich die Zeolithstruktur ändert. Zeolithe können damit gleichsam als Siebe verwendet werden, da nur Moleküle in den Poren adsorbieren, welche einen kleineren kinetischen Durchmesser besitzen als die Porenöffnungen der Zeolithstruktur. Zeolithe fallen daher auch in die Gruppe der Molekularsiebe.

Zeolith ZSM 5 – $Na_{0,3}H_{3,8}[(AlO_2)_{4,1}(SiO_2)_{91,9}]$
(Quelle: Wikipedia)

Zeolithe weisen eine regelmäßige Anordnung von Hohlräumen und Kanälen auf. Je nach Porengröße spricht man von Mikro- oder Mesoporen.

So aufgebaute Substanzen haben eine außerordentlich große innere Oberfläche von über 1.000 m^2 / g sowie kräftige elektrostatische Felder im Metallgitter. Dadurch eignen sie sich für die verschiedensten technischen Anwendungen, z.B. als Materialien zur Trennung von chemischen Substanzen, als Katalysatoren für chemische Prozesse, als Wasserenthärtungsmittel in Waschmitteln, als Papierfüllstoffe und Luftentfeuchter.

Wichtigste Eigenschaft der Zeolithe ist, daß sie reversibel hydratisiert und dehydratisiert (gewässert und entwässert) werden können, und das mehrere Tausend mal. Dabei ist es wichtig, daß bestimmte Obergrenzen bei Temperatur und Druck eingehalten werden, sonst würden die Kristallgitter der Molekülstruktur zerstört.

Im »Brockhaus der Naturwissenschaften und der Technik« finden wir bereits in der Ausgabe von 1964 folgende Beschreibung:

Zeolithe, eine Gruppe wasserhaltiger Silikatmineralien, die beim Erhitzen ihren Wassergehalt ohne Änderung des Kristallgitters ganz oder teilweise abgeben und nachher wieder aufnehmen können. Sie sind meist farblos oder weiß, häufig verzwillingt, wodurch eine höhere Symmetrie vorgetäuscht wird, und kommen hauptsächlich in Hohlräumen von Basalten vor...

Zeolithe zur Gewinnung zusätzlicher Energiemengen

Die schwammartige innere Struktur erschließt technischen Anwendungen ungeahnte Möglichkeiten. Wenden wir uns einer wichtigen Zeolith-Anwendung zu, die in letzter Zeit an Bedeutung gewonnen hat, derjenigen der Wärme- und Kältespeicherung.

Das Heizungsunternehmen Vaillant hat inzwischen eine Zeolith-Wärmepumpe mit dem Typennamen „zeoTHERM" auf den Markt gebracht, die mit einem erhöhten Effizienzgrad aufwarten kann. Der Normnutzungsgrad wird mit 118% , bezogen auf den Brennwert Hs, angegeben. Diese Wärmepumpe arbeitet auf der Basis Erdgas als primärem Energieträger und setzt den Wirkungsgrad mit Hilfe der Zeolith-Sorptionstechnik herauf. Mithin werden 20% der Energie aus der Umwelt kostenlos und zusätzlich gewonnen, was dem Heizgerät einen Normnutzungsgrad von 20% (absolut) über dem von herkömmlichen Gas-Brennwertgeräten beschert. Die Steigerung gegenüber sogenannten Niedertemperaturkesseln liegt laut Vaillant sogar bei rund 30% (absolut).

Solcherart verwendetes Zeolith führt in Wärme- und Kälteanlagen durchweg zu Overunity-Wirkungsgraden, d.h. mit dem Einsatz von 100% Energie erreicht man zwischen 110 bis 160% Energie-Output.

Wie kommt nun dieser zusätzliche Energiegewinn zustande? Dazu zitieren wir aus der von Vaillant herausgegebenen Dokumentation „Planungsinformation zeoTHERM" aus dem Kapitel „Grundlagen der Zeolithe":

> Freie Wassermoleküle vollziehen im Raum eine Eigenbewegung, die sogenannte Brownsche Molekularbewegung. Da der Zeolith sehr stark hygroskopisch ist, zieht er die Wassermoleküle an. Er lagert die Wassermoleküle in den Poren an seiner Oberfläche an – er **ad**sorbiert die Wassermoleküle – und das Wassermolekül kann seine Eigenbewegung nicht mehr vollziehen, es wird „abgebremst".
>
> Die Bewegungsenergie des Wassermoleküls wird in Wärme umgewandelt. Diese sogenannte Adsorptionswärme wird dem Heizsystem als Nutzwärme zur Verfügung gestellt. Dies ist ein vollkommen reversibler physikalischer Prozeß. Bei der Aufnahme von Wasser entwickelt das Zeolith in einem thermodynamischen Prozeß Wärme von bis zu 80°C,

die im Heizprozeß genutzt werden kann. Mit hoher Temperatur kann das Wasser wieder als Wasserdampf aus dem Zeolith ausgetrieben und die entstehende Kondensationswärme genutzt werden.

Da die Brownsche Molekularbewegung eine naturgesetzliche Erscheinung darstellt, können wir diese Art Energiegewinnung guten Gewissens dem Rahmen der Energiegewinnung aus dem Quantenvakuum zuordnen.

Brownsche Molekularbewegung

Die Brownsche Molekularbewegung wird nach dem schottischen Botaniker Robert Brown so benannt, der sie im Jahr 1827 wiederentdeckte. Bereits 1785 beschrieb der Jan Ingenhousz die Bewegung von Holzkohlestaub auf Alkohol. Es handelt sich dabei um die Bewegung von Teilchen in Flüssigkeiten und Gasen. Jedes Molekül vollzieht dabei ständig eine Art Zitter-Bewegung durch den Raum. Brown hatte unter Benutzung des Mikroskops entdeckt, daß Pollenkörner des Blütenstaubs in einem Wassertropfen unregelmäßige, zuckende Bewegungen machten.

Der deutsche Mathematiker Christian Wiener erklärte die Brownsche Zitterbewegung kleiner Teilchen in Flüssigkeiten als eine Folge der Molekülbewegungen in der Flüssigkeit und bewies dies 1863.

Das Phänomen beruht auf der Tatsache, daß sich Wassermoleküle (bzw. Gasmoleküle) durch ihre Eigentemperatur ständig bewegen und dabei die in das jeweilige Medium eingebrachten ungleich größeren Teilchen anstoßen. Die von außen zugeführte Energie, die die Moleküle erwärmt, bringt sie zum Hin- und Herzucken und zu Drehbewegungen um die eigene Achse.

In Festkörpern gibt es diese Zitterbewegung nicht, denn durch die Kristallstruktur ihres inneren Aufbaus ist nur eine Schwingbewegung um die eigene Achse möglich. Wärme ist damit gleichbedeutend mit atomarer bzw. molekularer Bewegung, die nach außen als Wärme wahrgenommen wird und meßbar ist. In diesem Schwingen steckt Energie, die nutzbar wird, wenn man sie wieder herausholen kann.

Wenden wir uns nun der technischen Umsetzung zu, mit der Vaillant in diesem innovativen Produkt die in der Natur vorhandene Energie nutzt. In einem Text von Vaillant heißt es:

Funktionsprinzip der Zeolith-Gas-Wärmepumpe

Der Gleichgewichtsprozeß zwischen Aufnahme und Abgabe eines Stoffes wird Sorption genannt.

In der Sorptionstechnik hat sich der Einsatz von Zeolith als Granulat bewährt. Die Zeolith-Kugeln werden in einen Sorber-Wärmetauscher als Lamellenwärmetauscher einlagig lose in die Zwischenräume eingebracht. Diese Adsorber-/Desorber-Einheit befindet sich in einem Vakuum-Edelstahlbehälter, dem sogenannten Zeolith-Modul.

Im unteren Teil des Moduls befindet sich ein weiterer Wärmetauscher, der Verdampfer/Kondensator. Eine definierte Menge Wasser, das als Kältemittel dient, befindet sich, abhängig vom Betriebszustand des Moduls, entweder adsorbiert im Zeolith oder in flüssiger Phase im unteren Teil des Behälters. Das Vakuum-Zeolith-Modul ist hermetisch verschlossen, es arbeitet wartungsfrei über die komplette Lebensdauer des Gerätes.

Grundsätzlich verläuft der Sorptions-Prozeß in zwei Phasen, Desorptions- und Adsorptionsphase.

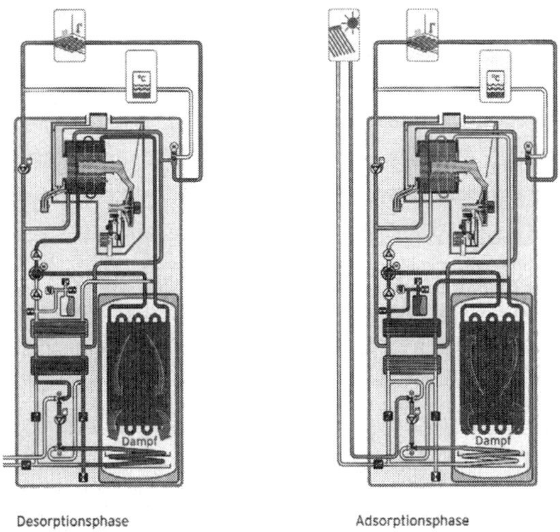

Zeolith-Heizsystem von Vaillant

Der untere Teil des Gerätes bildet die Zeolith-Einheit, der obere die Gasbrenner-Einheit

Desorptionsphase (Trocknung):
Zunächst wird der im Zeolith durch seine große innere Oberfläche enthaltene Wasserdampf ausgetrieben. Durch den Adsorber/Desorber strömt dafür der Wärmeträger Wasser, der durch das Brennwertmodul auf ca. 120° C erhitzt wurde und über einen internen Wasserkreislauf übertragen wird. Der dadurch erwärmte Zeolith gibt das gespeicherte Wasser ab – er desorbiert. Der so entstandene heiße Dampf strömt in den unteren Teil des Zeolith-Moduls, kühlt hier ab und kondensiert. Die freigesetzte Energie wird als Nutzwärme abgeführt. Dieser Schritt ist dann beendet, wenn der Zeolith einen bestimmten Trocknungsgrad erreicht hat und sich das Wasser im unteren Teil des Zeolith-Moduls befindet.

Adsorptionsphase (Befeuchtung):
Der Gasbrenner wird abgeschaltet, das Zeolith-Modul kühlt ab, der Druck im Modul sinkt und die Adsorptionsphase beginnt. Sobald die Temperatur des Verdampfers unter das Temperaturniveau der Umgebungswärmequelle gesunken ist, wird die Solarpumpe eingeschaltet. Damit wird dem Verdampfer „kalte" Energie aus der Umwelt zugeführt. Das Wasser im unteren Teil des Zeolith-Moduls verdampft, der Kaltdampf strömt nach oben und wird durch den Zeolith adsorbiert. Hierbei erzeugt der Zeolith erhebliche Wärme, die ebenfalls als Nutzwärme eingebracht wird. Die Verdampfungswärme für das Kältemittel wird durch die Solarkollektoren zur Verfügung gestellt.

(...)

Die Zeolith-Gas-Wärmepumpe koppelt effiziente Brennwerttechnik mit kostenloser Umweltwärme, die durch den Einsatz von Solarkollektoren schon bei sehr niedrigen Kollektortemperaturen ab 3°C gewonnen wird.

Man kann der Firma Vaillant nur wünschen, daß Ihre Zeolithwärmepumpe zahlreiche Kunden gewinnt und diese richtungweisende Technik zu weiterer Verbreitung gelangt.

Eine verwandte Anwendung ist das sogenannte selbstkühlende Bierfaß. Um das eigentliche Faß herum befindet sich eine Schicht aus saugfähigem Material, das mit Wasser getränkt ist. Diese Schicht wird von einer weiteren Schicht aus Zeolithkristallen umschlossen. Beide Schichten sind luftleer. Die wasserhaltige Schicht hat dabei in etwa den Dampfdruck von Wasser. Beide Schichten sind voneinander hermetisch getrennt, bis sie durch ein geöffnetes Ventil miteinander in Verbindung bekommen. Der Druck entweicht aus der wasserhaltigen Schicht, das Wasser verdampft (verdunstet) und entlädt sich in Richtung der Zeolithkristalle, die den Wasserdampf in ihren großen Hohlräumen aufnehmen. Der entstehende Sog zieht weiteren Wasserdampf nach. Verdampfung aber benötigt Energie, die der Umgebung entzogen wird. Durch die große Menge des verdampfenden Wassers sinkt also im Bereich der wasserhaltigen Schicht die Temperatur ab, während sie im Zeolithbereich, wo der Dampf aufgenommen wird, ansteigt. Das bedeutet, die Wärme fließt in Richtung Zeolith ab. Dort wird das Wasser wieder flüssig.

Die Abkühlung der inneren wasserhaltigen Schicht hat natürlich auch die Abkühlung des ganz innen befindlichen Bierbehälters zur Folge. Damit ist der Kühleffekt erreicht.

Das Pfandfaß wird vor der Wiederverwendung beim Abfüller unter Anwesenheit von Luft erhitzt und der Vorgang damit umgekehrt, denn die Molekularsiebe des Zeoliths können bei höheren Temperaturen das eingesogene Wasser schlechter halten als bei tiefen. Es wird wieder ausgetrieben. Verlorengegangenes Wasser wird anschließend ergänzt, die Schichten werden wieder evakuiert, das leere Faß wird erneut mit Bier befüllt und wieder betriebsbereit gemacht.

Mobiler Gefrierschrank

In der Zeitschrift „Kälte-Luft-Klimatechnik“ erschien im April 2010 ein Artikel, der eine mobile Tiefkühlbox auf der Basis von Zeolith und Wasser vorstellt. Darin beschreiben die Autoren Wörz, Schmidt, Becky und Maier-Laxhuber, wie eine solche Box aussieht, die folgende Anforderungen erfüllen sollte:

- Möglichst geringes Gewicht
- Lange Standzeiten bei –18 °C
- Anschluß an das 230V-Stromnetz
- Kurze, einfache Wiederaufladung
- während der Tiefkühlung keine zusätzlichen Hilfsmittel
- ungefährliche Handhabung
- gutes Isolationsmaterial
- relativ geringes Gewicht

Nach diesem Profil entwickelte das Technikerteam der Firma Zeo-Tech GmbH eine Tiefkühlbox, die 13,5 kg Zeolith und 1 Liter Wasser im Verdampfer enthält. Dabei wurde ein Isolationswert von 0,34 W/k erreicht, ermöglicht durch eine 8 cm starke Polyurethanschaum-Isolierung. Das Leergewicht beträgt 40 kg, das Füllvermögen 50 Liter.

Die Funktionsweise beruht auf der oben schon beschriebenen Adsorptionstechnik, die zur Bereitstellung und Speicherung von Kälte oder auch Wärme verwendet werden kann. Damit wird durch Zeolith und Wasser nur unter Zuhilfenahme von Wärme (elektrisch erzeugt) eine neue, effektiv arbeitende, mobile Tiefkühltechnik ermöglicht.

Solorzano Thermal Air Motor

Luis Solorzano ist ein Ingenieur aus Venezuela, der einen Motor entwickelt hat, welcher ausschließlich durch die Ausnutzung der Energie der Luftbewegung läuft. Er wird als Thermal Air Motor bezeichnet, was darauf schließen läßt, daß es sich um warme Luft handelt.

Dazu finden wir auf http://aircaraccess.com[125] einige Informationen.

Solorzano entwickelt seinen Motor bereits seit zwei Jahrzehnten weiter. Komprimierte Luft kommt dabei nicht zur Anwendung.

Der Motor, der durch den Luftstrom eines elektrischen Ventilators gestartet wird, gibt nach Aussage Solorzanos mehr als das Zehnfache der hineingesteckten Energie ab. Da dieser Überschuß an den Ventilator zurückgeleitet wird, benötigt man für den weiteren Motorlauf keinerlei zusätzliche Antriebsquellen oder Treibstoffe.

Durch das Hinzuschalten weiterer Windschaufelräder (Generatoren, nicht elektrisch angetrieben!) könne die Leistung des Aggregates fast beliebig gesteigert werden.

Wo kommt die Energie her, fragt man sich? Die Tatsache, daß sich die durch den Motor strömende Luft erheblich abkühlt, gibt einen Hinweis: Thermische Energie der Luft, überall kostenlos verfügbar. Der Luftmotor (air motor) wäre damit eine Maschine, die selbsterhaltende Bewegung dadurch bewirkt, daß thermische Energie aus der umgebenden Luft in Bewegungsenergie gewandelt wird. Damit habe man einen Antrieb für Fahrzeuge, oder man erzeugt damit elektrischen Strom. Und Abfallstoffe fallen dabei selbstverständlich auch nicht an.

Wie kam der Ingenieur auf diese Erfindung?

Solorzano überlegte sich, daß bei Luftfahrzeugen die Kraft, die auf die Tragflächen wirkt, um ein Flugzeug vom Boden abheben zu lassen und aufwärts zu bewegen, geringer ist als die erzeugte Hebekraft, und zwar wegen des besonderen Profils der Tragfläche. *(Naturprinzip des Vogelflügels!)* Daraus ergibt sich auch ein Temperaturgradient. Oberhalb der Tragfläche ist die Lufttemperatur niedriger als unter ihr. Deswegen baute er in seinen Generator kleine Tragflächen ein, auf die der Luftstrom des Ventilators gerichtet ist.

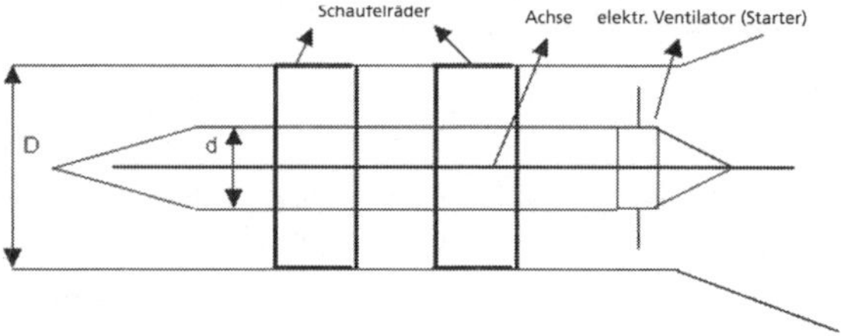

Prinzipskizze des Thermal Air Motors

Luis Solorzano und sein Air Motor

(*Quelle: Solorzano*)

Von der Wirkungsweise her beruht das Konstrukt auf einem thermodynamischen Phänomen, das durch einen aerodynamischen Mechanismus hervorgerufen wird.

Bei langsamen Winkelgeschwindigkeiten des Ventilators ist der Output der Maschine niedriger als der Input. Wird die Winkelgeschwindigkeit jedoch erhöht, kehrt sich das Verhältnis um, d.h. man erzielt einen Energieüberschuß.

Sobald also der Ventilator mit Hilfe des Windradsystems einen Überschuß zu produzieren beginnt, wird die gewonnene Energie an den Ventilator zurückgeleitet, so daß sich das System energetisch eigenständig aufrechterhält.

Ein Bericht über Solorzanos Erfindung erschien in der US-Zeitung „Ciudad Doral Newspaper" (Miami) in der Ausgabe vom 18. März 2009 unter der Überschrift „The Invention that can transform the world"[126].

Da das Phänomen dieses energetischen Überschusses erst bei höherer Drehzahl auftritt, scheinen auch hier Kräfte aus Wirbelenergie (Vortex) eine besondere Rolle zu spielen.

BlackLight Power

Wer nach unabhängigem neuen Wissen Ausschau hält, stößt früher oder später auf die Webseite „peswiki", Fundgrube für alternative Experimentalanwendungen und Informationen zu Neuen Technologien: www.peswiki.com. Der Name setzt sich zusammen aus „PES" = Pure Energy Systems und dem Begriff „Wiki" wie im allseits bekannten freien Online-Nachschlageprojekt Wikipedia. Diese Vorsilbe leitet sich ab von Wikiwiki, dem hawaiianischen Wort für „schnell".

Auch in Sachen BlackLight Power werden wir hier fündig. Was verbirgt sich hinter dem BlackLight-Konzept?

Sehr allgemein ausgedrückt ist das Verfahren von BlackLight Power eine Variante der Energiegewinnung aus Wasserstoff, doch eigentlich ist es viel mehr als das.

Über die spezielle Methode der Firma „BlackLight Power" liest man bei PesWiki:

> BlackLight Power Inc. (kurz: BLP) ist Entwickler einer neuen Primärenergiequelle, mit der herkömmliche Paradigmen umgestoßen werden. Das Unternehmen fungiert so als Wegbereiter für einen neuartigen Bereich von Wasserstoffchemie, in dem Potential für eine Vielzahl kommerzieller Anwendungen steckt. Die Anwendungsmöglichkeiten umfassen Heiz- und Bewegungsenergie ebenso wie Energieerzeugung und -verteilung in lokalen Mini-Netzen. Das Verfahren basiert auf einem chemischen Prozeß, der die latente Energie des Wasserstoffatoms freisetzt. Und es ist dieser Vorgang, der als BlackLight-Prozeß bezeichnet wird. Dabei wird das Elektron in einem normalen Wasserstoffatom dazu gebracht, sich näher zum Proton hinzubewegen – auf ein Orbital unterhalb des bisher bekannten Grundzustandes. Auf diese Weise wird aus Wasser Wasserstoff gewonnen, der dann als Brennstoff weiterverwendet werden kann.
>
> Dieser chemische Prozeß liefert nach Firmenangaben Elektrizität bei Kosten von etwa 1 ¢ pro kWh. Das hieße: zwei- bis viermal billiger als jede

> andere aktuelle Energiequelle. Am 28. Mai 2008 berichtete die Firma, sie habe den Prototyp eines 50kW-Generators entwickelt und weitgehend zur Marktreife gebracht. Wie die Firma weiter mitteilte, konnte man an der Rowan-Universität den BlackLight-Prozeß in den Größenordnungen 1 kW und 50 kW erfolgreich bestätigen. BlackLight Power Inc. habe bereits an sieben Firmen Geräte für eine Leistung von insgesamt 8250 Megawatt lizenziert, die auf saubere, sichere Weise Hydrino-Energie aus Wasser erzeugen können. Mit dieser Technologie könnten sich global jährlich 2 Billionen $* Treibstoffkosten einsparen lassen.

Die Firma BLP erhebt den Anspruch, mit ihrem innovativen Verfahren Wasser auf effiziente Weise als Wasserstoffspeicher einzusetzen. Mit 17 Litern Wasser könne man, heißt es dort, einen durchschnittlichen US-Haushalt ein Jahr lang mit Energie versorgen.[127] Darüber hinaus fallen als Nebenprodukte molekulares Hydrino-Gas sowie manch neuartige Wasserstoffverbindung für diverse kommerzielle Anwendungen an. Nicht bloß dezentral als autarke Hausversorgung eigne es sich, sondern auch für den Einsatz in der kommerziellen Energieproduktion.[128]

Zu den chemischen Verfahren, die auf dem BlackLight-Prozeß basieren, erfahren wir, daß das Wasserstoffatom, dessen Energie hierbei auf ein niedrigeres Niveau gebracht wird, mit einem Elektron reagiert und zu einem Hydrid-Ion führt, das daraufhin Reaktionen mit weiteren Nicht-Wasserstoff-Elementen zeigt. Daraus gehen völlig neue Verbindungen mit bislang unbekannten Eigenschaften hervor. BLP bezeichnet diese als Hydrino-Hydrid-Verbindungen (HHC).

Bei BLP entwickelt man auf diese Weise eine umfangreiche Klasse von neuen chemischen Verbindungen. Bei der Überprüfung ihrer Eigenschaften ergibt sich, daß die HHCs hinsichtlich ihrer außergewöhnlichen Bindungsenergien auf einer breiten Skala spielen. Mit Bindungsenergie ist die Energie gemeint, die nötig ist, um ein Elektron, das chemische Reaktionskraft und weitere Eigenschaften eines Elements festlegt, auf dieses niedrigere Hydrino-Level zu reduzieren. Hydrino-Hydrid-Ionen bilden ein ähnlich weites Feld für Stoffeigenschaften wie das allgegenwärtige

* *$2 trillion* im Originaltext – *d. Ü.*

Element Kohlenstoff. Die sich daraus ergebenden neuen Stoffverbindungsmöglichkeiten und Technologien können vielseitige Verwendung in so unterschiedlichen Bereichen finden wie der chemischen Industrie, Licht- und Computer-Technik, als Energieträgerstoffe, für Batterien, Antriebstechnik, Oberflächenbeschichtung, Elektronik, Telekommunikation, Raumfahrt und Automobilindustrie.

Firma BLP forscht außerdem an folgendem:

- Hydrino-terminiertes Silizium für die Mikroelektronik
- neuartige Diamantfilm-Beschichtungen
- neuartige Batterien für portable Geräte
- Hochenergie-Antriebstechniken (z.B. für die Raumfahrt)
- Innovative Lichterzeugung mit mehrtausendfacher Energieausbeute bei 1% der herkömmlicherweise verwendeten Spannung
- extrem kurzwellige Gas-Laser (Ultraviolett UV und Extremultraviolett EUV)
- Laser auf der Basis von Wasserstoffplasma

Auf www.politaia.org finden wir dazu folgende Erläuterung:

> Der Prozeß der Energiegewinnung besteht in der von der Firma entdeckten Tatsache, daß die Orbitale des Elektrons niedrigere Energiezustände annehmen können, als bisher gedacht. Nehmen wir den einfachsten Fall des Wasserstoffatoms: In Anwesenheit eines Katalysators geht das s1-Orbital des Elektrons in einen niedrigeren Energiezustand über, das bedeutet, daß der Radius der Elektronenbahn sich halbiert, bzw. drittelt, viertelt etc. Die dabei abgegebene Energiemenge ist sehr viel höher, als etwa die Energiemenge, die man braucht, um ein Elektron von seinem normalen Energiezustand in das nächsthöhere Orbital zu liften und liegt zwischen dem einer chemischen und einer nuklearen Reaktion.
>
> Durch die Reaktion des dabei entstehenden Hydrino-Wasserstoffatoms mit anderen in der Lösung befindlichen Reaktanten entstehen neue Verbindungen, in denen das Hydrino nunmehr als sogenanntes Hydrid-Ion vorliegt. Diese Substrate, die neuartige chemisch-physika-

lische Eigenschaften aufweisen, eröffnen neue Wege in Chemie und Werkstofftechnologie. Im BlackLight-Power-Prozeß entstehen keinerlei radioaktive Abfälle.

Der BlackLight-Power-Prozeß ermöglicht die Erzeugung von Wärme und Strom zu konkurrenzlos niedrigen Preisen und kann dezentral (z.B. als Box in Haushalten) eingesetzt werden.

Schauen wir uns die Webseite der Firma BlackLight Power Inc. an, erfahren wir dort weitere Details:

Die Firma gibt an, die bislang unbekannte Form von Wasserstoff namens „Hydrino", die beim BlackLight-Prozeß gewonnen wird, sei höchstwahrscheinlich identisch mit der sogenannten Dunklen Materie des Universums (daher auch der Name BlackLight).

In dem Verfahren durchlaufen elektrochemische Substanzen oder auch feste Brennstoffe Reaktionen, mit deren Hilfe Hydrino produziert wird, wobei Energie als Elektrizität bzw. als Wärme anfällt. Der Nettoenergiegewinn aus diesem BlackLight-Prozeß dürfte 200 mal so hoch sein wie derjenige, den man bei der normalen Verbrennung von Wasserstoff erhält, wo Energiedichten und Leistungsbereiche wie bei Batterien oder konventionellen Kraftwerken erzielt werden.

Wasser kann per Elektrolyse mit diesem Verfahren nach Bedarf als Wasserstoff gespeichert werden, wofür hierbei weniger als 1% des gewonnenen Stroms benötigt werden.

Durch Einsparung von herkömmlichem Brennstoff und die damit verbundenen Infrastrukturkosten dürften die Betriebskosten von BlackLight-Energiegeneratoren äußerst niedrig liegen. Darüber hinaus entstehen im Betrieb keinerlei schädliche Emissionen oder Strahlungen wie bei herkömmlichen Systemen.

Die Firma hat drei verschiedene Systeme für die Stromproduktion mit Hilfe der Hydrino-Bildung entwickelt: Ein elektrochemisches System und zwei thermische Systeme. Eine CIHT-Zelle (Catalyst Induced Hydrino Transition – katalytisch induzierter Hydrinoübergang) erzeugt Elektrizität direkt aus Wasserstoff. Hierbei werden die Kosten auf 25 $ pro Kilowatt veranschlagt, konkurrenzlos günstig also gegenüber den Tausenden US-Dollar pro Kilowatt bei der konventionellen Wasserstoff-Brennstoffzelle.

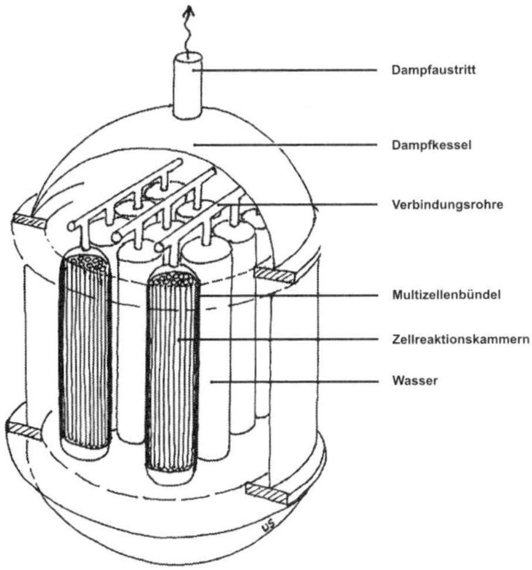

BlackLight-Multi-Zell-Reaktor

(Zeichng.: U.Sackstedt)

Da uns die Firma leider kein Bild zugestand, haben wir diese Schemazeichnung nach Abbildungen auf der Homepage von BlackLight angefertigt.

Dies ist nur durch die elektrische Energieausbeute der CIHT-Zelle – in Form von entstehendem Wasserstoff – möglich, die 200 mal höher liegt als bei herkömmlichen Zellen, welche überdies kein Wasser als Grundstoff für die Wasserstofferzeugung nutzen können. Im Gegenteil: Bei ihnen entsteht beim Betrieb Wasser als Restprodukt. Die für die CIHT-Zelle verwendeten Materialien sind preiswert. Da auch keine zusätzliche Infrastruktur für die CIHT benötigt wird, läßt sie sich praktisch autonom betreiben.

Die Zielsetzung bei BlackLight Power ist, die produzierte Energie dem Verbraucher direkt zur Verfügung zu stellen.

In einem Artikel von Sterling D. Allan von „Pure Energy Systems" (s. o.) heißt es zu einer unabhängigen Überprüfung des BlackLight-Verfahrens an einer amerikanischen Universität:

> An der Rowan University in Glassboro, New Jersey, wurden die Experimente der Firma BlackLight Power (BLP) erfolgreich wiederholt. Diese bezogen sich auf zwei Reaktortypen, nämlich auf den 1000 Watt-Reaktor und den 50.000 Watt-Reaktor. Letzterer lieferte eine Energiemenge von über 1 Mio. Joule. Von den Ingenieuren der Uni unter der Leitung von Dr. Peter Jansson wurde das in präzisen Messungen nachgewiesen.

Bei den BLP-Experimenten geht es um das Erhitzen spezieller patentrechtlich geschützter Stoffe, von denen man annimmt, daß sie das Wasserstoffatom in einen entspannteren Zustand unterhalb seines natürlichen Grundzustands bringen. Über einen längeren Zeitraum hinweg haben Professoren und Studenten der Rowan-Universität mit der dort zur Verfügung stehenden Laborausrüstung viele der BLP-Experimente validiert.

Ein Fazit von Dr. Jansson lautete, daß die beim BLP-Prozeß entstehende Energie nicht durch Meßtoleranzen erklärt werden könne, denn diese würden um den Faktor 100 überschritten. Man könne sie auch nicht auf andere bekannte Quellen wie Verbrennung oder Kernenergie zurückführen. Solche beträchtlichen Energiemengen in einem kontrollierbaren Verfahren zu erzeugen, zeige, daß der Anspruch der Firma BlackLight Power, auf diese Weise thermische Energie erzeugen zu können, dadurch bestätigt werde, daß diese Ergebnisse in Experimenten von unabhängigen Wissenschaftlern verifiziert werden konnten.

Inzwischen wurden auch Finanzinstitute und Kraftwerksbetreiber rund um die Welt auf BLP aufmerksam. Firmenchef Randell Mills betonte, man sei inzwischen über die Phase der akademischen Diskussion hinaus und verfüge nun vielmehr über eine konkret umsetzbare Technik, auf die die Welt gespannt sein könne. Der BLP-Prozeß erzeuge 200 mal soviel Energie wie jede herkömmliche Wasserstoffverbrennung und könne somit leicht sämtliche Kohle-, Öl-, Gas- und Atomkraftwerke ersetzen.

Über neun Monate führte Janssons Team 55 Tests an Prototypen durch. Die Ergebnisse zeigten, daß lediglich 1% der gelieferten Energie durch bekannte chemische Vorgängen erklärbar sei. Janssons Labor erhielt von BLP im Dezember 2007 35.000 USD für die kalorimetrische Wiederholung eines BLP-H-Ar-Sr-Plasma-Experimentes. (H = Wasserstoff, Ar = Argon, Sr = Strontium).

Michael Jordan, ehemaliger Unternehmenschef bei Westinghouse, inzwischen auch Vorstandsmitglied bei BLP, gibt an, die Ergebnisse des Jansson-Teams konsolidierten die wirtschaftlichen Perspektiven dieser neuen Technik. Da sie an die Stelle kohlebasierter Brennstoffe treten könne, werde sich diese Energieform als einer der wichtigsten Fortschritte auf dem Energiesektor in den letzten 50 Jahren erweisen."

Kalte Fusion / LENR

Ein ganz klein wenig Atomphysik ebnet uns den Weg zum Verständnis der kalten Fusion. Fusion, genauer Kernfusion ist zunächst einmal derjenige Vorgang, bei dem die Atomkerne zweier verschiedener chemischer Elemente miteinander verschmelzen und dadurch ein neues chemisches Element bilden. Die beiden Kerne fusionieren miteinander zu etwas Anderem. Man spricht in diesem Zusammenhang auch von Transmutation.

Blicken wir in den Weltraum hinaus, so können wir dasselbe Szenario, nur ins Riesenhafte vergrößert, als massenhaften Vorgang erkennen. Fixsterne, wie auch unsere Sonne, bestehen überwiegend aus Wasserstoff-Plasma. Die Kernfusion von Wasserstoff ^{1}H erfolgt überwiegend über die Zwischenstufen Deuterium ^{2}H und Tritium ^{3}H, um schließlich bei Helium ^{4}He zu enden.

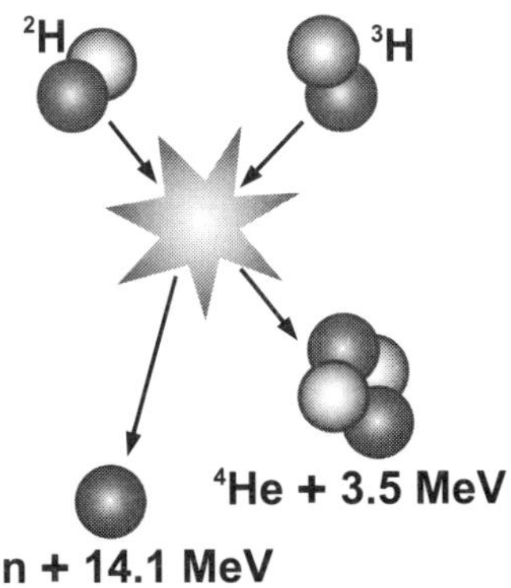

Deuterium (^{2}H) und Tritium (^{3}H) verschmelzen zu Helium (^{4}He), dabei wird ein Neutron und Energie frei.

(Bild: Wikipedia)

Die dabei zutage tretende Energie ist – nach konventioneller Auffassung – die Energiequelle des Sterns. Der in der Sonne enthaltene Wasserstoff selbst stellt dabei schon den größten Teil der Gesamtmasse unseres Sonnensystems dar. Daran können wir ablesen, welche immensen Energiebeträge in einem Fusionsvorgang stecken. Versuchen wir ihn im Labor nachzuahmen, könnten wir, wenn wir es richtig anstellen, diese Energie im kleinen Maßstab einfangen und nutzbar machen.

Wenn der Vorgang einer Kernfusion aber unkontrolliert abläuft, kommt es zu einer Kettenreaktion und einer Explosion gewaltigen Ausmaßes (so bei der alles vernichtenden Wasserstoffbombe). In einem Fusionsreaktor hingegen soll der Prozeß so gebändigt werden, daß kontrollierte Energiemengen in kontrollierter Zeit abgegeben werden. Daß dies mit einigem Aufwand verbunden ist, kann man sich leicht vorstellen.

Weil man mit einer gebändigten Kernfusion über eine Energiequelle verfügen würde, deren Brennstoff Wasserstoff (aus Wasser) in unbeschränkter Menge vorhanden ist, kamen unabhängige Forscher schon früh auf die Idee, den Vorgang der Kernverschmelzung so zu gestalten, daß er sozusagen auf dem Küchentisch („kalt") möglich ist. Das war tatsächlich von Erfolg gekrönt, wie wir gleich erfahren werden.

Blicken wir zunächst einige Jahrzehnte zurück.

Schon im Jahre 1927 legten die Berliner Chemiker Paneth, Peters und Günther eine Arbeit mit dem Titel „Über die Verwandlung von Wasserstoff in Helium" vor und publizierten sie in den „Berichten der Deutschen Chemischen Gesellschaft".[129] Dabei benutzten sie Elektroden aus Palladium, dasselbe Metall also wie später Pons und Fleischmann. Das britische Wissenschaftsorgan „Nature" berichtete ebenfalls über diese kalte Fusion – zum ersten, damit wohl auch zum letzten Mal.[130] Ebenfalls 1927 versuchte der Schwede John Tandberg ein Patent anzumelden, in dem er die preisgünstige Produktion von Helium in Elektrolysezellen beschrieb, die mit Palladiumelektroden ausgestattet waren. Sein Patentantrag wurde abgewiesen.

Außerhalb wissenschaftlicher Fachpublikationen wurde unseres Wissens über diese Ansätze damals nichts bekannt.

Warum benutzte Tandberg Palladium, und warum verwenden es auch die jüngeren Kalte-Fusions-Forscher immer wieder?

Palladium-Elektroden, in einem Elektrolysegefäß angebracht, sind das ideale Metall für eine Kernverschmelzung, weil dieser Stoff von allen Elementen das höchste Absorptionsvermögen für Wasserstoff hat. Bei

Zimmertemperatur bindet Palladium eine Wasserstoffmenge vom 900-fachen seines Eigenvolumens, in sogenannten kolloidalen Lösungen sogar das 3000-fache. Das sind ideale Voraussetzungen für eine sogenannte „kalte Fusion“ , wie wir noch sehen werden.

Erst Ende der 1980er Jahre geriet der Term „kalte Fusion“ in die Schlagzeilen. Ganz allgemein versteht man unter „kalter Fusion“ ein Verfahren, das auf der Grundlage der kontrollierten Kernfusion von Isotopen des Wasserstoffs Energie frei werden läßt. „Kalt“ wurde diese Fusionsvorstellung nun aber deswegen genannt, weil hier kein heißes Plasma (glühendes Gas) von hoher Dichte und Temperatur im Spiel ist. Daß ein solches Verfahren auf erhebliche Skepsis in der Fachwelt stieß, versteht sich von selbst, hält man doch in der Mainstream-Wissenschaftsgemeinde Kernfusion bis heute nur in „heißen“ Großanlagen (Tokamak etc.) für möglich.

Stanley Pons / Martin Fleischmann

Zu neuem Leben wurde diese Forschungsrichtung schließlich von den beiden amerikanischen Wissenschaftlern Martin Fleischmann und Stanley Pons erweckt, die am 23. März 1989 vor der Presse von ihrem Experiment berichteten, bei dem sie unter Laborbedingungen eine Kernfusion auf kaltem Wege zustandegebracht hätten. Das erzeugte auf konservativ-wissenschaftlicher Seite natürlich erst einmal totale Skepsis, Unglauben und den Verdacht auf Betrug, denn dies wäre einer Sensation gleichgekommen. Man war einfach der Auffassung, Kernfusion sei etwas, das nur unter großem Energie- und Materialaufwand und unter extrem hohem Druck und hoher Temperatur in Fusionsreaktoren ablaufen könne, in denen man quasi die Vorgänge auf der Sonne imitiere, eben eine heiße Fusion. Die gegeneinandergerichteten Abstoßungskräfte der Atomkerne seien nun einmal viel zu groß, als daß man diese mit relativ geringem Energieaufwand ausschalten könne.

Fleischmann und Pons aber wollten beweisen, daß es funktioniert. Denn dann wäre es möglich, auf relativ unkomplizierte und ungefährliche Weise große Energiebeträge aus Wasser zu gewinnen.

Wie funktioniert die kalte Fusion?

Beim Pons-Fleischmann-Experiment ereignete sich offenbar die schon erwähnte Verschmelzung der Wasserstoffatome Protium (1 Elektron), Deuterium (2 Elektronen) und Tritium (radioaktiv, 3 Elektronen), und zwar bei einem Elektrolysevorgang an einer Palladium-Elektrode (Kathode). Als Elektrolyse bezeichnet man die Dissoziation (Auftrennung) eines Moleküls in seine atomaren Bestandteile. Hier diffundiert der durch die Elektrolyse entstandene Wasserstoff in die Oberfläche des Palladium-Metalls hinein. In dem Metallgitter ereignet sich nun ein Zusammenprall verschiedener Atome, durch den Elektronen der Wasserstoffatome aus ihrer Bahn geworfen werden, um sich nun auf einer weiter außen um den Atomkern liegenden Bahnhülle anzuordnen. Die Folge davon ist, daß ein Schutzmechanismus in der äußeren Elektronenhülle – die naturgegebene Coulomb-Abstoßung, geschwächt wird. Damit ist eines der Hindernisse auf dem Weg zur Kernverschmelzung schon überwunden.

Bei der Elektrolyse entsteht ein sehr hoher Wasserstoffpartialdruck an der Elektrode, daher entsteht dort ein erhöhter Wasserstoffpegel. Befinden sich nun zwei Wasserstoffatome in demselben Gitterzwischenraum der Palladiumstruktur, dann stehen diese eine Zeit lang enger beieinander als normal. Dadurch erhöht sich die Wahrscheinlichkeit, daß beide Kerne ihre natürliche Abstoßung überwinden. Beides zusammen – äußere Schwächung und geringer Abstand – macht eine Fusion zweier Atomkerne möglich. Aber hatte dergleichen bei Pons und Fleischmann nun wirklich stattgefunden?

Beide Forscher tippten auf eine Kernfusion, da sie Reaktionsprodukte feststellten, die auf so einen Vorgang schließen lassen: Neutronen, Tritium und Gammastrahlung. Außerdem habe nachgewiesen werden können, daß mehr Energie bei diesem Vorgang herausgekommen sei, als zuvor bei der Elektrolyse eingespeist worden war. Dies sei in Form von Überschußwärme feststellbar gewesen.

Fleischmann und Pons mußten indes einen Rückschlag hinnehmen, denn sie konnten ihren eigenen Versuch nicht erfolgreich wiederholen. Hatten sie falsch gelegen?

Nun machten sich andere Physiker daran, es zu beweisen, etwa am „Californian Institute of Technology“ (Caltech). Sie wiesen dabei Fehler nach (Meßfehler) und machten geltend, bei Fleischmann und Pons sei keine kalte Fusion abgelaufen, und diese sei nicht praktizierbar.

So, wie das Experiment aufgebaut gewesen sei, könne es jedenfalls nicht funktionieren, meinte man im „gegnerischen Lager“. Auch andere Labors waren nicht in der Lage, den Versuch erfolgreich zu reproduzieren.

Schließlich kam auch das US-Department of Energy (DOE) zu der Auffassung, daß die damals vorliegenden Beweise für ein neues Verfahren eines kernphysikalischen Prozesses nicht überzeugend waren.

Auch in Deutschland wurde das Thema aufgegriffenn Das Max-Planck-Institut für Plasmaphysik (IPP) stellte nach Bekanntwerden des Pons-Fleischmannschen Experimentes eigene Versuche an. Jahre später hieß es aber von dort, daß wegen des offensichtlichen und sich stets wiederholenden Mißerfolgs beim seriösen Nachweis der Kalten Fusion die Aktivitäten in dieser Richtung schon lange eingestellt worden seien.

Auch das Forschungszentrum Jülich (das ehemalige Kernforschungszentrum) beschäftigt sich schon lange nicht mehr mit kalter Fusion. Abgehakt, weil „unwissenschaftlich“. So jedenfalls die Meinung der konformen Wissenschaft.

Dann aber gab es nach 15 Jahren – im Jahre 2004 – eine erneute Überprüfung der Experimente durch das DOE[131]. Und siehe da, die Einschätzungen ändern sich über die Jahre. Auch das DOE hatte seine Meinung nun um 180 Grad gewendet. Bei http://de.ddr2.wikia.com/wiki/Kalte_Fusion können wir nachlesen, was bis dahin geschehen war:

> Dr. Eugene F. Mallove (1947-2004) fühlte sich durch den jüngsten Schritt des DOE in seiner Einschätzung bestätigt. Mallove war bis 1991 Chefautor im Nachrichtenbüro des MIT (*Massachusetts Institute of Technology*). Noch im selben Jahr veröffentlichte er mit »Fire from Ice«[132] das erste Buch, in dem kalte Fusion nicht als Meßfehler oder Spinnerei abgetan wurde. Von 1995 gab er das Magazin „Infinite Energy“ heraus und veröffentlichte darin in der Fachwelt umstrittene Forschungs-

> ergebnisse, unter anderem zur kalten Fusion. ... Mallove meinte, er habe inzwischen genug gesehen, um nicht mehr an der Realität der Kalten Fusion zu zweifeln. Nach Jahren der Forschung habe sich der bessere Begriff „Low Energy Nuclear Reactions" (LENR) eingebürgert, da bei vielen Experimenten anscheinend auch Kernspaltungsprozesse stattfänden, so daß man nicht mehr allein von Fusion sprechen könnte. So oder so wiesen die Experimente auf ein „vollkommen neues Gebiet der Physik und der Chemie" hin.
>
> Die LENR zeigt, daß im Wasserstoff um mehrere Größenordnungen höhere Energiereserven gebunden sind, als konventionell verstandene chemische Energiemodelle es zulassen. ...

Mittlerweile sprechen LENR-Forscher eine ganz andere Sprache, wenn es um Pons und Fleischmann geht. Die beiden hätten formale Fehler gemacht, als sie ihr Experiment bekanntgaben. Die üblichen Begutachtungen durch Kollegen wären nicht erfolgt *(wirklich?)* und die überstürzt publizierte Arbeit habe Meßfehler enthalten. Manche Schlußfolgerungen (*manche, aber wohl nicht alle*) seien nicht durch die Daten gedeckt gewesen. Das Experiment sei dadurch angreifbar gewesen, aber nicht falsch.(!)

Fakt aber ist: Auch nach den Pons-Fleischmann-Experimenten wurde sehr wohl an kalter Fusion weitergeforscht (schon bis 1996 gab es 190 Studien) und nun stellt man fest, daß doch vieles auf die Seriosität der beiden Pioniere hindeutet. Sogar an den berühmten „Los Alamos National Laboratories" (LANL) waren erfolgreich Experimente durchgeführt worden.

Auch weltweit versuchten Forscher, dem Geheimnis der kalten Fusion auf die Spur zu kommen. Und es gab Erfolge. In Indien wurde man schon im Juli 1989 fündig, im Oktober desselben Jahres auch in den USA. Bei Analysen fand sich Tritium, deutliches Beweisstück für einen Fusionsvorgang. Ein anderer Wissenschaftler in den USA wies bei Fusionsexperimenten im Dezember 1990 als weiteren Beleg überschüssige Wärme nach.

Fleischmann selbst (er verstarb im August 2012) war stets davon überzeugt, daß sein Experiment positive Ergebnisse gezeigt hatte. Die kalorimetrischen Meßmethoden sind innerhalb der letzten zwanzig Jahre wesentlich besser geworden, und man sollte daher annehmen, daß damit der behauptete Energieüberschuß nachweisbar ist. Fleischmann sprach von „Heat-after-death-Effekten (Wärme nach dem Abschalten), die bei neueren Versuchen aufgetreten seien. Diese Effekte wurden dann später durch Rossi-Focardi bestätigt und ausgebaut. Dennoch sind bis heute die eingeschalteten Gutachter geteilter Meinung. Die konservativ ausgerichteten Atomchemiker sehen weiterhin kein Potential in der Entdeckung von Pons und Fleischmann.

Oder beginnt man dort allmählich doch aufzuwachen? Zumindest fand im März 2012 am CERN in Genf, also an einem der Gralsplätze der Hochenergie-Teilchenphysik ein offizielles Symposium zum Thema „Kalte Fusion“ statt.

Wie weit könnten wir heute auf diesem Gebiet sein, wären Investoren schon 1927 bei den drei erwähnten deutschen Chemikern eingestiegen um die Angelegenheit weiterzuentwickeln? *

Rossi / Focardi

Inzwischen beschleunigt sich die Entwicklung rasch. Man spricht mittlerweile also nicht mehr von „kalter Fusion“ sondern bezeichnet die Sache als „Niedrigenergie-Kernreaktion“ (Low Energy Nuclear Reactions) oder „chemisch unterstützte Kernreaktion“. Neue Personen betreten die Bühne. Andrea Rossi und Sergio Focardi heißen sie, beide sind Italiener, der eine Unternehmer, der andere Physiker – eine ideale Kombination sozusagen. Sie nehmen die Elemente Nickel und Wasserstoff und machen daraus Kupfer. Das klingt ganz nach dem, was die mittelalterlichen Meister der Alchemie machten, beziehungsweise wovon sie träumten: Elementumwandlung, Transmutation nennt man es. Heute mit Hilfe von Kernverschmelzung zustandegebracht, und nun auch richtig gut und mit nachweisbaren Ergebnissen. Mit einer eingespeisten Startenergie von nur

* Ein ausgesprochen aufschlußreicher Bericht von Gerhart Lukert[1] zum Stand der Forschung im Bereich LENR findet sich in der Ausgabe 180 der Zeitschrift *raum&zeit*.

einigen Hundert Watt erzeugt der Prozeß 10 Kilowatt Wärmeenergie und obendrein keinerlei schädliche Strahlung. Das ist neu, und die Fachwelt ist wieder einmal mißtrauisch. Läßt sich ein solches Overunity-Gerät (overunity = Energieüberschuß) im Dauerbetrieb testen? Man hört schon wieder die Hüter der thermodynamischen Gesetze an die Tür klopfen. Aber die Forscher lassen sich von derlei antikem Gedankengut nicht beirren. Energie ist schließlich überall, man muß sie nur anzapfen, denn schon Nikola Tesla und Thomas Henry Moray war klar, daß es ein Meer von Energie gibt, in dem die Erde schwimmt.

Andrea Rossi ist graduierter Doktor der Philosophie (PhD) und daneben auch noch Chemie-Ingenieur. Er gründete mehrere Unternehmen, die sich die Erschließung neuer Energieformen zum Ziel gesetzt hatten. Man wollte u.a. Öl aus industriellen Abfällen herstellen. Er unterhält enge Beziehungen zur Universität Bologna.

Als Forscher ist er produktiv und hält mehrere Patente (thermoelektrische Generatoren, thermolytische Destillation kohleartiger Stoffe sowie das italienische E-Cat-Patent. Er bleibt unabhängig und veräußerte Privatbesitz, um das neue 1-MW-Kraftwerk zu finanzieren. Sein Motto könnte kurz lauten: Wer sich nicht reinreden läßt, dem wird auch nicht reingeredet.

Bei http://rossifocardifusion.com erfahren wir:

> Andrea Rossi, der Erfinder des Energiekatalysators, hat seinen „Kalte-Fusions-Reaktor“ an der Universität von Bologna jetzt öffentlich vorgestellt. Die Tests ergaben, daß man mit einer kleinen Menge eingespeister Energie zwischen Wasserstoff- und Nickelatomen bislang unerklärbare Reaktionen bewirken kann, die zu einer mehr als 10-fachen Menge abgegebener Energie führen. Die beteiligten Experimentatoren, die offenbar Kalte Fusion demonstrierten, konnten in den vergangenen Jahren noch nicht erklären, was diesem Prozeß zugrundeliegt und wodurch er angetrieben wird. Dadurch ergab sich ein Riß in der wissenschaftlichen Welt, denn einige Experten hatten sich von dieser Forschung bereits abgewandt.

Auf http://kalte-fusion.com erfahren wir mehr:

> Die Ergebnisse des Testlaufs von Andrea Rossis 1 MW-Kraftwerk am 28. Oktober 2011 in Bologna sind im Folgenden noch einmal kurz zusammengefaßt:
>
> Die Startphase dauerte 2 Stunden (von 10:30 bis 12:30), während dieser Zeit wurde dem System mit Hilfe eines Generators und über Heizwiderstände* 120 kW bis 180 kW externe Energie zugeführt. Danach wurde die externe Energiezufuhr abgeschaltet. Die insgesamt während des 5½ Stunden (12:30 bis 18:00) andauernden unabhängigen Betriebsmodus erzeugte Energie wurde aus der Menge des (mit dieser Wärmeenergie) erhitzten und verdampften Wassers berechnet, das an Hand des Wasserdurchflusses mit zwei Wasserzählern gemessen wurde.
>
> Der Testbericht gibt insgesamt 2635 kWh erzeugte Energie an. Nach Abzug der für die Pumpen (für den Wasserkreislauf) und Ventilatoren (zum Abkühlen des Wasserdampfes in den Kühlelementen) verwendeten Energie – insgesamt 66 kWh – ergibt sich ein Nettoenergiebetrag von 2569 kWh, was einer durchschnittlichen Leistung von 467 kW entspricht.
>
> Nach Abzug der Energie, die während der Startphase eingespeist wurde – etwa 320 kWh bei einer durchschnittlichen Leistung von 160 kW – wäre die Nettoenergie immer noch 2249 kWh. In dieser Berechnung sollte aber auch die während der Startphase erzeugte Energie geschätzt und wieder dazu addiert werden.
>
> Während der 5½ Stunden verdampften 3716 Liter Wasser. Die durchschnittliche Temperatur des Wasserdampfes lag bei 104,5 °C.
>
> Es konnten keine Emissionen wie etwa Gas, Rauch, Flüssigkeiten oder sonstige Abfallprodukte festgestellt werden. Die Geräuschemissionen in 5 Metern Entfernung vom Kraftwerk lagen unter 50 dB(A). Messungen des Physikers und Experten für Strahlungsmessung David Bianchini von der Universität Bologna ergaben Strahlungswerte, die nicht über der natürlicherweise vorhandenen Strahlung lagen.

* Heizwiderstände sind elektrische Widerstände, durch die ein großer Strom geschickt wird, so daß sie sich stark erhitzen – vergleichbar mit einem elektrischen Heizstrahler. – *d. V.*

Nach dem Scheitern der Verhandlungen mit einem griechischen Investor nahm Rossi mit seiner „Leonardo Corporation“ die Vermarktung der Erfindung selbst in die Hand. Miami, Manchester und Boston nannte er als zukünftige Produktionsstandorte. Die Generatoren für die Industrie seien fertigungsreif, während man für die kleinen Geräte zum Betrieb in Privathaushalten noch auf die behördliche Genehmigung warte.

Auch die NASA sah sich angesichts der nicht mehr wegzudiskutierenden Resultate von Rossi und Focardi dazu genötigt, die kalte Fusion nunmehr als existent anzusehen.

Damit hat der „Krieg der Wissenschaftler“, der seit den 1980er Jahren zwischen den Befürwortern und den Ablehnern herrschte, wohl ein Ende gefunden.

Auf www.leonardo-ecat.com fanden wir dieses Bild der leistungsstärkeren Ausführung:

5 MW- E-Cat Heater

Die Reid-Kristallzelle

Marcus Albert Reid hat sich der Nutzbarmachung der Vakuumenergie verschrieben und betreibt dazu ein eigenes Forschungslabor. Er baut auf dem schon beschriebenen erweiterten physikalischen Weltbild auf, zu dem er sich auch eingehend geäußert hat. Hier spielen die Quantenelektrodynamik (QED) und die asymmetrische Energiegewinnung die entscheidende Rolle.

Reid entwickelte eine neue Art von Monozellen, die sich nicht entladen können, da sie aus dem freien Raum ständig neu mit Energie nachgeladen werden. Diese Zelle ist damit also keine Batterie im herkömmlichen Sinne, sondern ein Katalysator, der die Vakuumenergie des Quantenraumes in den dreidimensionalen Raum fester Materie überträgt. Er selbst beschreibt sie so:

> Die Kristallzelle ist ihrem Aufbau nach ein batterieähnliches Gerät, das emissionsfrei einen elektrischen Gleichstrom über einen unbekannt langen Zeitraum generieren kann. In der Praxis macht sie das seit 1999. Statt eines flüssigen Elektrolyts enthält sie ein polykristallines Silikat in Form eines Festkörpers. Da in der Kristallzelle kein gewöhnlicher Elektrolyt vorhanden ist, kann der ein- und ausfließende Elektronenstrom keine chemische Reaktion auslösen. Wenn keine chemische Reaktion stattfindet, wird die elektrochemische Potenzialdifferenz nicht zerstört. Das Funktionsprinzip der Kristallzelle beruht darauf, daß ein Weg gefunden wurde, im Inneren des Silikates eine Ladungstrennung zu erzeugen. Die Kristallzelle ist in diesem Zusammenhang einer Solarzelle ähnlich. Statt Sonnenlicht werden kohärente Quantenfluktuationen eingesetzt, um eine Ladungstrennung zu bewirken. Die gleichförmige Umgebungswärme spielt dabei eine bedeutende Rolle. In der Kristallzelle werden mehrere physikalische Effekte vereint. Ein Effekt ist wie folgt: Innerhalb des Silikates entsteht eine Wechselwirkung zwischen den Elektronen und einer anderen Energiequelle. Diese zusätzliche

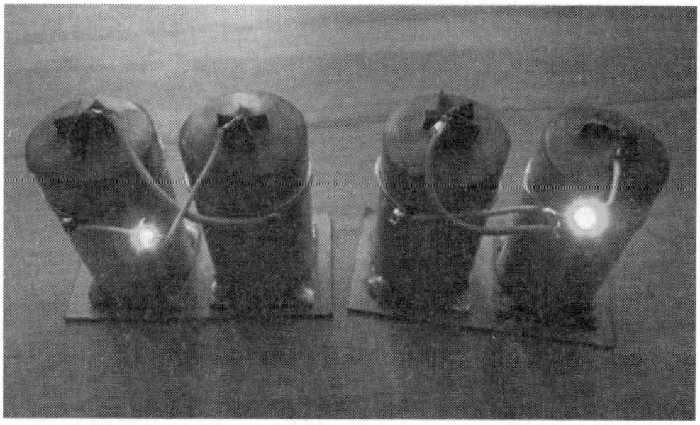

Je 2 Kristallzellen sind in Reihe geschaltet, um genügend Spannung für eine Leuchtdiode bereitzustellen.

(Foto: Marcus Reid)

> Energiequelle dient dazu, den Input-Dipol aufrecht zu erhalten bzw. eine Ladungstrennung zu erzeugen. Da die zusätzliche externe Energiequelle das Quanten-Vakuum bzw. die Raum-Zeit ist, wird auf eine beständige und emissionsfreie Energiequelle zugegriffen, die sich nicht erschöpft.

Reid betreibt damit seit vielen Jahren Geräte wie Quarzuhren, digitale Temperaturmesser und LEDs (Light Emitting Diode), denn die zur Verfügung stehende elektrische Spannung und der verfügbare Strom ist nicht sehr hoch. Im Innern der Metallzylinder befinden sich pulverförmige Kristalle. Wir zitieren aus einer von Reids Erläuterungen:

> Bei der Beschreibung von elektrischen Systemen verwenden wir nicht die gängige Maxwellsche Sichtweise, sondern eine modifizierte Form der Quantenelektrodynamik (QED). Wenn die QED auf einen einfachen elektrischen Stromkreislauf angewendet wird, entstehen mehrere grundsätzliche Fragen:
>
> 1. Welche Rolle spielen die gebrochenen Symmetrien in elektrischen Systemen?
> 2. Was hat das Quantenvakuum mit Elektrizität zu tun?
> 3. Wie entsteht der elektrische Potenzialfluß und wie bewegt er sich durch den Raum?
> 4. Wie wird eine Kraft übertragen?
> 5. Wozu dient die induzierte Energie am Input?

6. Woher kommt die Energie am Output?
7. Weshalb sind die observablen Energieanteile erhalten?
8. Was ist Energie?

Im Reids kleiner Animation „Symmetrische elektrische Systeme und die energetische Wechselwirkung mit dem Quanten-Vakuum“ werden diese Fragen beantwortet. Da dieser Aufsatz dort anfängt, wo die Animation aufhört, empfiehlt der Autor, diesen Film vorher anzusehen. Der Link dazu befindet sich auf der Webseite www.vakuumenergie.de

Zu den theoretischen Grundlage ziehen wir einen Text von Reid heran:

> Asymmetrische elektrische Systeme sind eine neue Klasse von elektrischen Systemen. Diese Systeme sind in Bezug zu ihrem energetischen Austausch mit dem Quantenvakuum energie-asymmetrisch. Energie-Asymmetrie bedeutet, daß mehr observable (festzustellende) Energie am Output abgegeben wird als in observabler Form induziert wurde. Wenn am Output mehr observable Energie abgegeben werden soll, als vorher am Input in observabler Form induziert wurde, dann muß von einer zusätzlichen Energiequelle Energie in das System einfließen. Zum Glück ist es die alleinige Entscheidung des Systembetreibers, der bestimmt, welche Energieform als zusätzliche Energie verwendet wird. Diese zusätzliche Energie kann z. B. in Form eines Potenzialflusses vorliegen. Ein Potenzialfluß jedoch muß nicht notwendigerweise durch die Induktion eines observablen Energieflusses erzeugt werden. Ein Elektron z. B. erzeugt auf beständige Weise einen elektrischen Potenzialfluß ohne einen observablen Energieinput. Die Energie für die Erzeugung des elektrischen Potenzialflusses stammt aus dem Quantenvakuum. Ein asymmetrisches elektrisches System erhält seine zusätzliche Energie aus dem Quantenvakuum und ist als ein energetisch offenes System zu betrachten. Die zusätzliche Energie, die in das System von außen einfließt, stammt deshalb aus einer emissionsfreien, kostenfreien und beständigen externen Quelle. Diese Energie kann grundsätzlich auf zwei verschiedene Weisen genutzt werden. Entweder man nutzt die Energie,

um die Dipolarität am Input-Dipol aufrecht zu erhalten oder man nutzt sie, um ebenfalls den Input-Dipol aufrecht zu erhalten und gleichzeitig mehr observable Energie direkt am Verbraucher zu erzeugen.

Im folgenden Aufsatz wird eine theoretische Methode vorgestellt, die das grundlegende Funktionsprinzip eines asymmetrischen elektrischen Systems erklärt. Ein Experiment, das erfolgreich die Realisierbarkeit dieser Methode umsetzt, wird schematisch beschrieben.

Dieses vom Autor vorgestellte Modell beinhaltet zwei verschiedene Energiesorten. Das Potential des Quanten-Vakuums ist wie eine virtuelle Energieform. Diese virtuelle Energie kann im Zusammenhang mit einer Ladungsquelle in eine observable Energieform (Joule) umgewandelt werden. Dabei wird folgende Kernfrage aufgeworfen: weshalb sind die observablen Energieanteile erhalten, obwohl die virtuellen Energieflüsse (z.B. elektrischer Potenzialfluß) nicht erhalten sind. Der „Mechanismus der Selbstsymmetrierung“ gibt eine Antwort auf diese Frage.

Energieerhaltung aus Sicht der QED

Der Energieerhaltungssatz erklärt die Erhaltung der observablen Energieanteile unter der Voraussetzung, daß sich jede Ladungsquelle wie ein energetisch geschlossenes System verhält. Wenn jedoch die QED zur Beschreibung eines elektrischen Systems verwendet wird, dann werden die Ladungsquellen als energetisch offene Systeme betrachtet, die mit ihrer Umgebung, dem Quantenvakuum, wechselwirken. Das bedeutet, daß die observablen Energieanteile nicht direkt von der Masse an sich stammen, sondern aus dem Quantenvakuum. Ein elektrisches Feld z.B. existiert im „leeren“ Raum als eine mit Lichtgeschwindigkeit voranschreitende Polarisation von lokal entstehenden virtuellen Teilchenpaaren. Da diese Felder eine observable Kraft und Beschleunigung an elektrischen Ladungsquellen erzeugen können, bedeutet das, daß die observablen Energien an diesen Ladungsquellen lokal aus der Raum-Zeit bzw. aus dem Quantenvakuum heraus erzeugt werden. Wenn jede observable Energie lokal aus dem Quantenvakuum heraus erzeugt wird, dann muß zuerst die Ursache für die Energieerhaltung identifiziert werden, denn die Aussage, daß Energie nicht einfach so aus dem scheinbar leeren Raum heraus erzeugt werden kann, stimmt nicht mehr.

> Ein Elektromagnet ist z.B. ein Erzeuger eines Potenzialflusses mit einem observablen Energieinput. Ein Permanentmagnet ist ebenfalls ein Erzeuger eines identischen Potenzialflusses, jedoch ohne einen observablen Energieinput. Da in beiden Fällen der erzeugte Potenzialfluß an einer anderen Ladungsquelle wieder in eine observable Energieform umgewandelt werden kann, stellt sich die Frage, weshalb die observablen Energieanteile im Zusammenhang mit beiden Systemen erhalten sind. Der Grund für die Energieerhaltung im Zusammenhang mit einem Elektromagneten muß eine andere sein als im Zusammenhang mit einem Permanentmagneten.

An anderer Stelle heißt es dort:

> ...Ein Permanentmagnet zum Beispiel kann dauerhaft an einer Metallplatte haften. Die Energie dafür bezieht der Magnet aus dem Quanten-Vakuum. Die magnetische Kraftwirkung ist das Resultat einer Energieumwandlung von einer virtuellen Energieform aus dem Vakuum in eine observable Energieform, die durch den Mechanismus einer gebrochenen Symmetrie möglich wird. In diesem Fall bedeutet Asymmetrie, etwas Virtuelles in etwas Observables, bzw. Zeitenergie in eine Kraft umzuwandeln...

In einem anderen Aufsatz schreibt Reid, daß die Quantenelektrodynamik, die in den 1940er Jahren entwickelt wurde, heute die einzige Theorie sei, die erklärt, was Elektromagnetismus ist, und sie gelte immer noch als eine der besten Theorien in der Physik.

In diesem Aufsatz „Der Energiefluß in einem einfachen Stromkreislauf und die Interaktion mit dem Quanten-Vakuum" liest sich das so:

> ...Die meisten Elektroingenieure und Physiker sind seit geraumer Zeit der Auffassung, daß der erste Hauptsatz der Thermodynamik, eine der am besten überprüften Hypothesen der Physik ist. Das kann man unter anderem daran erkennen, daß bei allen bisher millionenfach realisierten und getesteten elektromagnetischen Systemen, egal, welcher Bauart und Verwendung, am Output genauso viel Energie abgegeben wird

(ideales System), wie vorher am Input induziert wurde. Wir möchten jedoch darauf hinweisen, daß nur, weil am Output genauso viel Energie abgegeben wird wie vorher am Input induziert wurde, dies nicht zwangsläufig bedeutet, daß Energie nicht aus der Raum-Zeit heraus generiert werden kann.

Üblicherweise wird der Energieerhaltungssatz so interpretiert, daß Energie ganz grundsätzlich nicht aus dem Nichts generiert oder vernichtet werden kann. In Wirklichkeit liegt jedoch nur eine scheinbare Energieerhaltung vor.

Bei allen elektrischen Systemen hat die Energie, die am Output abgegeben wird, mit der Energie am Input nur indirekt zu tun. Man muß hier sehr vorsichtig sein, da man praktische und gewohnte Beispiele aus unserem täglichen Leben nicht auf elektrische Systeme übertragen darf.

Wenn man z.B. ein Getränk in ein Glas gibt und anschließend den Inhalt trinkt, dann sagt uns unser Verstand, daß wir genau die Flüssigkeit zu uns nehmen, die vorher in das Glas gegeben wurde. In elektrischen Systemen jedoch hat die Energie am Input grundsätzlich nichts mit der Energie zu tun, die anschließend am Output abgegeben wird. Bei einem Elektromotor z.B. wird zwar die Energie in ihrer Form scheinbar direkt von elektrischer in mechanische Energie umgewandelt, aber die mechanische Energie am Output ist keine direkte Folge der Inputenergie.

Was geht hier also vor?

In elektrischen Systemen gibt es einen doppelten und versteckten Energieumwandlungszwischenschritt. Beim ersten Energieumwandlungsprozeß wird die Inputenergie zunächst an das Vakuum abgegeben, und beim zweiten Schritt wird Energie aus dem Vakuum zum Output geleitet. In allen gewöhnlichen elektrischen Systemen sind beide Vakuumenergie-Umwandlungszwischenschritte symmetrisch, und das ist die Ursache für die Erhaltung von observabler Energie. Energie wird jederzeit und überall aus dem Quanten-Vakuum heraus erzeugt und wieder zerstört. Dieser dynamische Prozeß verläuft normalerweise symmetrisch und bedeutet, daß am Ende eines gewöhnlichen observablen Energieumwandlungsprozesses kein Energieüberschuß oder -mangel zu beobachten ist. Sobald jedoch die Symmetrie zwischen der Erzeugung und Zerstörung von Energie gebrochen wird, kann ein observabler Energieüberschuß aus dem Vakuum erzeugt werden bzw. übrig bleiben. Ein sogenanntes asymmetrisches elektromagnetisches System bricht die Symmetrie zwischen beiden Energieumwandlungszwischenschritten und ist auf Grund dessen in der Lage, mehr Energie aus dem Quantenvakuum zu extrahieren als vorher am Input in observabler Form an das Vakuum abgegeben wurde.

Der Wirkungsgrad beschreibt das Verhältnis zwischen der induzierten Energie nur durch den Input-Operator und der abgegebenen Energie am Output. Die Effizienz beschreibt das Verhältnis zwischen der induzierten Energie durch den Input-Operator plus der Energie aus der Umgebung und der abgegebenen Energie am Output.

Ein bekanntes Beispiel für einen asymmetrischen Energiewandler mit einem Wirkungsgrad von z.B. 300% ist der klassische Wärmetauscher. Bei einem Wärmetauscher muß der Operator z.B. 10 Watt am Input induzieren. Von den dunklen Wärmeelementen, die in der Sonne stehen, bezieht das System zusätzliche 50 Watt. Das bedeutet, daß insgesamt 60 Watt (50+10) in das System eingespeist werden. Da der Wärmetauscher eine Effizienz von 50% erreicht, bleiben von den 60 Watt nur 30 Watt am Output übrig. Der Wirkungsgrad eines Systems, in das der Input Operator 10 Watt induziert und 30 Watt am Output abgegeben wird, liegt nun bei 300%. Unabhängig davon, wie groß der Wirkungsgrad eines Systems ist, die Effizienz liegt immer unterhalb von 100%; Energie kann schließlich nicht aus dem Nichts erzeugt werden... [134]

Nachfolgend geben wir ausschnittweise ein Gutachten des Dipl. Ing. Eckhard Kantz wieder, der Reids Zelle nach wissenschaftlichen Testkriterien untersucht hat.

Gutachten für Energiekonverter „Kristallzelle"

www.vakuumenergie.de

Untersucht wurden batterie-ähnlich aufgebaute Energiekonverter, bestehend aus einem Aluminiumzylinder, einer Innenelektrode aus Kupfer sowie einem harten Silikat zwischen Außenelektrode und Innenelektrode, die mit verschiedenen chemischen Elementen dotiert war oder in Reinform ausgehärtet wurde. Von Marcus Reid, dem Erfinder und Entwickler der Energiekonverter, werden diese als „Kristallzelle“ bezeichnet. ...

Eine erste Kristallzelle aus dem Jahr 1999 hat konstant über 10 Jahre elektrische Energie abgegeben, welche sich trotz des geringen Stroms von etwa 1 V/ 1 kΩ = 1 mA = 1 mW/0,9 kg über die Zeit auf ca. 87 Amperestunden aufsummiert hat. Zu keinem Zeitpunkt mußte die Kristallzelle nachgeladen oder in anderer Form mit neuer Energie versorgt werden. Auch nach 10 Jahren sind keinerlei Anzeichen vorhanden, daß der Energiefluß aufhören oder schwächer werden würde.

Eine Kristallzelle neuer Bauform (Hergestellt im Jahre 2006) der Größe „Babyzelle“ wurde einem automatischen Langzeittest unterzogen und mit einem NiMH-Akku gleicher Baugröße verglichen, der mit 2,9 Ah die größte handelsübliche Bauform von Akkumulatoren dieser Baugröße darstellt. Die nominale Ladungsmenge von 2,9 Ah wurde von der Kristallzelle nach 114 Tagen erreicht und nach ca. 270 Tagen wurde das Doppelte dieses Wertes von der Kristallzelle überschritten. In der Folge trat aufgrund optisch sichtbarer Korrosionserscheinungen zwar eine Verminderung der Stromabgabe ein, dennoch ist die Kristallzelle auch weiterhin funktionstüchtig und gibt im gering belasteten Zustand die seit der Produktion beobachtete Spannung von etwa 1,2 Volt ab.

Lastverhalten

Es wurde überprüft, ob die Kristallzelle bei Belastung das übliche Verhalten einer Energiequelle mit Innenwiderstand darstellt und wie hoch dieser Innenwiderstand ist. Dazu wurde eine Kristallzelle in 16 Stufen be- und entlastet und die sich nach dem Einschwingen von mehreren Minuten ergebenden Spannungs- und Stromwerte wurden automatisch erfaßt. Im Ergebnis zeigte sich, daß die Kristallzelle einer Stromquelle mit einem hohen Innenwiderstand von über 100 Kilo-Ohm entspricht und somit in ihrem Verhalten von einer herkömmlichen Spannungsquelle mit geringem Innenwiderstand grundsätzlich abweicht.

Entsprechend der Theorie von Stromquellen ist in der Kristallzelle somit intern ein Potential in der Größenordnung von über 100 Volt enthalten, welches über den Innenwiderstand zu einem Stromfluß in der Größenordnung von etwa 1 Milliampere führt. Bei allen bisherigen Versuchen blieb unklar, weshalb die äußere Spannungsabgabe auf etwa 1,2 Volt begrenzt bleibt und nicht das volle interne Potential nach außen gelangt. Lediglich bei zufälligen „Kontaktproblemen" beim Anschluß von Meßinstrumenten an den Aluminiumzylinder einer Kristallzelle traten kurzzeitig Überspannungen bis zu einigen Volt auf, welche nach dem Herstellen eines guten Kontaktes wieder verschwanden. ...

Beim Ein- und Ausschalten einer Kristallzelle fällt besonders die sehr hohe Trägheit auf. Im elektrischen Ersatzschaltbild wurde für die zur Erklärung der Trägheit erforderliche Kapazität eine Größenordnung von 10 Farad ermittelt. Von technischen Kondensatoren gleicher Baugröße sind lediglich Kapazitätswerte weit darunter in der Größenordnung von einigen Millifarad bekannt. Die hohe Kapazität innerhalb des Ersatzschaltbildes einer Kristallzelle kann somit nicht mittels herkömmlicher ...

Die Kristallzelle stellte sich bei den durchgeführten langjährigen Untersuchungen als ein verläßlicher Energiekonverter dar, welcher zu einer beständigen Abgabe von elektrischer Energie in der Lage ist. Die derzeitige Größenordnung der Energieabgabe einer einzelnen Kristallzelle ist etwa 1 Milliwatt. Zum Erzielen größerer Leistungen können auch heute schon mehrere Kristallzellen parallel und die so entstandenen Blöcke in Serie zusammen geschaltet werden. Es muß dabei lediglich auf eine etwa gleiche Strombelastbarkeit der Blöcke von parallel geschalteten Kristallzellen geachtet werden, weil es ansonsten zu Umpoleffekten und damit zur Leistungsminderung kommen kann. Die beim Betrieb von Kristallzellen beobachteten Rauscheffekte sind ein klarer Hinweis darauf, daß hochfrequente Schwingungen im Kristallgitter auftreten, welche vermutlich einen Einfluß auf die Leistungsabgabe haben, falls sie nicht sogar ein entscheidender Teil des durch weitere Forschungen noch endgültig zu klärenden Wirkprinzips sind. Diese These wird insbesondere auch durch die Tatsache gestützt, daß ein Oxidieren der Kupferinnenelektrode für das Erreichen der beobachteten Leistung von Bedeutung ist, wodurch sich ein Halbleiterübergang mit Gleichrichtereigenschaften ergibt. Hochfrequenzenergie aus dem Kristallgitter könnte damit in den beobachteten Gleichstrom gewandelt werden.

Dies ist jedoch eine These, welche einer weiteren Untersuchung bedarf. Eine Aufgabe der weiteren Erforschung muß es sein, den begrenzenden Mechanismus für das Auskoppeln des inneren Potentials von über 100 Volt in die derzeitige Spannung von etwa 1,2 Volt zu ermitteln und anschließend nach Möglichkeiten der Auskopplung höherer Spannungen zu suchen. Allein diese Verbesserung würde die Leistung einer Kristallzelle in den Bereich von über 100 Milliwatt und nach einigem Tuning auf eine Spannung von 1000 Volt in den Bereich von 1 Watt bei der derzeitigen Stromergiebigkeit von 1 Milliampere bringen.

Durch einen Gedankenblitz nach mehrjähriger intensiver Beschäftigung mit Kristallzellen ergab sich ein Hinweis darauf, daß Kristallzellen durch Einspeisen geeigneter Frequenzen zu einer höheren Resonanz mit den Energieschwingungen im Quantenvakuum gebracht werden können und sich dadurch insbesondere die Stromabgabe erheblich steigern läßt. Dazu muß die Konstruktion der Kristallzelle in Richtung eines Wellenleiters verändert werden, wo eine kleine Anregungsenergie hochfrequenter Schwingungen auf einer Seite in den Zylinder der Kristallzelle eingekoppelt wird und diese Signalenergie auf der anderen Seite an einen Lastwiderstand für Hochfrequenzimpedanz richtig ausgekoppelt wird. Beim Einspeisen von geeigneten Frequenzen sollte sich die Leistung einer einzelnen Zelle erheblich steigern lassen. Zusammenfassend stellt die Kristallzelle aus Sicht des Autors einen Energiekonverter mit erheblichem Potential für die Zukunft dar, welcher nach seiner breiten Praxiseinführung zur Abdeckung geeigneter Energiesegmente eine revolutionierende Wirkung auf den Energiesektor insgesamt auslösen wird.

Durch Überprüfung der Reidschen Kristallzelle unter verschiedensten Versuchsbedingungen wird klar, daß es sich hierbei um einen experimentellen Ansatz handelt, der nach Weiterentwicklung verlangt.

Leider wurden Herrn Reid Absichten und Pläne zwischenzeitlich sehr erschwert, was nicht weiter verwundert, wenn man sich die zuvor schon geschilderten Bedingungen auf diesem Gebiet vergegenwärtigt. Erfahrungsgemäß werden genialen Ideen und förderungswürdigen Erfindern überall Steine in den Weg gelegt.

STEHO Resonanz-Verstärker

Die Firma STEHO Energy AG (Luxemburg) beschäftigt sich mit einem neuartigen Leistungsverstärker. Dabei wird erstmalig die bei allen mit Wechselspannung betriebenen Anwendungen auftretende Blindleistung nutzbar gemacht.

Dazu geben wir zunächst einige grundlegende Erläuterungen und beziehen uns auf einen Text, der bei www.amprion.net erschienen ist:

> Die gesamte Leistung, die so genannte Scheinleistung eines Übertragungsnetzes setzt sich aus Wirkleistung und Blindleistung zusammen. Während die am Netz angeschlossenen elektrischen Verbraucher die Wirkenergie umsetzen, wird die Blindenergie nicht verbraucht. Die Blindleistung wird auf der Verbraucherseite lediglich dazu benutzt, ein Magnetfeld, zum Beispiel für den Betrieb von Elektromotoren oder Pumpen, aufzubauen. Die zum Aufbau des Magnetfeldes zur Verfügung gestellte Energie wird als induktive Blindenergie bezeichnet. Die Blindleistung verrichtet keine nutzbare Arbeit auf der Seite des Verbrauchers, sie dient also nur der Erzeugung von elektromagnetischen Feldern. Die Energie wird nicht in Arbeit oder Wärme umgewandelt.
>
> Blindleistung ergibt sich, wenn Leistung aus dem Versorgungsnetz bezogen, dann aber zeitversetzt wieder in das Netz eingespeist wird und auf diese Weise zwischen Verbraucher und Erzeuger hin und her pendelt. Gerade elektrische Bauelemente wie Spulen und Kondensatoren können Energie aufnehmen und nach einiger Zeit – phasenverschoben – wieder abgeben.

Den mit STEHO Energy zusammenarbeitenden Wissenschaftlern gelang es nun, diese Energie „einzufangen“ und als zusätzlichen Leistungsgewinn zu verbuchen. Dabei kommt es zu den bekannten Overunity-Effekten, d.h. man erzielt einen Wirkungsgrad von mehr, zum Teil weit mehr als 100%, was ja auch beabsichtigt ist.

Arthur Tränkle (STEHO) sagt, diese Energie werde durch den von ihnen entwickelten Leistungsverstärker (Resonanzwandler) als sogenannte Wirkleistung zur Verfügung gestellt. Die zusätzliche Leistung werde dabei durch Resonanzeffekte noch vergrößert. So kann man mit Hilfe einer Kaskadenschaltung, wie sie seit vielen Jahren im Bereich der Hochspannungserzeugung in Fernsehgeräten üblich ist, die Wirkleistung noch verdoppeln. Um in wirtschaftlich lohnende Bereiche vorzustoßen, sei das Hintereinanderschalten von drei Kaskaden empfehlenswert. Dadurch sei ein Wirkungsgrad von bis zu 1000% erreichbar.

Eine Reihe von Patenten zu dieser Technologie ist bereits erteilt, ihre Veröffentlichung wird aber aus nachvollziehbaren Gründen zur Zeit noch zurückgehalten. Die markttechnische Absicherung, an erster Stelle die Serienreife eines solchen Produktes, ist ein eminent wichtiger Faktor, um das Produkt ökonomisch zu stabilisieren, bevor es auf krummen Wegen verlorengeht. Dies ist eine Erkenntnis, die inzwischen von allen seriösen Produktentwicklern in diesem Gebiet beherzigt wird.

Wie funktioniert dies technisch? Dazu befragten wir den Experten Reinhard Müller:

> Durch eine spezielle Anordnung einiger weniger Bauteile wie Kondensatoren und Spulen, die eine spezielle Geometrie besitzen, gelingt es, aus der sonst sinnlos vergeudeten und die Leitungsnetze belastenden Blindleistung nutzbare Wirkleistung zu machen. Dabei ist es gleichgültig, ob man kapazitiv erzeugte oder induktiv erzeugte Blindleistung nutzt. Die Phasenverschiebung zwischen Spannung und Strom, die ja die Blindleistung erzeugt, wird durch die neue elektrische Schaltung – den sogenannten Resonanzwandler der STEHO AG – aufgehoben. Die Blindleistung pendelt nun nicht mehr ins äußere Stromnetz zurück und wieder vor, sondern sie pendelt zwischen Spule und Kondensator im Gerät hin und her, wo sie nutzbar gemacht wird. So werden damit zum Beispiel aus 100 Watt Wirkleistung 200 Watt Wirkleistung. Ergebnis: Ein Elektrogerät, das an den Resonanzverstärker angeschaltet wird, benötigt nur noch halb so viel Strom, da ja im Wandler die Leistung verdoppelt wird.

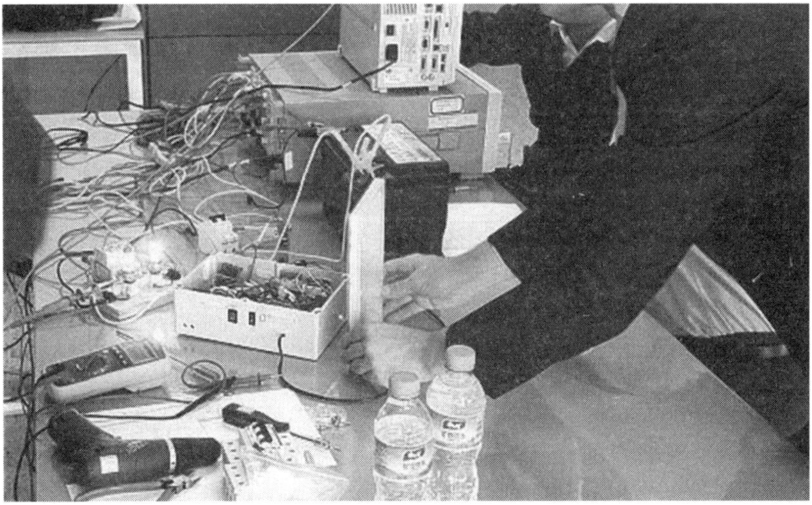

Versuchs- und Meßaufbau: Resonanzwandler STEHO (geöffneter Kasten, Mitte)

Und das auch noch, ohne daß wir es zusätzlich bezahlen müßten. Unser Stromzähler kann das auf Grund seiner Bauart gar nicht registrieren und unser Energieversorger ist froh, daß er keine Blindleistung zurückbekommt.
Viele wissen gar nicht, daß bei Stromgroßabnehmern wie Fabriken zur Vernichtung der Blindleistung extra Kompensationsgeräte eingebaut werden, damit die erzeugte große Blindleistung nicht ins Netz zurückpendelt. Doch wo bleibt sie? Sie wird in Wärme umgewandelt. Statt diese Leistung zu nutzen, verschwendet man sie. Ganz nach dem Muster unserer Großkraftwerke, wo der größte Teil der Energie als Abwärme vernichtet wird.

Bei www.magnetvoltaik.de finden wir dazu folgendes (leicht verändert):

Beim Einsatz von Wechselstrom kommt es bei Schaltungen mit Kondensatoren und Spulen immer zum Effekt der Blindleistung. Als Blindleistung wird die Energie bezeichnet, die zur Ladung von Kondensatoren oder Magnetisierung von Spulen benötigt wird. Diese Energie wird beim Wechseln der Stromrichtung (Wechselstrom!) wieder abgegeben. Nach dem Richtungswechsel* wirkt diese abgegebene Leistung der gewünschten Leistungsrichtung entgegen... Über eine spezielle Schaltung ist es jetzt möglich, diese Blindleistung ... nutzbar zu machen. Sie wird abgetrennt und in die Richtung der aktuellen Amplitude gedreht. Somit kann die abgegebene Blindleistung zu der vorhandenen Amplitude addiert werden und steigert dadurch die Leistung der Stromquelle bzw. reduziert die Stromaufnahme des Verbrauchers (Endgerätes).

Da das ganze Gerät – das Testgerät ist nicht größer als zwei Zigarrenkisten, aus herkömmlichen elektronischen Bauteilen aufgebaut werden kann, fragt man sich, wieso nicht schon früher jemand darauf kam.

* 50 Hertz = 50 Richtungswechsel pro Sekunde – *d. V.*

Fortgeschrittener H_2-Reaktor

Die Firma CLEAN WORLD ENERGIES (CWE, Deutschland), zu finden unter www.clean-world-energies.de hat langjährige Erfahrung auf dem Gebiet der Energiebereitstellung aus Wasserstoff und Browns Gas (wassereigener Wasserstoff + wassereigener Sauerstoff) und kann nun nach mehrjähriger Entwicklungszeit einen Wasserstoff-Reaktor vorstellen, der es in sich hat. Hier wird nicht mehr mit der herkömmlichen Methode regulärer Gleichstromelektrolyse gearbeitet, sondern es kommen andere Methoden zur Anwendung. Diese machen es möglich, Effektivitätsraten zu präsentieren, die sich sehen lassen können und alles andere weit in den Schatten stellen. Die Firma CWE hat, wie sie schreibt, hier ein System zur Produktion von Wasserstoff auf der Basis eines elektrolytischen, katalytisch unterstützten Prozesses verwirklicht.

Der Reaktor (150 cm hoch, 40 cm Ø) wurde am Zentrum für Brennstoffzellentechnik der Universität Duisburg eingehend getestet, um den Nachweis seiner innovativen Prozeßmethode auch meßtechnisch unter Beweis zu stellen.

H_2-Reaktor von CWE

Die Ausgangsstoffe dabei sind Wasser, Kalilauge und ein spezielles, beim Prozeß sich allmählich verbrauchendes, katalytisches Material (Eigenprodukt). Dieses wird zu Beginn des Produktionsprozesses in das System eingefüllt. Zusätzlich wird mit Hilfe eines Netzgerätes elektrische Energie zugeführt. Außer Wasserstoffgas entsteht bei diesem Verfahren nur Wärme. Abfallstoffe jedweder Art waren durch die Untersuchungsmethode nicht festzustellen. Mit Hilfe von 4 Thermoelementen (Temperaturfühlern) außen am Reaktor, am Wasserstoffausgang und am Kühlwasserausgang wurde die entstehende Wärme gemessen. Darüber hinaus wurde ein Gasanalysegerät angeschlossen, das H_2, CH_4 (Methan), CO_2 und CO (Kohlenmonoxid) messen konnte. Temperaturen und Kühlwasserstrom wurden automatisch aufgezeichnet, in einem sogenannten Balgengaszähler wurde die entstandene Menge Wasserstoff ermittelt, und die elektrische Eingangsleistung wurde mit den dafür üblichen Meßgeräten gemessen.

Laut Meßkurve wurde ermittelt, daß der Reaktor zwischen 300 und 400 Watt elektrischer Leistung aufnimmt. Dabei entstanden in einem Zeitraum von 160 min. 900 Nl (Normliter) Wasserstoff plus 6 bis 12 ppm CO. Der elektrochemische Prozeß benötigt keine aufwendigen Funktionsbedingungen, sondern läuft bei Zimmertemperatur ab.

Das sind also fast 1 m^3 Wasserstoff bei einem elektrischen Verbrauch von ca. 1 kWh.

Das neue CWE-Verfahren ist kostengünstiger, effektiver und weniger aufwendig als die bisher bekannten Methoden zur Wasserstofferzeugung, und für Anhänger der CO_2-Vermeidungs-Philosophie gibt's noch ein weiteres positives Moment: Es entsteht kein Kohlendioxid.

So viel verrät die Firma CWE zu ihrer hauseigenen Geheimsubstanz:

> Sie entsteht aus Sand, der in großen Mengen bei der Solarzellenproduktion anfällt und in dem Energie gespeichert ist. So kann daraus direkt Wasserstoff und anschließend nach Bedarf Wärme und Strom erzeugt werden.

Über die praktische Verwendbarkeit schreibt CWE:

> Aktuell gibt es zwei weitere Prototypen, die bautechnisch bereits in Richtung eines Serienprodukts weisen. Diese Reaktoren sind für kleinere Verbraucher etwa für Einfamilienhaushalte geeignet. Hier werden Gasmengen von 1 bis 50 Liter pro Minute erzeugt. Eine Skalierbarkeit (Vergrößerung) um den Faktor 20 ist mit geringem Aufwand mög-

lich. Auch Skalierungen mit dem Faktor 1000 sind bautechnisch kein Problem.

Ein bedeutender Vorteil dieser Technik ist ihr dezentraler Einsatz. Der Energieträger Wasserstoff wird vor Ort erzeugt, wodurch die bekannten leitungsnetzabhängigen Energieträger (Strom, Gas) entfallen.

CWE Nano-Rekombinationsbatterie

Auch diese Neuheit stammt von CWE, die sie zusammen mit der Firma „Nano Science Institut GmbH" entwickelt hat. Sie überwindet die Nachteile herkömmlicher Bleibatterien durch eine völlig neue Konzeption.

Während bei konventionellen Bleibatterien das schwere und umweltgiftige Blei zum Einsatz kommt, verwendet man hier nun Elektroden aus Kunststoff. Das klingt zunächst unglaublich, ist aber durch den Einsatz neuer nanotechnischer Verfahren möglich geworden, indem Kunststoffe elektrisch leitend gemacht werden.

Die Elektroden sind nicht, wie konventionell, jeweils entweder positiv oder negativ, sondern tragen beide Polaritäten. Man kann sich das so vorstellen, daß die eine Seite der Elektrode positiv, die andere Seite negativ ist.

Ein weiteres Novum ist, daß hier als Elektrolyt nicht mehr Wasser bzw. Schwefelsäure benutzt wird, sondern ein sogenanntes Aerogel.

Wikipedia beschreibt Aerogele so:

> Aerogele sind hochporöse Festkörper, bei denen bis zu 99,98 % des Volumens aus Poren bestehen. Es gibt verschiedene Arten von Aerogelen, wobei solche auf Silikatbasis am verbreitetsten sind. Andere Materialien, beispielsweise auf Kunststoff- oder Kohlenstoffbasis, kommen in Spezialfällen zur Anwendung. Grundsätzlich können jedes Metalloxid, Polymer und andere Stoffe als Ausgangsbasis für die Aerogelsynthese mittels eines Sol-Gel-Prozesses verwendet werden.

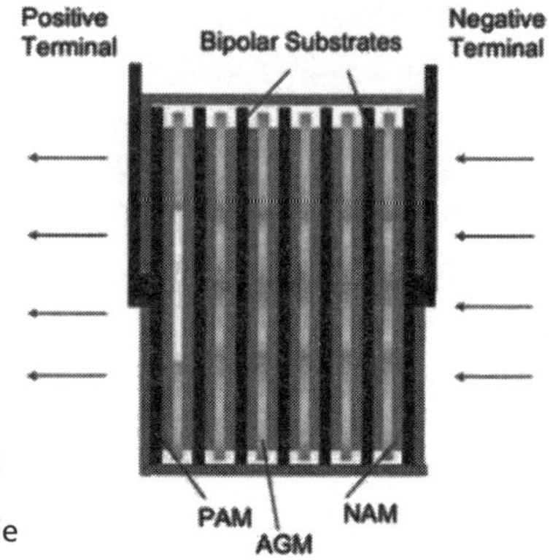

Schematischer Aufbau der CWE Nano-Rekombinationsbatterie

Da das verwendete Aerogel zu 80% aus Luft besteht, erzielt man auch dadurch eine beträchtliche Gewichtsersparnis gegenüber Schwefelsäure. Es gibt keine Trennkammern innerhalb des Batteriegehäuses und auf Grund des verwendeten Areogels läßt sich diese neuartige Batterie in jeder Position betreiben.

Die Vorteile sind:

- Sie ist 100prozentig entladbar ohne Schaden zu nehmen
- Sie hat die 4-fache Kapazität bezogen auf die Größe herkömmlicher Batterien
- Die Lebensdauer erstreckt sich auf mindestens 2000 Ladezyklen
- Sie ist voll recycelbar
- Sie ist viel leichter als herkömmliche Bleibatterien
- die Produktionskosten fallen deutlich niedriger aus als bei Nickel-Metallhydrid- oder bei Lithium-Ionen-Batterien

Es gibt also viele Gründe, das zigmillionenfach verwendete, überholte Bleibatteriesystem durch den Einsatz dieser neuen Technologie zu reformieren, auch wenn die Hersteller von Bleibatterien dies sicherlich gerne verhindern würden.

N-G Treibstoffsparstift

Mit der Firma N-G (New-Generation) – Webseite www.n-g.at – präsentiert sich der österreichische Ingenieur Herbert Renner aus Burgkirchen in Österreich mit Produkten, die in ihrer Konzeption, Bauart und Funktion ein vollkommen neues Technologie-Gebiet erschließen.

Renners „mikroatomare Technologie" wird sowohl zur Einsparung von fossilen Brennstoffen benutzt (Spritsparstift, BE-Fuelsaver) als auch für den Einsatz auf dem Gebiet der Gesundheit.

Für den aus Metall bestehenden Spritsparstift werden folgende Angaben gemacht:

- 6 bis 20%ige Einsparung von Kraftstoff beim Automotor, abhängig von Baujahr, Bauart, und Größe des Motors bis zu 90%ige Reduzierung von Schadstoffen (dazu gibt es ein Sachverständigen-Gutachten des TÜV Süd – Middle East)
- längere Lebensdauer von Partikelfiltern (Katalysatoren)
- eine Garantie von 10 Jahren (!)
- eine 90-Tage-Geld-zurück-Garantie

Das Programm umfaßt vier verschiedene Typen:

- Typ S (bis 90 PS) und
- Typ M für PKW ab 90 PS),
- Typ L für kleine LKW bis 7.5 t und Sportwagen bis 200 PS,
- Typ XL für LKW ab 7.5 t und bis 1000 Liter Tankinhalt sowie Sportwagen ab 200 PS aufwärts.

Es wird auch u. a. darauf hingewiesen, daß der Stift seine volle Wirkung erst nach mehreren Tankfüllungen erreicht (!).

Hier scheint sich eine Art Wechselbeziehung zwischen Stift und Kraftstoff aufzubauen, wobei wir auch schon beim Funktionsprinzip wären, die auf Information aufbaut, wie uns Renner mitteilte. Manchen unserer

Leser ist dieses Prinzip sicherlich von der Homöopathie her geläufig, wo es ebenfalls um Übertragung von Informationen auf Flüssigkeiten (meist Wasser) geht.

Wir müssen uns das so vorstellen, daß der an der Benzinleitung, im Tank oder auf sonstige Weise nahe am Antriebsaggregat angebrachte Stift Informationen an den jeweiligen Treibstoff abgibt (und zwar schon bevor dieser verbrennt) und diesen dabei verändert.

In einer technischen Info der Firma erfahren wir, was durch diesen Prozeß ausgelöst wird:

> Bei Treibstoffen wie Benzin und Diesel handelt es sich um Kohlenwasserstoffe, die nicht nur C-H-Bindungen, sondern auch C-C-Bindungen enthalten. An den C-C-Bindungen kann sich kein Sauerstoff (O) anlagern, deshalb werden diese Bindungen im Abgas als Ruß (Kohlenstoff) gefunden.

Durch den BE-Fuelsaver-Stift werden diese C-C (Kohlenstoff an Kohlenstoff) – Bindungen aufgebrochen, so daß beide Kohlenstoff-Atome nun eine Verbindung mit Sauerstoff eingehen können, d.h. sie können verbrennen. Darin liege der Vorteil, und das begründet das Einsparungspotential. Zugleich entsteht im Brennraum des Zylinders auch mehr brennbares Gas, dafür jedoch weniger Schlackenstoffe und Ablagerungen.

> Fährt man mit konstanter Geschwindigkeit unter identen Umgebungsbedingungen oder in einem gleichbleibenden Zyklus, sinkt bei Einsatz des BE-Fuelsavers der Kraftstoffverbrauch. Der CO_2-Anteil im Abgas bleibt konstant, denn ohne den Sparstift hätte – bei gleicher Motorleistung – das zu verbrennende Gas aus mehr flüssigem Brennstoff gewonnen werden müssen. Nun, mit dem Stift und der besseren Verbrennung, wird der Sprit besser ausgenutzt und man benötigt entsprechend weniger.
>
> Da aber nun mehr Sauerstoff an der Verbrennung beteiligt ist, reduziert sich dadurch das entstehende Kohlenmonoxid (CO), was bei jeder Abgasmessung nachweisbar zu ermitteln ist.

Renner wies darauf hin, daß seine neue Technologie zu den bekannten Elektrolyseverfahren zur Erzeugung von Browns Gas / HHO in Konkurrenz steht und gewisse Nachteile dieses Verfahrens umgeht.

Auf der Webseite werden Referenzen von mehr als 40 Anwendern des Spritsparstiftes vom Motorrad über den PKW bis zum Bus / LKW aufgeführt, die alle dem von der Firma angegebenen Bereich der Einsparquoten entsprechen.

Montiert wird der Stift optimal im Benzintank selbst, was bei neuen Fahrzeugen wegen der eingebauten Sicherheitsverschlüsse nicht ganz einfach ist. Auch direkt im Kraftstoffilter bzw., im Dieselfilter kann der Stift montiert werden, wobei er dann direkt mit der Flüssigkeit in Kontakt kommen sollte. Außen an der Benzinleitung sollte er nur dann sitzen, wenn die Wandung der Leitung recht dünn ist. Ansonsten ist mit Verlusten zu rechnen.

Es gibt diese Energiesparstifte auch für Gas- und Ölheizungen, wo sie außen an den entsprechenden Brennstoffzuleitungen vor dem Brenner befestigt werden.

Auch bei Holzhackschnitzel-Heizungen, bei Kachelöfen und bei elektrischen Heizstrahlern wird deren Wärmeleistung durch Erhöhung des Energieniveaus verbessert.

Bei Holzheizungen wird der „Woodsaver" in der Lagerbox für das Holz befestigt und soll mindestens eine Woche lang auf das Holz einwirken, bevor dieses verbrannt wird. Es werden Einsparquoten von bis zu 40% und bis zu 30% weniger Asche angegeben.

Wie unser Gespräch ergab, haben die Produkte Renners in den Medien für Furore gesorgt, zumal hierzu ja auch das Gutachten einer TÜV-Prüfstelle vorliegt, das die technische Wirksamkeit der Geräte (Chips) belegt. Man darf gespannt sein, wie lange es dauert, bis Wissenschaft und Märkte sich zu einer eindeutigen Akzeptanz dieser und ähnlicher Technologien durchringen.

Schlußbemerkung

Eines der Hauptziele bei allen neuen Verfahren zur Energiegewinnung muß darin, bestehen, die Energiewandlung möglichst nahe am Verbraucher stattfinden zu lassen. Energiebereitstellung über Strom- oder Tankstellennetze ist die Folge von Kapitalsystemen mit finanzdiktatorischer Struktur, von denen wir wegen ihrer politischen, wirtschaftlichen und technischen Krisenanfälligkeit sowie wegen ihres überaus unwirtschaftlichen und energieverschwendenden Charakters so schnell wie möglich wegkommen müssen. Oder anders ausgedrückt: Dampfmaschinentechnik ist keine adäquate Technik für das 21. Jahrhundert mehr.

Außerdem folgen die von Konzerninteressen und Rohstoffbörsen diktierten Strom-, Benzin-, Gas- und Heizölpreise alles andere als dem Prinzip Gerechtigkeit, denn der Bürger hat eben nur scheinbar die Wahl zwischen schlechter und besser, zwischen billiger und teurer. Und die aktuell gepushte und steuerfinanzierte Wind- und Solarenergie ist in der derzeitigen Nutzungsform keine wirklich nachhaltige Alternative zur menschheitsbedrohenden Atomenergie. Hier werden weiterhin die alten Konzepte verwendet, die hinsichtlich sowohl ihres Wirkungsgrades als auch ihrer Zuverlässigkeit abgelöst werden sollten. Darüber hinaus sind unsere derzeitigen Leitungsverteilnetze ungeeignet für die massenhafte Einspeisung aus kleinen Energiewandlungseinheiten.

Schon die generelle Gefahr von Kriegen, die mit der weiteren Ausbeutung fossiler Energiequellen verbunden ist, verlangt nach einer Abkehr von dieser Fehlentwicklung.

Neue Energietechnologien machen es möglich, davon wegzukommen, aber zur Zeit geschieht – nichts!

Für eine echte Wohlfahrt der Völker ist zudem ein Paradigmenwechsel notwendig, der sich nicht allein an den physikalischen Modellen des konformen, an den Schulen und Hochschulen gelehrten Wissens orientieren darf, sondern sich vor allem auf die sozialen und politischen Bedürfnisse der Vielen beziehen muß. Man kann nicht Völkerverständigung predigen und zugleich einen Wettbewerb des Neuen mit dem Herkömmlichen verhindern, indem man weiterhin allein das ohnehin Bekannte fördert. Machtansprüche und Monopoldenken sind Strukturen der Vergangenheit, die nach Ablösung schreien. In den Schwellenländern und den Ländern der sogenannten Dritten Welt wird die Chance für einen Neuanfang auf dem Energiesektor vertan. Nicht Kapitalrenditen und Ideologien dürfen weiterhin bestimmen, was auf diesem Planeten vor sich geht, sondern Diskussion, gegenseitiger Austausch auf allen Ebenen des Wissens und die Suche nach dem Bestmöglichen im Hinblick auf die Erhaltung einer intakten Tier- und Pflanzenwelt und damit der Gesundheit und des Lebens aller, im Hinblick auf die Beendigung des Hungers in der Welt und der Ungerechtigkeiten zwischen den Nationen und Völkern. Wer Freiheit für die Völker propagiert, muß mit der Freiheit bei der Energie anfangen. Energietechnologien, wie sie in diesem Buch vorgestellt wurden, werden für ein Überleben der Menschheit in Würde und ohne Unterdrückung wesentlich sein, sofern man ihnen denn eine Chance einräumt. Dies ist vor allem Aufgabe der UNO bzw. ihrer Umweltorganisation UNEP, von der wir trotz mehrfacher Eingaben keine Antworten auf unsere Anregungen erhielten.

Echte Erneuerung sollte auch Offenheit für fundamentales Umdenken in den Naturwissenschaften beinhalten. Ein besonderes Hindernis dabei stellt die bisher betriebene Spezialisierung und Zerfaserung der Wissens- und Forschungsgebiete an den Universitäten dar, denn es zeigt sich immer mehr, daß nur eine Integration, ein Wiederzusammenfügen der Dinge uns auf den richtigen Weg zurückführen kann, der Frieden und Wohlergehen für alle ermöglicht. Daher ist es ein Gebot der Stunde, die alte „universitas" aufleben zu lassen, indem man einen intensiven Dialog der Disziplinen beginnt und daraus neue, überdisziplinäre Konzepte entwickelt.

Durch die neuen Technologien, von denen hier ein paar vorgestellt wurden, füllt sich der Begriff „freie Energie“ mit Leben. Freiheit im Bereich der Energienutzung bedeutet Freiheit vom Einfluß der Kontrolle, Freiheit von Bevormundung und von der Abhängigkeit von fremden und privatwirtschaftlich organisierten Interessen, Freiheit vom Zwang, mitfinanzieren zu müssen, was nur einer kleinen Gruppe auf diesem Planeten zugute kommt und dabei doch nur weiter in eine Sackgasse führt. Neue Energietechnologien öffnen den Weg zu dieser Freiheit.

Quellenverzeichnis und Anmerkungen

1 Dürr, Hans-Peter /Anne Devillard, Wir erleben mehr, als wir begreifen; aus „Natur und Heilen", Heft 3/2004 S. 34ff

2 Alexandersson, Olof: Lebendes Wasser, S. 183, Steyr 1993

3 z.B. abrufbar bei Achmed Khammas avanciertem Online-Projekt „Buch der Synergie" unter http://www.buch-der-synergie.de/archiv/bericht_e_5001_15.pdf

4 Rothman, Tony: „Die Physik – ein baufälliger Turm zu Babel", Spektrum der Wissenschaft 02/2012 http://www.spektrum.de/alias/wissenschaftstheorie/die-physik-ein-baufaelliger-turm-von-babel/1139123

5 Dirac, Paul, „Is there an Aether?" in der Zeitschrift Nature, Nr. 168, 1951, S. 906-907

6 http://www.graviflight.de/Ather/body_ather.html

7 Puthoff, Harold: Can the Vacuum be Engineered for Spaceflight Applications? Journal of Scientific Exploration, Vol. 12 No. 1, pp. 295302, 1998, als PDF abrufbar u.a. unter http://www.zamandayolculuk.com/Cetinbal/PDFdosya/VacuumEngineered.pdf

8 http://divinecosmos.com/start-here/articles/334-kozyrev-aether-time-and-torsion

9 Wahrig, Deutsches Wörterbuch, Gütersloh 1971)

10 „Kräfte aus dem Nichts", Artikel in Nature, 10.01.2008 (über die Forschungsergebnisse im Bericht „Direct measurement of critical Casimir forces" von Christopher Hertlein, Laurent Helden, Andrea Gambassi, Siegfried Dietrich, Clemens Bechinger, Max-Planck-Institut für Metallforschung und Uni Stuttgart) http://www.mpg.de/905775/S002_Forschung-aktuell_006_013.pdf

11 http://www.emg-berlin.de/inhalt/pdf/8symp_werner.pdf

12 http://www.goethe.lb.bw.schule.de/faecher/physik/physik/quantenphysik/quantenphysik.htm – hier zitiert von der Website www.weltderphysik.de

13 ebd.

14 Meyl, Konstantin: Elektromagnetische Unverträglichkeit, Bd. 2, Kap. 12.6, Villingen-Schwenningen 1999.

15 Bauer, Wilhelm M., Postmoderne Physik, Salzburg 1985, zitiert aus der Internet-Version der faksimiliert wiedergegebenen Texte, Hannover 2002 http://www.norbertmoch.de Die Texte sind dort in der Rubrik „Diverses" zu finden.

16 Daudrich, David: Der zweite Hauptsatz der Wärmelehre und seine Macht", S. 7ff, Emsdetten, 2002

17 Davies, Paul: Die kosmische Blaupause: Selbstorganisierende Prinzipien der Materie und des Geistes. S. 51; aus: „Der wissende Kosmos. Die Entdeckung eines neuen Weltbildes" Freiburg 2001

18 Childress, David H. (ed.) Free Energy Device Handbook, Kempton, Ill., 1994

19 http://www.terawatt.com/ecm1/index.php?option=com_content&view=article&id=15&Itemid=82

20 http://peswiki.com/index.php/PowerPedia:John_Keely
21 Manning, Jeane und Begich, Nick: Löcher im Himmel, Frankfurt 1996 / Peiting 2004.
22 Tesla, Nikola: „The transmisson of electrical energy without wires as a means for furthering peace" - Electrical World and Engineer Magazine 07.01.1905, p 21-24, online wiedergegeben unter http://www.tfcbooks.com/tesla/1905-01-07.htm
23 Moray, T. Henry; The Sea of Energy in Which the Earth Floats. Salt Lake City 1931, inzwischen online verfügbar unter http://www.free-energy-info.co.uk/P26.pdf
24 ebd.
25 http://peswiki.com/energy/Directory:Thomas_Townsend_Brown
26 LaViolette, Paul, „Verschlußsache Antigravitationsantrieb", Rottenburg 2010
27 Stevens, Henry, „Hitler's Flying Saucers – A Guide to German Flying Discs of the Second World War" Kempton, Ill. 2003.
28 Viktor Schauberger, „Mein Lebenslauf", Salzburg April 1948
29 ebd.
30 Schauberger, Viktor, Brief an Werner Zimmermann, 9.August 1936 in: Zeitschrift „Implosion, Nr. 160, Seite 21 f.
31 Schauberger, Viktor, „Mein Lebenslauf", Salzburg April 1948
32 Schauberger, Viktor, „Der Weg, der über das Diesseits ins Jenseits und wieder zurück ins Diesseits führt", Leonstein Juli 1945.
33 ebd.
34 ebd.
35 ebd.
36 Schauberger, Viktor, „Die Schwingung als Einleitung der ur-wüchsigen Bewegung", Wien, Februar 1943
37 Schauberger, Viktor, „Über die Gesetzmäßigkeit der Wasserbewegung" Wien, Januar 1930, in Implosion Nr. 66
38 Schauberger, Viktor, „Das Geheimnis der bio-technischen Bewegung", Leonstein, März 1946.
39 Hartmann, Otto J., „Menschenkunde", S.155, Frankfurt a.M., 3. Auflage 1979.
40 Schauberger, Viktor, „Das Geheimnis der bio-technischen Bewegung", Leonstein, März 1946.
41 Hauschka, Rudolf, Substanzlehre, Frankfurt a.M. 2. Auflage 1946. darin zitiert: Herzeele, Albrecht v., „Einige Tatsachen, aus denen die Entstehung der unorganischen Stoffe abgeleitet werden kann", Hermann Peters, Berlin 1876.
42 ebd.
43 Junius. Manfred M., Praktisches Handbuch der Pflanzen-Alchemie, Interlaken, 1982
44 Hohl, Arnold, Tagebuch, In Implosion Nr. 159, 160,161
45 Capra, Fritjof, „Lebensnetz", Darmstadt 1996
46 Schauberger, Viktor, „Über die Gesetzmäßigkeit der Wasserbewegung" Wien, Januar 1930, in Implosion Nr. 66
47 Philipp Lenard, "Deutsche Physik" in vier Bänden, München, 1936, Band II.

48 Hartmann, Otto J., „Menschenkunde", S.232, Frankfurt a.M., 3. Aufl. 1979
49 Schauberger, Viktor, Brief an seinen Bruder Adolf, Dezember 1936
50 Implosion Nr.135, 26
51 Alexandersson, Olof, in Implosion Nr. 145, 55
52 Implosion Nr.135, 26
53 Schauberger, Viktor, Patentanmeldung Nr. 19395 vom Januar 1943; in: Implosion Nr. 131, S. 30.
54 Schauberger, Viktor, Patentanmeldung Nr. 870037 „Die Herzpumpe"
55 Schauberger, Viktor, Patentanmeldung Nr. 870037 „Herzpumpe", S.22
56 Schauberger, Viktor, Brief an Daniel Swarovski, September 1957
57 Brockhaus ABC der Naturwissenschaft und Technik, Leipzig 1962
58 Schauberger, Viktor, Skizze einer Sogturbine, Implosion Nr. 134
59 Schauberger, Viktor, Heimkraftwerk – aus: Coats, Callum, Naturenergien, S. 29, Düsseldorf 1999
60 Schauberger, Viktor, April 1958, „Die Sogturbine", Implosion Nr. 114, S. 54 f.
61 Hediger, Felix, STH-Pumpe, Implosion 160
62 Hediger, Felix, Beschreibung der STH-Pumpe, Implosion 160, S. 60
63 http://peswiki.com/index.php/PowerPedia:Walter_Russell
64 Binder, Timothy, „In the Wave lies the Secret of Creation", Waynesboro 2005
65 http://www.rexresearch.com/russellcoil/russellcoil.htm
66 Russell, Lao und Walter, Universal Law, Natural Science And Philosophy (The Russell Cosmogony) – A Home Study Course for the Information of Man, Swannanoa, 1950 / In deutscher Übersetzung: Fernstudienkurs Kosmisches Bewusstsein, Bremen 2004
67 http://divinecosmos.com/contact-us/privacy-policy/95-the-divine-cosmos-chapter-01-the-breakthroughs-of-dr-na-kozyrev
68 Mehr dazu auf: www.chronos.msu.ru
69 Stevens, Henry, „Hitler's Flying Saucers – A Guide to German Flying Discs of the Second World War" Kempton, Ill. 2003.
70 Davson, Cyril,The Physics of the Primary State of Matter, London 1955
71 Stevens, Henry, „Hitler's Flying Saucers – A Guide to German Flying Discs of the Second World War" Kempton, Ill. 2003.
72 ebd.
73 Der oder das Elektret ist ein elektrisch isolierendes Material, das quasi-permanent gespeicherte elektrische Ladungen oder quasi-permanent ausgerichtete elektrische Dipole enthält und somit ein quasi-permanentes elektrisches Feld in seiner Umgebung oder in seinem Inneren erzeugt. Technisch werden Elektrete in teilweise sehr großen Stückzahlen als Membranen in Schallwandlern (Elektret-Mikrofon oder Kopfhörer) eingesetzt, als elektrisch und mechanisch wirksame Fasern in der Filtertechnik (Luftfilter), als Quelle eines quasi-permanenten elektrischen Feldes in Strahlungs-Dosimetern, als Ultraschallwandlerschichten in der Medizintechnik, als Infrarot-Bewegungsmelder und in vielen weiteren Anwendungen. (aus Wikipedia).
74 Stevens, Henry, „Hitler's Flying Saucers – A Guide to German Flying Discs of the Second World War" Kempton, Ill. 2003.

75 Wenn mit „glühendem Magnetismus“ glühendes Plasma gemeint sein sollte, dann finden wir eine Parallele dazu bei der sogenannten GEET-Technologie nach Paul Pantone, wo durch sehr starkes Erhitzen aller möglichen flüssigen Brennstoffe ebenfalls ein glühendes, plasmatisches Gas entsteht. Auch hier spielt Magnetismus eine Rolle. Mehr dazu in unserem Buch „Browns Gas – die unerschöpfliche Energiequelle“.

76 Whittaker, E. T., „On the partial differential equations of mathematical physics,“ Mathematische Annalen, Vol. 57, 1903, p. 333-355.

77 Whittaker, E. T., „On an expression of the electromagnetic field due to electrons by means of two scalar potential functions,“ Proceedings of the London Mathematical Society, Series 2, Vol. 1, 1904, p. 367-372.

78 Barus, Carl, „A curious inversion in the wave mechanism of the electromagnetic theory of light,“ American Journal of Science, Vol. 5, Fourth Series, May 1898, p. 343-348.

79 Yariv, Amnon, Optical Electronics, 3rd edn., Holt, Rinehart and Winston, New York, 1985. Chapter 16: „Phase Conjugate Optics -- Theory and Applications.“

80 Pepper, David M., „Nonlinear optical phase conjugation,“ Optical Engineering, 21(2), March/April 1982, p. 156-183. S. 156.

81 Siehe auch, Pepper, David M., „Applications of optical phase conjugation,“ Scientific American, 254(1), Jan. 1986, p. 74-83. See particularly the striking photographic demonstration of time reversal of disorder S. 75.

82 Ignatovich, V.K., „The remarkable capabilities of recursive relations,“ American Journal of Physics, 57(10), Oct. 1989, p. 873-878.

83 Sind 1+1=2 Photonen miteinander verkoppelt, sprechen wir von flacher Raumzeit. Auf der Erdoberfläche zum Beispiel sind es 1,2 zu 1, das entspricht der Raumzeit-Krümmung durch das Gravitationsfeld der Erde.

84 Wissenschaftlich: Helmholtz-Resonator

85 Bearden, Thomas E. and Rosenthal, Walter, “On a testable unification of electromagnetics, general relativity, and quantum mechanics, Proceedings of the 26th Intersociety Energy Conversion Engineering Conference (IECEC ‘91), Aug. 4-9, 1991, Boston, Massachusetts, p. 487-492.

86 Sweet, Floyd and Bearden, Thomas E., “Utilizing scalar electromagnetics to tap vacuum energy,” Proceedings of the 26th Intersociety Energy Conversion Engineering Conference (IECEC ‘91), Aug. 4-9, 1991, Boston, Massachusetts, p. 370-375.

87 Die gängigen Aggregate ziehen etwa 300 W, was für eine normale Lichtmaschine tragbar ist. Erzeugt man Knallgas, erreicht man 10-15% Einsparung. Browns Gas bringt ca. 30 %, versucht man mehr, überhitzt der Motor. Bei paralleler Wassereinspritzung läßt sich das Temperaturproblem jedoch in den Griff kriegen, so daß bis zu 90% Spritersparnis erreicht werden können.

88 fraktal bedeutet: selbstähnlich, d.h. „jeder noch so kleine Ausschnitt ähnelt bei entsprechender Vergrößerung dem Gesamtobjekt; z.B. zeigt ein vergrößerter Ausschnitt einer Küstenlinie immer noch die Merkmale einer Küstenlinie...“
Der Brockhaus – Naturwissenschaften und Technik, Bd.1, *2003*
Andere fraktale Strukturen sind die Oberfläche von Gebirgen, das Netz der Blutgefäße in der Lunge, die Brownsche Molekularbewegung oder Kristallgitter.

89 http://www.dr-nawrocki.de/globalscaling2.html
90 Siehe: raum&zeit special 1 – Global Scaling, Wolfratshausen 2002
91 Müller, Hartmut, „Mit 66 Milliwatt nach Australien", raum&zeit Nr. 116 2002, S. 99
92 http://www.changing-the-matrix.de/wellness-und-gesundheit/protofield---der-neue-bioguard.php
93 http://www2.pe.tu-clausthal.de/agbalck/biosensor/hyperschall.htm
94 Gebbensleben, Reiner: Der sechste Sinn und seine Phänomene – physikalische und neurophysiologische Grundlagen der Wahrnehmung von Hyperschall, Norderstedt 2010
95 z.B. hier: Prof. Friedrich-Karl Ewert: „Langzeit-Temperaturreihen widerlegen menschengemachten Klimawandel, in der Zeitschrift „Fusion – Forschung und Wissenschaft für das 21. Jahrhundert, Heft 3 / 2011
96 http://www.noz.de/lokales/49600067/araber-investieren-millionenbetrag-in-neues-forschungszentrum-in-papenburg - Neue Osnabrücker Zeitung v. 03. Dez. 2010
97 Sackstedt, Ulrich P.; Browns Gas – die unerschöpfliche Energiequelle, Zürich 2012
98 http://www.egm-international.com/wp-content/uploads/2011/10/egm_german.pdf
99 Schema „egm – Wirbelwandler"
100 Projektskizze der BTU-Cottbus vom 23.06.2008
101 ebd.
102 Report Abu Dhabi der BTU-Cottbus vom 14.04.2009
103 Prüfbericht W-20-03-0163 des SGS Institut Fresenius GmbH vom 07.04.2009
104 Heizwertanalyse von „gestrecktem" Heizöl vom 19.03.2009 u. Analyse von „gestrecktem" Pflanzenöl vom 12.05.2009
105 Pichler, Franz: Viktor Schauberger and the Turbulence of Water. in: Olafur Eliasson: Surroundings Surrounded, 2001.
106 Schauberger, J.: Patentschrift Nr. 272278 vom 23.10.1963: „Vorrichtung mit einer Reaktions-Kammer, zur Durchführung von physikalischen oder/und chemischen Prozessen".
107 Schauberger, W.: Patent-Offenlegungsschrift DT 1 557 213 vom 26.05.1967: „Verfahren und Vorrichtung zur Herstellung von Gemischen, Lösungen, Emulsionen, Suspensionen u. dgl. durch Einbringung von beliebigen Zusatzstoffen in fluide Medien – insbesondere in natürliche Gewässer".
108 Schauberger, J. : Offenlegungsschrift DE 100 40 730 A 1 vom 17.08.2000:„Vorrichtung zur Verwendung von Flüssigkeiten und Gasen und Verwendungen der Vorrichtung".
109 www.couette-taylor2001.nwu.edu/ct/program.htm
110 Schulz, Arne: „Verzweigungen und Strömungen zwischen unabhängig rotierenden Zylindern". Dissertation zur Erlangung des Doktorgrades in der Mathematisch-Naturwissenschaftlichen Fakultät der Christian-Albrecht-Universität zu Kiel, vorgelegt Mai 2000. Online: kiel.de/diss_370/d370.pdf
111 Heise, Matti: „Lokalisierungen und Defekte in einer Spiral-Wirbelströmung" Dissertation zur Erlangung des Doktorgrades in der Mathematisch- Naturwissenschaftlichen Fakultät der Christian-Albrecht-Universität zu Kiel, vorgelegt 2008. Online: http://e-diss.uni-kiel.de/diss

112 Bauer, Wilhelm M.: Die Welt der Wirbel und Atome Bd. 2 . Der wissenschaftliche Nachlaß von Dipl. Phys. Wilhelm Bauer, Berlin 1997.

113 Pichler, Franz: Viktor Schauberger and the Turbulence of Water. in: Olafur Elias-son: Surroundings Surrounded, 2001.

114 Studie Algenwachstum mit „egm – Wirbelwandler" – Wasser der TU-Berlin vom 27.04.2009.

115 PWU-Laborbericht vom 10.06.2009: CO_2-Wirbelwasser, 5 Monate gelagert.

116 PWU-Laborbericht vom 10.06.2009 : Helium-Wirbelwasser

117 ausgeführt von: Dipl.-Phys. Jürgen Axmann, 2009

118 Die Patente bei der "World Intellectual Property Organisation [WIPO-Geneva]" lauten: PCT-AU2007/906961; AU2008/902488; AU2008/001888; AUS-PA-TENT2008/338258

119 http://de.wikipedia.org/wiki/Wirbelrohr

120 http://patft.uspto.gov – Patent-Nr. (USA B-1952281)

121 Fominskiy L.P., Potapov Y.S.:The theory of motion in time." – Cherkassy 1995

122 New Energy Technologies #4/ 2005 (Ausgabe 23) St. Petersburg 2005

123 http://www.zotloeterer.com/

124 http://www.rexresearch.com/minato/minato.htm

125 http://ebookbrowse.com/solorzano-thermal-motor-doc-d244900622

126 „The Invention that can transform the world", Artikel in Ciudad Doral Newspaper" (Miami) , Ausgabe v. 18.03. 2009

127 *BLP Presentation.pdf – Business Summary Mai 2012*

128 http://www.blacklightpower.com/wp-content/uploads/presentations/Technical-Presentation.pdf

129 F. Paneth, K. Peters, P. Günther, Über die Verwandlung von Wasserstoff in Helium, Berichte der Deutschen Chemischen Gesellschaft 60 (1927), S.808.

130 F. Paneth, K. Peters, The Reported Conversion of Hydrogen into Helium, Nature 118 (1926), S.526; F. Paneth, The Transmutation of Hydrogen into Helium, Nature 119 (1927), p.706.

131 Chang, Kenneth „United States Will Give Cold Fusion Second Look", New York Times, 25. März 2004

132 Mallove, Eugene F., Fire from Ice – Searching for the Truth behind the Cold Fusion Furor, New York 1991

133 Lukert, Gerhart: „Der strahlungsfreie Reaktor fürs Eigenheim", raum&zeit #180 11/12 / 2012

134 http://www.vakuumenergie.de/

Literatur

Alle verwendeten Internet-Quellen sowie als Quellen herangezogene Fachaufsätze wurden bereits im Text genannt. Zusätzlich führen wir hier Quellenliteratur auf, die uns in Buchform vorlag.

Der Brockhaus – Naturwissenschaft und Technik, Mannheim u. Heidelberg 2003

Grimsehl-Tomaschek, Lehrbuch der Physik, Leipzig u. Berlin 1942

Henniger-Franck, Lehrbuch der Chemie, Stuttgart, o. J. (ca.1960)

Lewis-Randall, Thermodynamik und die freie Energie chemischer Substanzen, Wien 1927

Konstantin Meyl, Elektromagnetische Umweltverträglichkeit – Freie Energie und die Wechselwirkung der Neutrinos, Villingen-Schwenningen 1999

Hans Nieper, Revolution in Technik, Medizin, Gesellschaft, Oldenburg 1983

Eduard Krausz, Das Universum funktioniert anders, Hamburg 1998

David Hatcher Childress, The Free Energy Device Handbook, Stelle (Illinois) 1995

T. Henry Moray, The Sea of Energy in Which the Earth Floats, Salt Lake City 1978

Moray B. King, The Energy Machine of T. Henry Moray, Kempton (Illinois) 2005

Index

A

Achsial-radiale Bewegung 93, 94, 101
Aerogel 331f
Akasha 16, 39
Alchemie 311
Alexandersson, Olof 17, 115
Allan, Sterling D. 303
Alumosilikate 289
Andromeda-Nebel 141, 172
Antigravitation 167, 171
Antikorrosionstechnik 255, 257, 259
Äther 16, 18, 26, 32ff, 56, 60, 62, 148, 149, 150, 176, 177
  Äther = aither 39
  -druck 149
  -energie 39
  -feld 149
  -technologie 59
  -theorie 150
  -wirbel 233
Atom 9, 48, 51, 60, 180, 183, 201, 203, 299
  -bombe 9
  -kern 13, 212, 307, 308
  -kernenergie 51
  -kraft 9
  -laser 48
  -müll 9
  -müll-Endlager 202
  -physik 51, 305
  -spaltung 134
  -umwandlung 100, 105
Automobil 8, 211
Axmann, Jürgen 228, 233, 236

B

Barus, Carl 163
Bauer, Wilhelm M. 51, 241f
Bearden, Thomas E. 165
BE-Fuelsaver 333
Begich, Nick 66
Bessler
  -rad 174
Bessler, Johann Ernst Elias (Orffyreus) 160, 174
Biefeld-Brown-Effekt 79
Biefeld, Paul Alfred 79, 222
Bierfaß, selbstkühlendes 295
Bindungsenergie 300
Bioguard 169, 193ff
Biophysik 200
Bioreaktor 283
Bioturbine 121, 122, 124
BlackLight-Power
  -Prozeß 302
BlackLight Power (BLP) 299ff
Blindenergie 325
Blindleistung
  Nutzbarmachung von 325f
Bohr, Niels 16, 41
Bose-Einstein-Kondensat 48, 173
Bowman, Lee 57f
Brown, Robert 292
Brownsche Molekularbewegung 13, 291f
Browns Gas 27, 40, 60, 62, 172, 203, 238, 329, 335
Brown, Thomas Townsend 79ff, 222
Bundesregierung 19

C

Capra, Fritjof 13, 107, 176
Casimir, Hendrik Brugt Gerhard 41, 43
Casimir-Kraft 41ff
Chi 158, 164
CIHT-Zelle (Catalyst Induced Hydrino Transition) 302
Clean World Energies (CWE) 329ff
Clinton, Bill 275
Cloudbuster 172
CO_2
-Abgassenkung 243, 246
-Assimilation 234
-Ausstoß 229
-Entsorgung 229, 235
-Gehalt in der Atmosphäre 234
-Quellen 234
-Speicherung 228
-Zertifikatehandel 235, 243
Coler, Hans 213
Coulomb-Abstoßung 308

D

Daudrich, David 52
Davson, Cyril 147f, 151, 153
De-Broglie-Wellenlänge 41
Deuterium 131, 305, 308
Diamagnetismus 126
Dichtewelle
stehende 182f
Dirac Paul 16, 32
Doppelschraubenwellenbewegung 90, 108
Drallrohr 119
Dreistoffgemische 161
Dürr, Hans-Peter, Prof. 14, 16, 339

E

E-Cat 312, 314
Edelwasser 167
-gerät 128
Edison, Thomas A. 61, 66
EGM International 173, 230ff, 252, 257ff, 277
Eiform 83, 116f
Einstein, Albert 16, 29, 38, 104, 132, 150, 165, 209f, 218
Elektret 152, 341
Elektrizität 27, 67, 71, 75, 126, 137, 153, 299, 302, 316
statische 76
Elektrode 306
Elektrodynamik 28, 51, 159ff, 174, 217f, 220
skalare 163, 174
Elektrolyse 274, 302, 306, 308, 329, 335
-produkt 172
-zelle 306
Elektromagnet 319
Elektromagnetismus 36, 38, 40, 72, 149, 189, 190, 208f, 218, 225, 319, 321, 325
Elektronen 13, 14, 51, 172, 174, 189, 199, 201f, 256, 299ff, 308, 315, 317
-hülle 308
-strom 315
Elektrosmog 200
Elemente
chemische 105f, 108, 131f, 305
Elementumwandlung 311
ELF-Wellen 66, 195
Energie 17, 18, 38f, 46, 49, 56, 157ff, 209
Bindungs- 300
des Vakuums 210

Dunkle 39, 205
elektrische 18, 273
-form 17, 27, 49, 159
kinetische 166, 201, 242, 272
mechanische 159, 207
potentielle 242, 273
primäre 16
-quellen 20, 31, 39, 205
Rotations- 278
Strahlungs- 279
-thermische 297
-wandlung 55
-erhaltung 156, 161, 165, 318f
zweiter Hauptsatz der 21, 27, 50, 52, 165, 206
Energieerhaltungssatz 35, 49, 160, 318, 320
Entropie 27, 50, 51, 52, 136, 165
Epistula de magnete 58
Erdbeschleunigung *g* 241
Erdstoff 112
Euler, Hans Heinrich 225
Euler, Leonard 168, 175, 185
Eulersche Zahl *e* 241

F

Feld 26, 34, 38, 41, 51, 92, 108, 146, 149, 153, 200, 202f, 213, 218ff, 225, 318, 341
elektrisches 216, 218ff, 223, 260, 318
elektromagnetisches 159
elektrostatisches 221, 290
gravitatives 279
Hyperschall- 202, 203
magnetisches 153, 174, 223, 225, 260, 325
vereinheitlichtes 149
-energie 219, 221
Feynman-Kalkül 225
Feynman, Richard 29
Fibonacci-Zahl 144
Filimonenko, Ivan 274, 275
Fleischmann, Martin 156, 307ff
Focardi, Sergio 311, 314
Fominskiy, Leonid Pavlovich 278
Ford, Henry 64
Forellenbewegung 91, 167
Fraktal 164, 168, 174, 177, 188, 189, 241, 342
Freie Energie 17f, 67, 148, 150, 156, 162f, 168, 171, 198, 200, 203, 338
Fusion
Kalte 305, 307ff, 312, 314
Fusionsreaktor 306

G

Gauß, Carl Friedrich 186
G-Com 169, 170, 189ff
-Telefonie 190
Gebbensleben, Reiner 198ff
Gegendruck 263
Geobiologie 200
Geothermie 213
Gesen, Wolfgang 231ff
Gezeitenkraft 212
Gleichstrom 66, 67, 78, 315, 323
Global Scaling 143, 168ff, 174ff, 183, 185ff, 196
Global-Scaling-Theorie 175, 179, 183, 185ff
Global-Scaling-Welle 169
Goldener Schnitt 144
Gravitation 14, 27, 33, 36, 48, 51, 134, 138, 183, 189, 208, 210, 271, 279, 283

Gravitations
-druck 138
-feld 81, 195, 279
-schwingungsfeld 194
-Wasserwirbel-Kraftwerk 282ff
-welle 33, 63, 158, 183, 19f, 195
Gravitator 79
Grüter-Blasius
-Konverter 263
Grüter-Blasius, Karl 22, 263f, 266, 268
Guericke, Otto v. 207f
Günther, Paul 306

H

H_2-Reaktor 329
HAARP Super-Ionosphärenheizer 65
Hauschka, Rudolf 98
Hediger, Felix 129
Heil, Oskar 78
Heim, Burkhard 27
Heimkraftwerk 125
Heisenberg, Werner 14, 16, 225
Helium 305, 306
Helmholtz, Hermann von 49
Heraklit 100
Hertz, Heinrich 67, 191
Herzeele, Albrecht Freiherr v. 98, 100
Herzpumpe 117
HidroLinear-System 272f
Hohl, Arnold 103, 104
Holzschwemmanlage 82f, 88, 107, 112, 120
Homöopathie 200, 334
Howar, Friedrich 268
Hughes Aircraft Company 135
Hydrid
-Ion 300
Hydrino 301, 302
-Gas 300
-Hydrid-Verbindungen (HHC) 300
Hydrodynamischer Konverter Hidro+ 272
Hydro-Gravitations-Drehmomenter 266
Hyperbolischer Kegel 235, 239, 240, 243
Hyperbolischer Trichter 129, 167, 173
Hyperschall 198ff
-feld 202f
-quellen 201, 202

I

Ignatovich, V. K. 163
Implosion 83, 85, 101, 103, 161
-forschung 128
-technik 112
Ingenhousz, Jan 292
Institut für Raum-Energie-Forschung in memoriam Leonhard Euler (IREF) 175, 182
Ionosphäre 65, 66

J

Jordan, Michael 304
Joule, James Prescott 49

K

Kalte Fusion 305, 307ff, 312, 314
Kalte-Fusions-Reaktor 312
Kautz-Vella, Harald 156, 175, 233
Kavitation 121, 173, 252, 253, 277, 278, 280
Kavitationsbläschen 161
Keely, John E.W. 59, 63, 197
Keely-Motor 59

Kernfusion 305ff
kontrollierte 307
Kernverschmelzung 306, 308, 311
Kervran, Corentin Louis 100
Kettenbruch 168f, 185, 187f
-regel 188
-struktur 187
Khintchine, Aleksandr 185
Klauser, Viktor 257
Kohlendioxid 112, 217, 228f, 240, 330
KohlendioxidWeiternutzung von 231, 232
Kohlenstoff 109f, 234f, 237, 240, 248, 254f, 301, 334
-Kreislauf 234
-anreicherung in Wasser 246, 252
Kohlenstoffe 107ff
Kohlenwasserstoff 235
-moleküle 254
Kohlenwasserstoffe 236, 238, 252, 253, 334
Kommunizierende Röhren 263
konforme Wissenschaft 7, 19, 21, 22, 26, 31, 56, 59, 67, 136, 191, 233, 309, 337
Kopernikus, Nikolaus 156
Korrosionsschutz 256f
Kosov, Wilhelm 257, 258
Kosyrev, Nikolai A. 33, 39, 140f, 144f, 156, 172, 277
-Spiegel 141ff
Kraftfeld 159
Krausz, Eduard 138, 149
Kreiszahl π 241
Kristalldetektor 33
Kristallzelle 315, 321
Kupfer 311
Kurzwellen 191
Kwok, James 272

L

Langwellen 191
Laser
Gas- 301
Wasserstoffplasma- 301
Lebensenergie 158, 172
Lehnert-Konverter 266
Lehnert, Manfred 266
LENR - Low Energy Nuclear Reactions 305, 310f
Lichtgeschwindigkeit 104, 141, 150, 169, 187, 192, 195, 208, 209, 218, 225, 318
Lichtquanten 46
Liechti, Christian 274ff
Lilienfeld, Julius Edgar 78
Linearmotor 272
Logarithmische Skala 169
zur Basis e 168
Logarithmische Welt der Maßstäbe 181
Logarithmische Zahlengerade 171, 180ff
Logarithmischer Raum 183ff, 187ff, 193
der Maßstäbe 181, 183, 189, 191
Logarithmus 182
natürlicher 170, 182f, 185f
Longitudinalwellen 67, 161f, 164, 165f, 171f, 191
Low Energy Nuclear Reactions (LENR) 305, 310f
Luftsauerstoff 256

M

Mach, Ernst 36
Magnet 58, 62f, 151f, 171, 208, 223, 285ff, 319

-feld 51, 143, 194, 260, 325
-monopol 171
Magnetische Flußdichte, Einheit (Tesla) 66
Magnetismus 27, 153
glühender 151, 153
Magnetmotor 57, 156, 171, 173, 285f
Mallove, Eugene F. 309
Manning, Jeane 66
Masse 277, 279
relativistische 279
rotierende 279
träge 183, 279
-verlust 277f
-Energie-Äquivalenz 210
Massenträgheit 27
Materie 13f, 35, 39, 46, 48, 51, 53, 62, 104, 134, 137f, 150, 155, 169, 182, 186ff, 201, 206, 211ff, 242, 279, 315
-dichte 183
Dunkle 39, 302
-wellen 48
Max-Planck-Gesellschaft 42
Max-Planck-Institut
für Metallforschung 42f
für Plasmaphysik 309
Maxwell, James Clerk 38, 161ff, 217
Mayer, Julius Robert von 49
Meerwasserentsalzung 236, 249
Meyl, Konstantin 50, 200
Michelson-Morley Experiment 32f, 38f, 150
Mills, Randell 304
Minato, Kohei 285, 286
Minkowski, Hermann 278
Minkowsky-Raum 278
Mittelwellen 191
Moray-Radioröhre 76
Moray, T. Henry 75ff, 197, 312
Morgan, John Pierpont 65, 148
Müller, Hartmut 168ff, 174f, 181, 187, 191, 194
Müller, Reinhard 326

N

Nano-Rekombinationsbatterie 331, 332
Nano Science Institut GmbH 331
Napier, John 185
Nasonov, V.V. 33
Naturkonstanten 241
Negentropie 163, 165, 172, 174
Neutronen 308
N-G Treibstoffsparstift 333f
Nickel 311
-atome 312
Nimtz, Günter 195
Noether-Theorem 165
NORAD 132, 133, 135
Nullpunkt 48
absoluter 38
-energie 37, 38, 39, 208
-feld 41, 42, 56
Nullpunkts
-oszillationen 225
-schwingungen 206

O

Obertöne 169
Öl
-Aufwertung 243
-bildung 245
-gewinnung 243
Orgon 158, 161, 200
-Energie 171
Overunity 291, 312
-Effekt 21, 325
-Gerät 21f, 312

P

Palladium 274f, 306f
-elektrode 306, 308
-emissionen 238
Paneth, Fritz 306
Patent 8, 20ff, 62, 65, 78, 115, 197, 222, 326
-amt 22
-gesetze 22, 266
-recht 22
Pauli, Wolfgang 16, 41
Pearson, Gerald 78
Peltonturbine 121ff
Pendel 15, 199
Peper, David M. 163
Peregrinus, Petrus 57, 58
Perpetuum Mobile 50, 56, 156, 158, 160, 174, 205, 206
zweiter Art 165f
Peters, Kurt 306
Phi 144
-Spirale 144
Photonen 30, 41, 48, 342
-druck 42
Pistol Shrimps 173
Pitkänen, Matti 166
Planck, Max 16, 46
Plasma 307
Pons, Stanley 156, 306ff
Potapov-Turbulenzdampf-Generator 274
Potapov, Yurij Semenovich 274ff, 278, 281
Potentialwirbel 164, 241f
Prana 39
Primzahl 169, 185f
-Cluster 186
-lücke 186
Protium 308
Protofield 196
Prumbach, Siegfried 194
Pumpwelle 163f, 172
Puthoff, Harold 37, 40
Pythagoras-Kepler-Schule 128

Q

Quanten 19, 46
-dynamik 252
-elektrodynamik 29, 218, 225, 315f, 319
-energie 40
-feld 19, 25, 37, 41, 56
-fluktuationen 315
-mechanik 30, 40, 47, 218
-mechaniker 16
-mechanische Nullpunktsenergie 206
-medium 40
-physik 14, 30, 46
-raum 176, 198, 279, 315
-theorie 27, 40, 206
-vakuum 38, 163, 165, 167ff, 173f, 292, 316ff, 324
-zustand 189

R

Radial-achsiale Bewegung 94f
Radiästhesie 198ff
Rankine, William John Macquorn 159
Ranque
-Hilsch-Röhre 275
Ranque, Georges J. 275
Raumenergie 18, 204, 206, 207, 211ff
-Rotor 217ff, 222, 225
Raumzeit 38, 163ff, 171, 173, 207
Raytheon Company 135

Reich, Wilhelm 102, 156, 161, 171, 172, 200
Reid-Kristallzelle 315ff, 321ff
Reid, Marcus Albert 315ff
Relativitätstheorie 26f, 29, 38, 150, 209, 218, 278
Allgemeine 210
Renner, Herbert 333
Replikawelle 163f, 166
Repulsine 83, 129, 167
Resonanzverstärker 325f
Rossi, Andrea 311ff
Rotationsenergie 278
Rothman, Tony 26ff
Rotor 123ff, 151f, 205f, 208, 212, 216, 221ff, 280, 286f
Rückamp, Werner 268
Russell, Walter 130, 132, 135ff, 279
-Periodensystem 132

S

Sauerstoff 60, 107ff, 126, 172, 240, 255f, 289, 329, 334
Schappeller, Carl 147, 153
Schappeller-Maschine 148
Schauberger, Jörg 128
Schauberger-Tesla-Hediger-Pumpe 129
Schauberger, Viktor 16, 17, 82f, 84ff, 117, 128, 129, 132, 135, 156, 167, 170, 173, 233, 240, 242, 283
Schauberger, Walter 128, 240
Schrödinger, Erwin 32, 47
Schrödinger-Gleichung 163
Schrödingers Katze 47
Schwerkraft 34f, 48, 60, 83, 117, 132, 134, 138, 149, 263, 269, 270
Schwerkraft-Expedition 79
Shockley, William B. 78
Skalarfeld 174
Skalarpotential 163ff, 171ff3
Skalarwellen 67, 141, 158, 161ff, 170f, 191, 200
Sogturbine 115, 119, 125, 127
Sogwendel 121, 123ff
Solarenergie 9, 212, 213, 336
Solarkollektor 9, 19, 285, 294
Solarzelle 8, 18, 315, 330
Solorzano, Luis 297
Sonne 9, 50, 51, 65, 89, 108, 140, 156, 174, 189, 201, 208, 305, 307, 321
Sonnenatmosphäre 50, 51, 184
Sonnenblumenöl 251
Sonnendrehimpuls 51
Sonnenenergie 265
Sonnenlicht 315
Sonnensystem 190, 305
Sonolumineszenz 171, 173, 253, 277, 281
Sorption 293
Spiegelladungsmethode 220
Spiteri Sargent, Joe 270
Spiteri Water Pump 270
STEHO Energy AG 325ff
Steiner, Rudolf 112
Stetige Teilung 144
Stevens, Henry 84, 147, 149, 152f
Stoffumwandlung 99f, 249
Strahlungsenergie 78

T

Tandberg, John 306
Taylor-Couette-System 241
Teilchen 30
Temporologie 146

Terahertz 199, 201
-lücke 200
-strahlung 158
Terskich, Viktor 187
Tesla, Nikola 61ff, 132, 141, 148, 156, 161f, 166, 212f, 312
-spule 65
Thermal Air Motor 297
Thermodynamik 12, 27, 49, 52f, 159ff, 165, 206, 319, 345
erster Hauptsatz 49, 319
Hauptsätze der 161
zweiter Hauptsatz 27f, 50, 52, 165, 206
time reversed Replikawelle 165f
Tornado 161, 171, 234, 242
Torricelli, Evangelista 207f
Trägerstoff 97, 120, 301
Trägerwelle 184, 193, 195
Trägheit 36
Tränkle, Arthur 326
Transmutation 131, 167, 203, 230, 305, 311
Transurane 131
Transversalwellen 160, 162, 164
Treibhausgas 234
Tritium 131, 305, 308, 310
Turbulenzen 241
Turtur, Claus-W. 204ff

U

Ultrakurzwellen 191
Ultraschall-Kavitation 173, 253
Ultraschall-Vortex-Kavitation 252
Urey, Harold 146

V

Vaillant 291f
Vakuum 40f, 43ff, 81, 153, 187, 206ff, 222, 225, 316f, 319, 320f
biologisches 118
-blasen 171, 173
-energie 39, 132, 206, 213, 315
-energie-Rotor 212, 214
-feld 41, 63, 176
-fluktuationen 41f, 45
Vazsonyi-Schicht 242
Viskosität 242, 252
Vortex Climatyzer 275
Vortex Heatgenerator (VHG) 275f, 278ff
Vril 158, 164

W

Wardenclyffe Tower 67, 148
Wärmepumpe 291
Wasser
-druck 263
-entkeimung 249
-hammer 173
-kraft 212, 282
Wasserstoff 60, 62, 105, 108, 112, 126, 131, 172, 299, 302ff, 329ff
-atom 299, 300f, 304, 308
-bombe 306
-brennstoffzelle 302
-chemie 299
-gas 329
-isotope 307
-partialdruck 308
-plasma 305
-reaktor 329
-verbindung 300
Wasserwirbel 161, 167, 170, 173, 238, 282ff
Wechselstrom 64, 67, 161f, 327

Welle 33f, 38, 67, 138, 149, 161, 192
elektromagnetische 34, 43, 209, 218, 225
Hertzsche 40, 67, 72, 191
stehende 60, 69, 125, 183ff, 189, 191f, 232, 241, 245
Welle/Teilchen-Dualität 30
Westinghouse Electric Corporation 66, 131, 304
Westinghouse, George 162
Whittaker, Edmund Taylor 162f, 165f
Wiener, Christian 292
Wigner, Eugene 28, 29
Wind
-energie 212
-kraftwerk 213
-rad 8, 9, 11, 19, 281, 285
Windsbraut 118
Wirbel 16, 51, 95f, 158, 166ff, 170, 171, 232, 234, 241, 277, 279, 280, 282f
-bewegung 82, 161
-bindungsenergie 51
-dynamik 163
-energie 51, 242, 283, 298
-kerngrenzschicht 51
-physik 241
-rohre 167, 242
-stürme 95, 234
-systeme 161
-technik 282
-theorien 241
-vorgänge 234
-walzen 167, 170, 242
-wandler 233, 235ff, 240f, 243, 245, 247ff

Y

Yariv, Amnon 163
Yusmar 277

Z

Zahlengerade 182ff
logarithmische 171, 180ff, 185f, 188
Zehnerlogarithmus 180
Zeitwelle 141, 143
Zentimeterwellen 191
Zentrifugenz 125f
Zentripetenz 125, 127
Zeolith 289ff, 296
-kristalle 295
-Wärmepumpe 291
Zeo-Tech GmbH 296
Zotlöterer
-Gravitations-Wasserwirbel-Kraftwerk 282
Zotlöterer, Franz 282
Zyklonstaubsauger 275

Über den Autor

Ulrich F. Sackstedt, geb. 1946, studierte Pädagogik und Naturwissenschaften. Autodidaktisch beschäftigte er sich viele Jahre mit Hochfrequenztechnik und Elektronik und als populärwissenschaftlicher Autor widmet er sich seit einigen Jahren den Themen:

Neue, unbekannte Energietechnologien, neue technologische Verfahrensweisen, Freie Energie, Physik des Äthers, Quantenelektrodynamik und Vakuumfeldenergie

Bisher erschien von ihm:

Browns Gas –
die unerschöpfliche Energiequelle

Zürich 2012

Margaret Cheney

Nikola Tesla **Erfinder, Magier, Prophet**

Die klassische Biographie

404 S., gebunden, 16 S. Abb.

€ 22,90 [D] • ISBN 978-3-930243-01-3

Dieses Buch berichtet ausführlich über Leben und Werk von Nikola Tesla (1856-1943), der vielfach als „der größte Erfinder aller Zeiten" bezeichnet wurde und als Entdecker der „Freien Energie" gilt.

Die Wissenschaftsjournalistin Margaret Cheney zeichnet nicht nur sehr lebendig und kompetent das Portrait einer zweifellos exzentrischen, schillernden und nahezu übernatürlich begabten Persönlichkeit; in ihrer Biographie beschreibt sie auch ein Stück spannender Zeit- und Wissenschaftsgeschichte.

Ein literarisches Lesevergnügen für den Laien und eine wichtige Quelle für den Forscher – mit Angaben von Patentnummern, Fachwörterlexikon und ausführlichem Register!

Nikola Tesla

Video-Dokumentation über Leben und Werk des genialen Erfinders

DVD, 41 Minuten

€ 23,60 [D] • ISBN 978-3-930243-37-2

Der Film dokumentiert mit historischen Originalaufnahmen die wichtigsten Stationen von Leben und Werk des genialen Erfinders. Ein Rundgang durch das Tesla-Museum in Belgrad mit Prof. Aleksander Marincic, dem Leiter des Museums, bei dem viele von Teslas Geräten im Aktion gezeigt werden, erklärt und veranschaulicht eindrucksvoll die Erfindungen des visionären Genies, das seiner Zeit damals so weit voraus war.

Diese Video-Dokumentation wurde von der Tesla Memorial Society in New York und dem Nikola-Tesla-Museum in Belgrad produziert. In deutscher Fassung bei Omega.

Zu beziehen in jeder guten Buchhandlung

Omega®-Verlag G. Bongart & M. Meier (GbR)

Karlstraße 32 D-52080 Aachen
tel 0241–16 81 630 fax 0241–16 81 633
e-mail: info@omega-verlag.de http://www.omega-verlag.de

Fordern Sie auch unser kostenloses Verlagsverzeichnis an!

Callum Coats

NATURENERGIEN

verstehen und nutzen – Viktor Schaubergers geniale Entdeckungen

460 S., gebunden, über 200 Abb.

€ 24,60 [D] • ISBN 978-3-930243-14-3

Mit diesem Buch liegt ein fundiertes Kompendium zum Werk des Erfinders Viktor Schauberger vor. Durch intensive Naturbeobachtung war der österreichische Förster zu tiefgreifenden Erkenntnissen über energetische Naturprozesse gelangt, die der Wissenschaft immer noch unbekannt sind. Daraus leitete er die sogenannte Implosionstechnologie ab, die unserer bestehenden Explosionstechnologie diametral entgegengesetzt ist und diese um ein Vielfaches an Effizienz übertrifft. Sie steht ferner im völligen Einklang mit der Natur.

John Davidson

Das Geheimnis des Vakuums

Schöpfungstanz, Bewußtsein und Freie Energie

460 S., gebunden, zahlr. Abb.

€ 23,– [D] • ISBN 3-930243-02-4

„Aus der Leere kommen tausend Dinge.“ Im Zentrum der Betrachtung steht die schöpferische Energie oder Vakuummatrix, in die alles Sein eingebettet ist – es geht um die letzten Geheimnisse der physikalischen und geistigen Welt. Konsequent betrachtet John Davidson die Wissenschaft und das Leben vom Standpunkt des Mystikers aus. Er zeigt die in Wirklichkeit feinstofflichen schöpferischen Kräfte des vermeintlichen 'Nichts', des physikalischen Vakuums auf, die ebenso in den Atomen der Körper wie auch im Universum wirksam sind. Diese könnten als Schnittstelle zwischen biologischem Leben und höheren Seinsebenen dienen. Auf physikalischer Ebene ließen sie sich u.a. als unerschöpfliche Kraftquelle nutzbar machen, wodurch die Energieprobleme der Menschheit für immer auf saubere, ganzheitliche Weise gelöst wären.

Bemerkenswerter und faszinierender Lesestoff von immenser Bedeutung. Es wird gezeigt, wie Geist und Materie, Energie und Bewußtsein aufs innigste miteinander verflochten sind. *T. E. Bearden M.S.*

Zu beziehen in jeder guten Buchhandlung

Omega®-Verlag G. Bongart & M. Meier (GbR)

Karlstraße 32 D-52080 Aachen
tel 0241–16 81 630 fax 0241–16 81 633
e-mail: info@omega-verlag.de http://www.omega-verlag.de

Fordern Sie auch unser kostenloses Verlagsverzeichnis an!